나노 기반 에너지 재료

나노 기반 에너지 재료

이동주 · 문태호 · 윤종원

단국대학교출판부

머리말

산업혁명 이후 인류는 화석연료를 사용하여 산업화를 이룩하였으며 물질적으로도 풍요로워졌다. 그러나 현재 인류가 직면하고 있는 에너지 고갈과 환경오염 문제는 인류에게 가장 심각한 도전이 되고 있다. 이 두 문제를 해결하기 위한 다양한 노력들 중에서 핵심이 되는 기술이 바로 나노기술이다.

과학자들은 두 가지 방법으로 위의 문제 해결에 접근하고 있다. 한 가지는 주어진 에너지를 효율적으로 사용하는 것이고, 다른 한 가지는 오염이 없는 에너지원을 만드는 것이다. 화석연료의 대대적인 사용은 갖가지 환경 문제를 일으켜 왔다. 화석연료의 사용에서 발생하는 환경문제로는 대기오염과 산성비, 석유 유출 사고로 인한 환경 훼손, 지구온난화 등이 있다.

석탄의 이용과 증기기관, 석유와 내연기관, 전기와 모터와 같은 새로운 동력원 개발이 촉진되면서 현대의 고도한 산업 활동과 국민생활의 향상을 달성시켰다. 따라서 에너지의 공급은 경제발전의 기반이며 또한 그 수요는 경제발전에 대응하여 촉진되는 것이다.

본서에서는 폭증하는 에너지 수요에 따라 공급 측면에서 신재생 에너지원 개발 및 에너지 절감을 위한 소재로써 나노기술을 기반으로 에너지 소재에 대한 원리 및 개발 현황에 대해 기술하였다. 책의 내용은 현재의 화석연료나 원자력 등이 따를 수 없는 장점을 가지고 있는 수소에너지 활용 기술로 수소 저장에 필요한 부피와 무게를 줄일 수 있는 수소에너지 저장 소재, 나노기공 형성으로 열에너지 차단을 극대화 시킨 단열 소재, 지구온난화에 가장 큰 영향을 미치는 수송 기계의 동력원 대체를 위한 고용량 이차전지, 연료가 전기화학적으로 반응하여 전기를 생산하는 과정에서 열에너지도 발생하므로 총 효율을 80% 이상으로 높이는 고효율 발전이 가능한 연료전지 그리고 태양광을 전기에너지로 변환하는 염료형 태양광 발전 소재 및 발전 방향 등으로 구성하였다.

마지막으로 교정과 편집을 위해 수고해 주신 단국대학교 출판부 및 에너지 인력 양성 사업단 관계자 분들의 노고에 감사드린다.

2015년 5월 저자

차 례

제1장
서 론

지구상에 존재하는 화석연료는 산업혁명 이후 그 사용에 있어서 지속적인 증가 추세를 유지하여 왔고, 급기야는 그 잔존량의 고갈 및 이들 연료의 사용으로 인한 지구의 대기오염 등을 유발하고 있다. 이에 따라 세계 각국에서는 새로운 에너지원, 즉 태양 에너지, 수소 에너지, 바이오 에너지 등에 관심을 모으고 있다. 또한 원유 가격의 불안정에 따라 새로운 에너지원은 다음 세대의 전 인류적 에너지원으로 활용될 가능성이 점점 높아지고 있다.

이들 대체에너지 중에서 수소 에너지는 지구뿐만 아니라 우주적으로 현존량이 가장 많은 에너지로 알려졌다. 이러한 수소 에너지 활성화를 위하여 무엇보다도 중요한 것이 수소 저장 능력이다. 본고에서는 이러한 수소에너지를 비롯한 수소 저장에 대한 내용을 다루고 있다. 화석연료 에너지 경제에서 지속적으로 공급이 가능한 청정 에너지 경제로의 전환이 필요한 현 상황에서 수소에너지는 경제적으로나 환경적으로 가장 적합한 미래의 에너지이다.

다양한 대체에너지 중에 수소는 그 원료가 지구상에 풍부히 존재하는 물이며 높은 비에너지를 가져서 미래의 에너지원으로 확고한 위치를 차지하고 있다. 그러나 상온, 상압에서 수소의 에너지밀도는 기존의 연료의 밀도보다 거의 3배 정도 낮다. 그러므로 수소를 연료로 사용하기 위해서는, 특히 이동형 응용 목적으로 사용할 때는 안전하면서도 가역적으로 고밀도 수소 저장 기술이 개발되어야 한다.

수소 저장 소재로는 금속간수소화물, 금속착수소화물, 유기금속구조물, 클래스레이트 수화물, 탄소 나노 튜브와 같은 새로운 고체 수소 저장 기술과 수소 저장 소재에 대해 기술하였다. 특히 전이 금속을 도핑한 탄소 나노 튜브의 경우 수송 부문 응용을 위한 수소 저장 매체로써 해결책을 제시해줄 것으로 기대된다. 다른 물질의 경우 이동형 수소 저장 분야에 매우 가능성이 높으나 응용을 하기 위해서는 아직 많은 기술적인 문제점들이 해결 되어야하는 실정이다.

단열재는 외부의 온도에 저항하여 내부의 열 손실이나 외부로의 열 방출을 최소화하기 위한 소재로 열의 전도, 복사, 대류 현상을 최소화하여 열 차단 효율을 높일 수 있는 재료를 말한다. 이러한 단열재는 건축 산업을 비롯하여 자동차, 우주 항공 및 석유화학 등 수 많은 분야에 다양하게 사용되고 있다. 특히 실리카 에어로젤은 어떤 고체보다 낮은 열전도율로 인해 열 차단재로 많이 사용되어 왔다. 하지만 낮은 기계적 강도로 인해 기존의 소재를 대체하는데 있어 문제점이 있다.

본고에서는 단열재에 대해 소개하고 최근 각광을 받고 있는 열 차단 소재로써 실리카 에어로젤에 대해 다룬다. 실리카 에어로젤은 높은 비표면적과 함께 많은 나노 기공을 가지고 있으며, 낮은 밀도, 높은 열 차단성 등의 독특한 성질을 지닌 인류가 합성한 가장 가벼운 물질이다. 실리카 에어로젤은 1930년대 처음 만들어졌으나, 그 이후 연구는 거의 없었다. 이후 솔-젤법의 유행에 힘입어 Teichner는 로켓 연료의 저장을 위해 실리카 에어로젤을 생산하였다. 상업적 이용을 위해 단열 창문을 만들거나 방음재 등의 사용이 제안되어 왔으나 실제 적용된 사례는 많지 않다.

지난 20년 동안 실리카 에어로젤의 합성은 많은 관심을 받았는데 그 중 일부는 다양한 전구체를 사용하여 실리카 에어로젤을 합성하는 데 초점이 맞춰져 있으며, 나머지는 합성에 영향을 미치는 변수의 조절에 초점이 맞춰져 있다. 최근 많은 연구자들의 관심은 상압에서 건조하는 과정에 연구 초점이 맞춰져 있는데 이는 실리카 에어로젤을 상업적으로 생산하는 데 있어 매우 중요한 과정이다. 이러한 상압 건조 과정은 저렴한 물유리를 출발원료로 하지만 최근까지도 실리카 에어로젤의 상압 건조 공정은 수 일이 소요되는 장시간의 공정이며 사용되는 고가격의 원료 및 시약의 영향으로 고비용 공정으로 각인되어 상용화에 어려움을 겪고 있다. 또한 에어로젤은 나노다공성 기공으로 인하여 기계적으로 취약한 특성을 가지고 있지만, 미국에서는 NASA 등을 중심으로 에어로젤을 이용한 우주항공 산업용 소재로 개발하여 왔다. 한편 이러한 첨단 소재를 이용하여 에너지 절약이 필요한 시대 상황에 맞는 단열재를 개발하고자 하는 노력은 지금도 계속되고 있다.

최근 휴대형 디지털 전자기기의 보급이 급속히 확대되고 있어 충 · 방전이 가능한 고성능 초경량 이차전지의 시장도 급속히 확대되고 있다. 또한 석유에너지 고갈 및 환경문제에 대응하여 전기자동차에 대한 연구 개발과 함께 상업화에 대한 요구가 증대되고 있다. 이와 같은 환경문제와 시장의 요구에 따라 에너지원으로서 고용량, 고충방전 특성과 함께 안전성이 우수한 이차전지에 대한 연구 개발이 활발하다.

이차전지의 한 종류로써 축전지는 일반적으로 다른 극성을 갖는 두 쌍의 전극과 전해질로 구성되며, 이때 사용되는 전해질로는 대개 산성 및 알칼리 전해질이 사용된다. 전형적인 산성 전해질을 사용하는 전지로는 자동차용으로 사용되는 황산용액을 전해질로 사용하는 납축전지를 들 수 있다. 충전지로는 니켈-아연, 아연-요오드, 니켈-카드뮴, 수은-아연과 같은 이차전지 등을 들 수 있다. 지구상에 존재하는 금속 중 가장 가벼운 리튬을 이용하는 리튬이온 전지는 고성능 초경량을 실현할 수 있는 고성능 전지로써 1991년 Sony에서 최초로 상업화한 이후 1995년부터 그 수요가 급증하고 있다. 그 동안은 고가의 휴대형 디지털 전자제품으로 그 용도가 다소 제한되어 왔으나 최근 가격도 낮아지고 높은 전압, 높은 에너지 저장 밀도와 저중량 특성에 힘입어 급속히 기존의 이차전지 특히 Ni-MH를 대체하고 있다. 안전성 면에서는 과충전과 과방전을 막는 보호회로에 의존해야 하는 등 불완전한 형태로 출발하였다. 그러나 성능과 안전성 개선을 위한 노력이 폭넓게 지속적으로 전개되어 현재 급속히 시장을 확장하고 있다.

이차전지는 이온화 경향의 차이가 큰 두 전극의 전해질을 통한 가역적 산화환원반응에 따른 전자의 이동 현상, 즉 에너지 제조 공정으로 볼 수 있다. 에너지밀도를 높이려면 전극의 이온화 차이 즉 전위가 크면 클수록 좋은데 전해질이 수용액인 경우 물의 전기분해 전위보다 높일 수는 없다. 따라서 충·방전 전위를 높이기 위하여 내구성 있는, 이온화 경향이 큰 전극의 쌍을 찾는 것 외에 이온의 이동성이 좋고, 유전율이 큰 유기 전해액의 개발이 중요하다.

최근에는 나노 구조를 이용하여 출력 향상을 위한 연구가 많이 진행되고 있다. 리튬이온전지가 높은 에너지밀도를 가지고 있어도 리튬이 양극과 음극에서 삽입과 탈리가 되어야 하므로 고상에서의 낮은 이온 확산도가 리튬 이동에 제한이 된다. 이것은 고출력을 요구하는 전기자동차나 신재생에너지 저장 장치에서는 극복해야 하는 중요한 과제이다. 배터리 전극 재료를 나노크기의 재료로 만들 경우 리튬이온의 상대적인 이동 거리를 줄일 수 있으므로 높은 출력을 얻을 수 있다. 또한 나노 물질이 가지고 있는 높은 표면적은 더 많은 전해질과 접촉하게 해주고, 리튬이온이 이동할 수 있는 면적을 넓혀주는 효과가 있다. 한편 최근의 연구 결과를 보면 매우 얇은 나노선을 이용하여 리튬이온의 이동 거리를 줄여서 높은 출력 밀도를 얻고, 나노선의 구조적 유연함을 이용해 충전과 방전시 양극 물질의 구조가 뒤틀려져 성능이 급격히 저하되는 문제점을 극복할 수 있는 가능성을 확인할 수 있다.

연료전지는 수소를 이용해 전기를 생산하는 장치로써 수소가 수소이온과 전자로 분해되면 수소이온은 전해질을 거쳐 반대편 극으로 이동하고 이때 전자는 회로를 지나며 전류를 만든다. 수소이온은 다시 전자, 산소와 만나 물을 생성하게 된다. 지구상에 풍부한 수소를 이용해 전기를 만들고 부산물로 이산화탄소가 아닌 물이 나오기 때문에 연료전지는 깨끗한 차세대 에너지원이 되는 것이다. 2040년 자동차 에너지의 약 50%, 발전 설비와 주거 설비 전력에너지의 약 20%를 수소 연료 전지로 대체될 것으로 예상되고 있다. 수소를 전기로 바꾸는 대표적인 기술인 연료 전지 분야에 있어서도 효율을 개선하고 비용을 저감하고자 하는 노력이 지속되어 왔다. 고체고분자연료전지(PEMFC)에서는 새로운 막소재의 개발, 백금사용량을 줄이고 효율 향상을 위한 촉매 담지체 개발, 고체 산화물연료전지(SOFC)에서는 지르코니아 전해질 층의 박막화를 위한 나노 크기의 입자 사용, 효율 개선을 위한 전극의 나노 구조 제어 등이 그것이다.

태양전지는 무한정한 태양 빛을 전기로 변환시키는 기술이며 무상으로 이용할 수 있고 친환경적이기 때문에 주목받는 기술이다. 21세기에 들어온 지금 유가 급등, 화석연료의 고갈 위기, 이산화탄소 배출 규제 등으로 인하여 에너지 고갈에 대한 위기 의식은 더욱 커져가고 있다. 이에 따라 태양전지와 같은 무공해 친환경 대체에너지의 필요성이 더욱 부각되고 있다. 현재 여러 가지 태양전지 제조 기술 중에서 차세대 태양전지로 상용화 가능성이 가장 높은 것으로 알려진 CIGS계 화합물 태양전지와 염료 감응 태양전지가 있다.

본고에서는 염료 감응 태양전지의 최근 연구 결과와 개발 동향에 대하여 소개하고자 한다. 1991년 스위스 EPFL의 Grätzel 교수 연구 그룹에서 보고한 염료 감응 나노 입자 산화물 광전기화학 태양전지는 에너지 변환 효율이 비정질 실리콘 태양전지에 버금가는 높은 에너지 변환 효율과 함께 매우 저렴한 제조 단가로 인하여 연구계 및 산업계의 비상한 관심을 모으고 있다. n형 나노 입자 산화물 반도체 전극 표면에 화학적으로 흡착된 염료 분자는 햇빛을 받아 여기된 전자를 TiO_2 나노 입자로 주입한다. 주입된 전자는 나노 입자들의 계면을 통하여 투명한 전도성막으로 전달되어 전류가 흐르게 된다. 염료 분자에 생긴 홀(hole)은 산화-환원 전해질에 의해 전자를 받아 다시 환원되어 염료 감응 태양전지 작동 과정이 완성된다. 태양광 특히 가시광을 효율적으로 이용하고자 할 때에는 물질의 전기화학적인 특성을 변화시켜야 하고, 액체 전해질 용액에서도 반도체 표면이 안정해야 하며, 전자와 정공이 재결합하지 않도록 표면을 개선해야 한다. 따라서 염료형 태양전지에서는 양자 크기 광촉매, 광전기화학 시스템 개발에 나노 기술의 역할이 중요하다.

제 2 장

수소 저장 소재

2-1. 나노 구조 기반 수소 에너지 저장 기술

수소는 무색, 무취, 무미, 무독성의 가연성 기체로써 단위 질량당 에너지밀도가 매우 큰 특성을 지니고 있다. 수소는 우주 전체에 질량 퍼센트로 약 75% 존재하는 가장 풍부한 원소이지만 높은 반응성 때문에 일반적으로 순수한 수소의 형태로 존재하지는 않는다. 수소는 주기율표에서 원자 번호는 1번이고 원자량은 1.00794g/mol이다. 수소의 물리적 특성으로 용융점은 14.01K, 비등점은 20.28K로 극단적인 경우를 제외하고는 일상적인 상온에서는 가스 형태의 상을 가지게 된다.

일반적인 수소의 생산 방법은 물을 전기분해하여 얻는 방법이 아니라 천연가스를 수증기 개질을 통하여 얻는 방법을 주로 사용한다. 즉, 대량의 수소를 생산하기 위하여 필요한 에너지 비용이 물을 전기분해하여 얻는 방법보다 지각에 존재하는 천연 가스를 발굴하여 손쉽게 고온의 수증기를 통하여 얻는 것이 훨씬 효율적이라는 것이다. 그러나 이러한 방법도 수소의 활용이 증가하게 되면 수소의 공급이 수요에 비하여 지극히 낮은 수준으로 머물러 있게 되기 때문에 새로운 방법을 통한 수소의 생산이 필요하게 될 것이다.

이러한 수소는 에너지를 발생하게 될 때 일반적으로 사용하는 가솔린 열량의 세 배에 달하는 열량을 방출한다. 이러한 고열량으로 인하여 가솔린 기관을 수소를 이용한 기관으로 대체하게 될 때 가솔린보다 고효율 기관을 만들 수 있게 된다. 또한 수소는 손쉽게 연료 전지 등과 같은 방법을 이용하여 전기를 생산할 수 있기 때문에 수소는 에너지 면에서 전기와 동등한 역할을 수행할 수 있다. 즉 전기는 발전소를 통하여 생산하고 전선을 통한 이송 그리고 활용을 하게 되는데 수소는 이와 같은 에너지 이송을 연속적인 전선을 통하여 이루는 것이 아니라 독립적으로 전력 생산이 가능하다. 더불어 수소는 공기와의 부피비로 4% 이상 96% 이하로 혼합하여 560°C 이상의 열에 노출 시 자연적으로 폭발하게 된다. 이러한 폭발성 때문에 일반적으로 수소는 폭발성 가스로 분류가 되고 수소의 사용에 대한 인식이 위험하다고 인지되어 있다. 그러나 수소를 고체 표면에 고정하여 이용하는 고체 저장 방법을 사용하게 되면 이러한 위험 또한 사라진다. 즉, 수소를 금속 수화물 형태로 저장하고 이용하고자 할 때 수소의 배출은 흡열 반응을 일으키기 때문에 수소의 위험성은 그만큼 줄어든다고 볼 수 있다. 수소를 수송 분야의 에너지원으로 사용하기 위해서는 수소의 물리적 상태의 변환이 필요하다. **그림** 2-1처럼 수소는 −262°C 이하의 온도에서 70.6kg/m^{3}의 밀도를 가진 고체 상태로 존재하고, 0°C 이상 1bar 상태에서는 밀도가 0.089kg/m^{3}의 가스 상태로 존재하게 된다.

수소는 3중점(triple point)과 임계점(critical point) 사이의 작은 영역에서 밀도가 70.8kg/m^3(−253°C)인 액체 상태로 존재하며, 상압 조건에서 수소는 Van der Waals 상태방정식의 거동을 따른다. 수소가 갖는 에너지로써의 특성은 수소의 물리적 상태에 크게 의존하게 되는데 수소의 상평형도에 따르면 수소를 기체로 저장하는 경우 수소 분자들은 용기 안에 일정한 형태를 유지하지 않고 임의적으로 채워져 저장되며, 압력에 따라 수소의 저장량은 증가하여 700bar 정도의 압

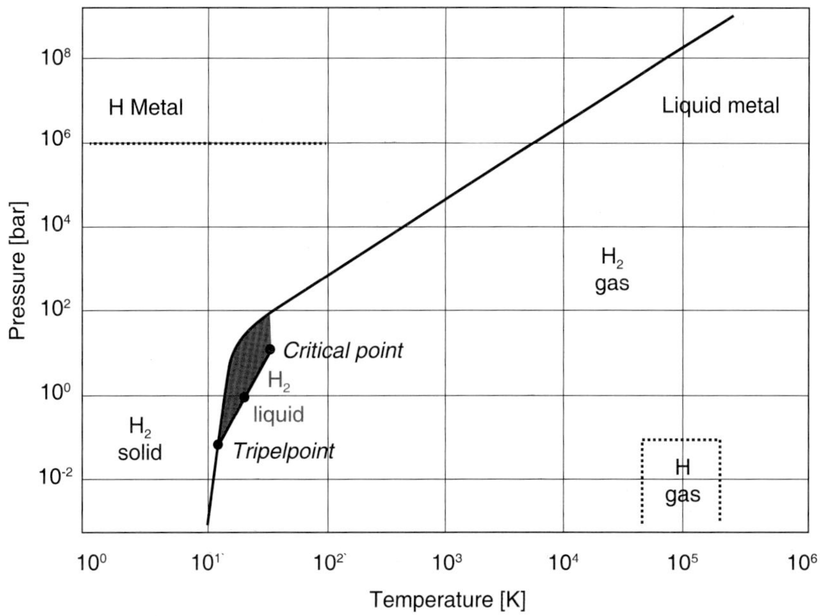

그림 2-1 수소의 상평형도

력에서는 약 10wt%의 수소가 저장되는 것으로 알려져 있다. 그러나 고압을 견뎌주는 용기 재질의 개발과 실제 이용에는 위험성이 항상 뒤따른다는 문제점이 있다. 수소를 액상으로 저장하는 경우는 수소 분자들이 응축이 되어 액체 상태로 용기 안에 저장되는데 수소를 액체로 유지하기 위해서는 극저온을 필요로 하며 수소 이용 시 액체수소의 증발에 의한 손실이 크다는 단점이 있다.

수소를 수송용으로 이용할 때는 대부분이 고압 기체 저장과 저온 액체 저장을 혼용한 고압 액체 수소 저장 방법을 택하고 있다. 수소를 수송 부문의 연료로 사용할 수 있는지는 두 가지 인자, 즉 비에너지(specific energy)와 에너지밀도(energy density)에 의해 결정된다. 비에너지는 연료의 단위 질량당 연료에 함유된 순 에너지(net energy)로서 연료 공급 시간을 결정하며, 에너지밀도 단위는 kWh/m^{3}로 표현하는데 연료 저장 시스템의 부피는 수소의 에너지밀도에 의해 좌우된다. 상온, 상압 조건에서 수소의 에너지밀도는 화석연료의 1/10 수준으로 매우 낮기 때문에 고압 기체나 액체 수소 저장 기술은 수송용으로는 적합하지 않아 수소를 고밀도로 저장할 수 있는 새로운 기술이 개발되어야 한다. 이러한 고밀도 저장 방법으로는 **그림 2-2**에서처럼 수소 저장 메커니즘에서 예측할 수 있는 바와 같이 높은 비표면적을 갖는 고체 저장 재료를 흡착 수단으로 하여 저장하거나, 고체저장 재료의 격자 사이에 저장하는 기술, 혹은 고체 저장 재료와 화학반응을 통해 저장되는 방법들이 있다.

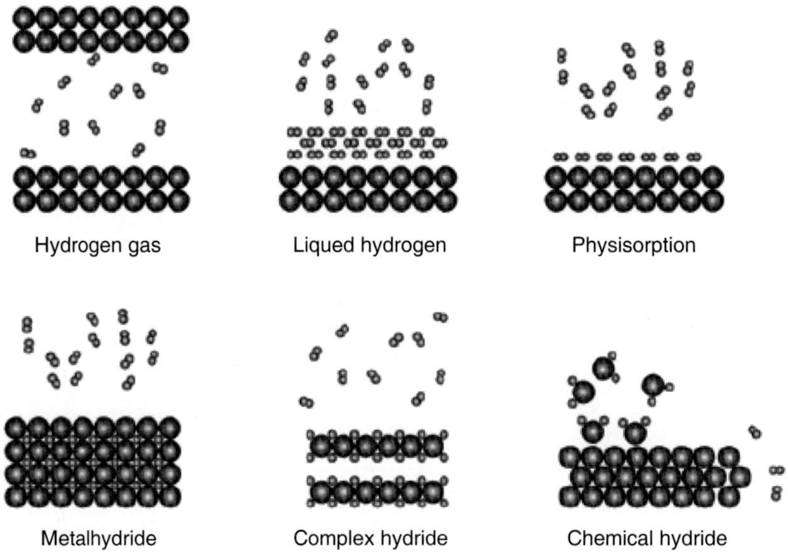

그림 2-2 다양한 물질의 수소 흡착 모형도

현재까지 개발된 수소의 고체화 매체들의 수소 저장 밀도를 **그림 2-3**에 나타내었으며, 수소 저장 형태는 벌크 흡수, 표면 흡착 및 수소 화합물 형성으로 이루어진다.

수소를 수송용 연료로 사용할 때 수소 저장 용량의 목표치는 국가마다 다소 다르다. 미국의 경우 중량 2,000kg인 승용차의 주행 거리인 600~700km를 기준으로 수소 저장의 기술 개발 목표를 삼는 반면, 유럽과 일본의 경우는 1,000kg의 차량을 기준으로 기술 개발의 목표치를 설정하고 있다. 미국에서는 기술 개발에 에너지성(DOE)과 자동차 연구를 위한 US 의회(US Council for Automobile Research)의 파트너십인 FreedomCAR 프로젝트가 제안한 기술 기준을 사용하고 있다.

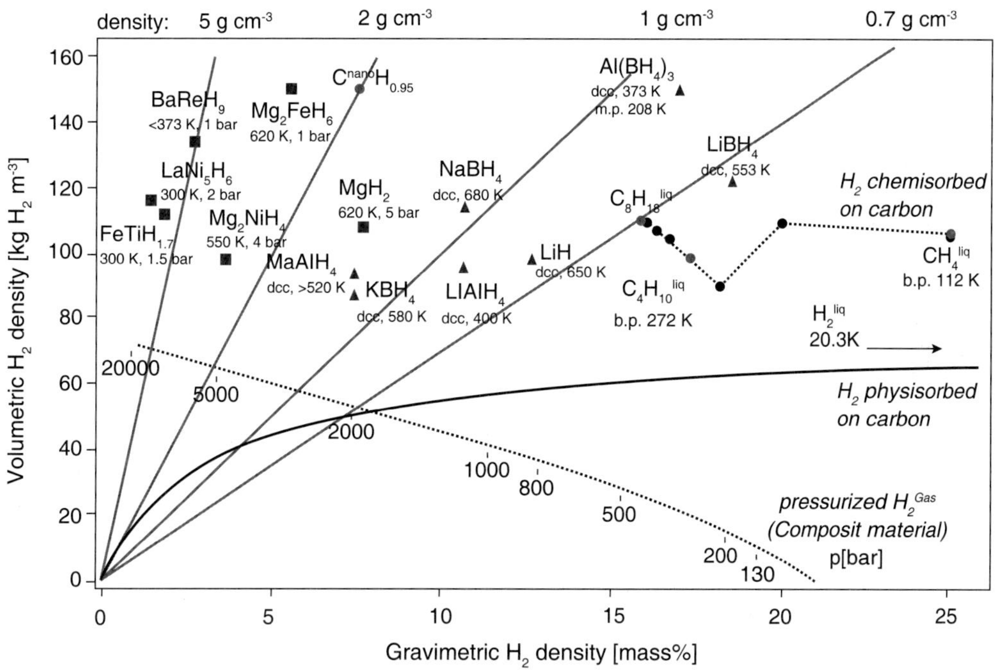

그림 2-3 다양한 물질 별 부피 및 중량으로 표시된 수소 저장 능력

표 2-1 FreedomCAR가 설정한 수소 저장 능력의 연구 개발 목표

Storage parameter	2010	2015
Gravimetric capacity (kWh/kg)	2	3
Volumetric capacity (kWh/L)	1.5	2.7
Storage system cost (\$/kg H_2)	4	2
Fuel cost (\$/gallon gas equivalent)	1.5	1.5
Min. and Max. operation temperature (℃)	-30/85	-40/85
Cycle life (number)	1000	1500
Transient response time (s)	0.75	0.5
Safety	Meets applicable standard	Meets applicable standard

실제 응용을 위해서 필요한 수소 저장 기술 요소들은 비에너지, 에너지밀도, 수소 방출 온도, 수명, 충전 시간 등이며, 새로운 저장 재료를 개발할 때 기준이 되는 척도는 표 2-1에 보인 FreedomCAR가 제안

한 목표를 만족하는지를 항상 검토하여야 한다. 그러나 저장 매체 별로 저장 능력 목표를 종합적으로 달성한 수소 저장 재료는 아직까지 개발되어 있지는 않다. 미국 에너지성에서는 수소 저장 효율이 2015년을 기준으로 질량으로는 3KWh/kg, 부피로는 2.7KWh/L 이상이 되어야만 상업적으로 가치가 있다고 판단하고 있으며, 이러한 물리적 양뿐만 아니라 수소를 저장하는 데 요구되는 비용은 \$2/kgH_2 이하를 요구하고 있다.

그림 2-4는 수소 저장능 및 수소 탈착 온도 목표을 표시한 것이다. 현재 수소를 저장하기 위한 여러 가지 방법들은 기존에 사용되어온 화석 연료의 효율에 비하여 아직까지 그 효율이 떨어짐을 알 수 있고 이로 인하여 수소 저장이 가능한 대면적의 물질 개발에 연구를 기울이고 있다.

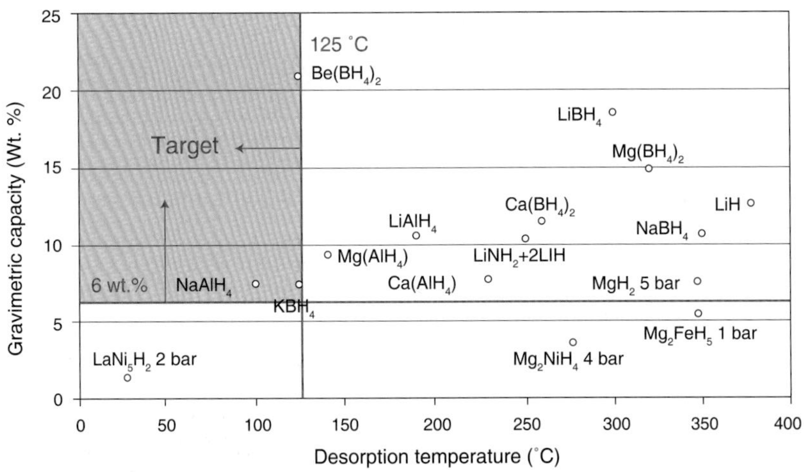

그림 2-4 수소 저장능 및 수소 탈착 온도 목표

마이크로/나노 다공성 고체 재료가 지난 수년간 새로운 수소 저장 매체로 많은 관심을 끌고 있다. 그 중에서도 집중적으로 연구 개발되고 있는 재료는 활성화 카본(AC : activated carbons), 단일벽 탄소 나노 튜브(SWCNT : sngle walled carbon nanotubes), 유기금속 구조물(MOFs : metal~organic frameworks, MOFs), 시아노메탈레이트(cyanometalates), 제올라이트(zeolites) 등이 있으며, 1 기압, 온도

77k에서 수소 흡착능을 비교하여 그림 2-5에 나타내었다.

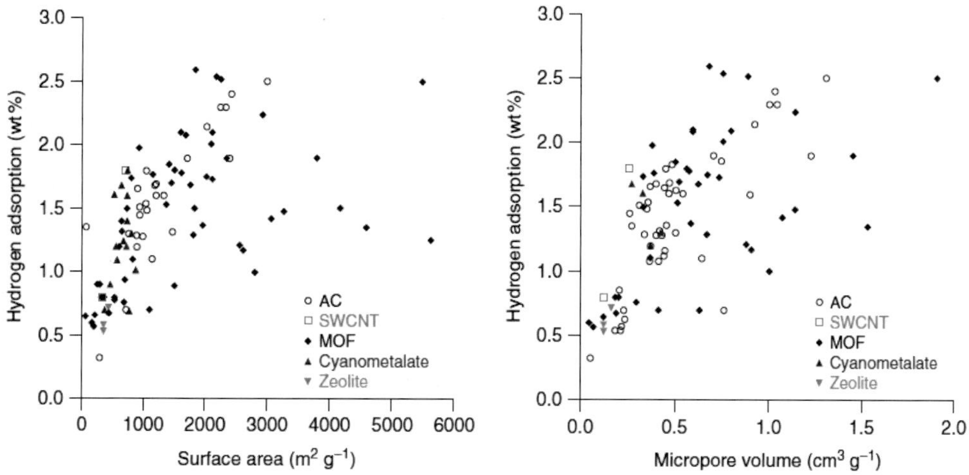

(a) 비표면적 기준 (b) 미세 기공 크기 기준

그림 2-5 수소 흡착능 비교

이러한 물질들의 공통적인 특징은 매우 큰 비표면적을 갖고 있어 수소가 화학/물리 흡착할 수 있는 많은 미세 기공을 가졌다는 점이다. 이 물질들은 높은 에너지밀도로 인해 이동형 연료전지 산업에서 매우 중요하게 고려하고 있는 수소 저장 재료이다.

다음에는 이러한 새로운 고체 수소 저장 물질의 수소 저장능 측정법과 수소의 고체화 저장 특성에 대하여 설명한다. 물론 이들 다공성 물질의 수소 저장 거동에 대한 연구는 아직 초기 단계 수준이다. 그래서 물질들의 수소 저장 특성은 FreedomCAR 프로젝트에서 제안하고 있는 목표 2-즉, 중량 및 체적 수소 저장 용량을 기준으로 두고 설명한다. 이러한 물질들이 높은 중량 및 체적 수소 저장 용량을 보인다면 정지형 및 이동형 에너지 저장 분야에서 사용될 것이다.

2-2. 수소 저장능 측정

수소 저장 매체의 수소 저장 능력을 측정하는 방법에는 3가지 방법이 주로 사용되고 있다. 일반적으로 가장 많이 사용되는 방법인 수소가 흡착됨에 따라 감소하는 용기 내부 압력을 측정하는 부피 측정법 (volumetric method 또는 PCT : pressure/composition/temperature)과 미량 저울을 사용하여 시료의 무게 변화를 직접 측정하는 중량 측정법 (gravimetric method), 전기화학 반응을 이용한 전기화학방법 등이 있다.

부피 측정법은 일정한 온도에서 수소의 압력이 변화 되었을 경우의 수소 흡착량을 측정할 수 있다. 즉, 측정기에 수소가 출입하게 되면 단열 압축과 단열 팽창으로 측정기의 온도 변화가 발생하게 되며, 미세하게 변화된 온도가 다시 실험 온도로 안정화 된 후 수소 저장량을 반복 측정하게 된다. 시료에 흡착된 수소 분자의 수는 대개 van der Waals 상태방정식을 사용하여 계산하며, 이로부터 흡착 수소량을 wt%로 환산 계산한다. 그러나 이 부피측정법은 사용 가능한 시료가 적을 경우 실험 오차가 크게 발생하고, 활성화가 쉽게 이루어지지 않는 단점이 있다.

중량 측정법은 특정한 온도에서 상변화나 분해 등에 의해 발생한 무게 변화를 연속적으로 측정할 수 있다. 즉, 측정하고자 하는 재료의 온도가 증가함에 따라 저장된 수소가 탈착하면서 생기는 질량의 변화를 확인하여 수소 저장량을 측정하는 방법이기 때문에 다른 방법들보다 비교적 고온에서의 수소 저장량을 측정할 수 있다. 이 방법을 사용할 경우 수분에 의한 영향이 크기 때문에 수분을 최소화할 수 있도록 각별한 주위가 요구된다. 열탈착 분석법(temperature~programmed deposition: TPD)은 액체질소 온도(77K)에서 시료에 수소를 흡착시킨 후 온도를 올려가며 탈착 가스량을 측정하는 분석 방법으로 온도 변화에 따른 수소 저장량을 확인할 수 있다. 또한, 시료의 수분 등의 불순물을 제거하고, 시료를 냉각한 후 가열하는 동안의 수소의 흡착량과 탈착량을 측정할 수 있다. 그러나 이 방법은 고압의 수소를 사용할 수 없는 단점을 갖고 있다.

전기화학적 방법에 의한 수소 저장은 탄소 재료를 연료전지에 이용하기 위해서 많이 사용되는 방법이다. 이 방법으로 측정한 수소 저장량은 보통 사이클이 진행될수록 매우 낮은 방전 용량을 나타내는 단점을 가지고 있다. 이러한 단점을 극복하고 방전 용량을 향상시키기 위하여 알칼리 금속을 도핑하여 이 단점을 극복하기 위한 연구가 진행되고 있다. 전기화학방법을 사용할 경우 정확한 수소 저장량을 측정할 수 있으나 과정이 다른 수소 저장량 측정 방법에 비하여 복잡하다는 단점을 가지고 있다.

2-3. 수소 고체화 저장 기술

1) 금속/금속간 수소화물(metal/inter~metal hydrides)

금속과 금속간 합금이 250~650K의 온도 범위에서 가역적으로 수소와 반응한다는 것은 이미 1960년대에 발표되었다. 2족 원소들과 전이 금속은 일반적으로 수소화물을 형성하는 금속인 반면에 란탄족 및 악티늄 계열 원소, Ti, V 그룹 원소들은 금속간 합금을 형성하는 것으로 알려져 있다. 전이 금속의 수소화물은 금속 성질을 띠고 있으며 일반적으로 금속수소화물이라 지칭한다. 금속수소화물의 조성은 일반적으로 MHx로 표현하고 압력과 온도에 따라 다양한 상을 형성한다. 금속간수소화물에서 가장 잘 알려져 있는 수소화물은 ABnHx 조성으로 표시되는 금속간수소화물이다. 이 조성식에서 원소 A는 희토류 금속, 알칼리토류금속, 마그네슘으로 안정한 수소화물을 형성하는 금속이며, 원소 B는 일반적으로 전이 금속 혹은 알루미늄으로 안정한 수소화물을 형성하지는 않지만 H_2 분자를 해리시키는 것을 도와주는 촉매 금속이다. 전형적인 예로 원소 B는 Ni, Co, Cr, Fe, Mn 등의 전이 금속이다.

금속수소화물의 특성 중의 하나는 수소 저장 체적 밀도가 매우 높다는 것이다. 예를 들어 $LaNi_5$ 경우 체적밀도가 115 kg/m^3에 달한다. 금속/금속간 수소화물의 수소 흡/탈착거동은 압력/조성/온도(PCT) 곡선을 이용하여 알 수가 있으며 최대/유효 수소 저장 용량도 얻을 수 있다. 금속간 합금과 수소가 반응하여 수소화물을 형성하는 반응식은 다음으로 나타낸다.

$$AB_n + xH_2 \Longleftrightarrow AB_nH_{2x} + \Delta Q$$

여기서 ΔQ는 van't Hoff plots을 이용하여 실험적으로 얻어진 흡착엔탈피이다. 다양한 금속수소화물의 van't Hoff plots 결과를 **그림 2-6**에서 보여 준다.

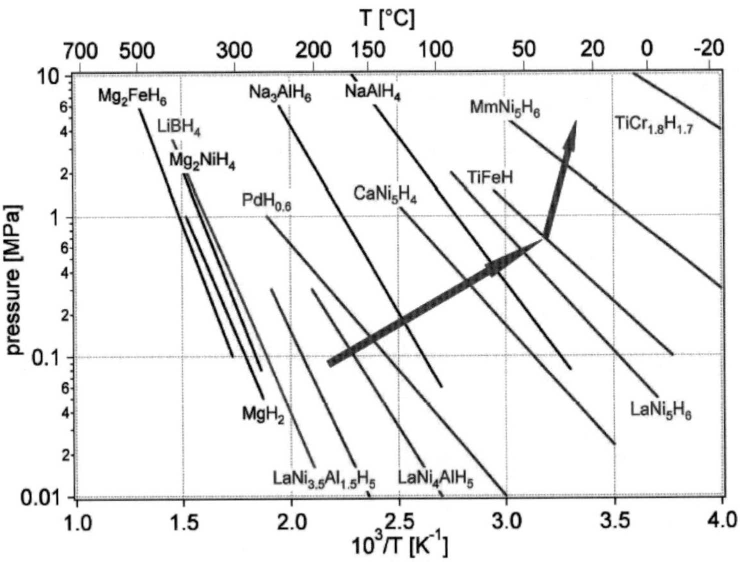

그림 2-6 금속 및 금속간 화합물의 안정성 (Van't Hoff Plots)

비록 금속간수소화물이 높은 수소 저장량 즉, H/M 값이 1보다 크게 나타내지만 전이 금속이나 란타늄계 원소의 중량이 높기 때문에 일반적으로 1~2wt%의 낮은 중량 수소 저장 용량을 보인다. 반대로 Mg을 포함한 금속 수소 화물은 3.3~7.7wt%의 높은 수소 저장량을 보이고 있다. 수송용 응용의 수소 저장 매체로 사용하고자 하는 금속/금속간 수소화물의 경우는 수소화물이 1~10 bar의 압력 범위와 270~360K의 온도 범위에서 수소를 방출하여야 한다. 이런 관점에서 Mg 수소화물이나 ZrNi, $ZrMn_2$와 같은 금속간수소화물은 높은 수소 저장 용량을 보이는 데도 불구하고 높은 수소 탈착온도를 요구하기 때문에 수송용 수소 저장 매체로 적합하지 않은 것으로 여겨져 왔다. 한편 대부분의 금속간수소화물은 1wt%의 낮은 가역 수소 저장량을 보이기 때문에 실제 수소 저장 매체로 쓰이지 않을 것으로 예측된다. 수소화물을 형성하는 7가지 군의 금속간수소화물을 표 2-2에 나타내었다.

표 2-2 수소화물을 형성하는 7가지 군의 금속간수소화물

금속간 화합물	대표적 화합물	결정 구조
AB_5	$LaNi_5$	Haucke phase, Hexagonal
AB_2	$ZrMn_2$	Laves phase, Hexagonal, Cubic
AB_3	$CeNi_3$	Hexagonal
A_2B_7	Y_2Ni_7	Hexagonal
A_6B_{23}	Y_6Fe_{23}	Cubic
AB	TiFe	Cubic
A_2B	Mg_2Ni	Cubic

금속수소화물을 실제 응용하기 위해서는 흡/탈착 압력 간에 생기는 hysteresis로 인한 문제, 활성화의 용이성, 공기에 대한 민감성, 흡/탈착속도, 안정성 등을 고려해야 한다. 이러한 요인들 중에서도 수소의 흡/탈착 속도가 가장 중요한 기술적 인자가 된다. 이러한 관점에서 AB_5형 금속간 합금이 특별히 관심을 끄는 재료이다. 여기서 A 원소의 선택적 산화는 금속 A를 표면에서 분리하는 결과를 초래하며, 표면에서 촉매 성분으로 작용하는 B 금속은 수소 분자의 흡착과 해리를 증진시키는 역할을 한다. AB_5형 금속간 합금의 다른 중요한 특성은 합금을 이루고 있는 성분 원소의 일부분이나 혹은 전부를 다른 금속으로 대치하여 작동 온도나 압력을 바꿀 수 있다는 것이다. 즉,

Pressure, Composition, Temperature로 표현되는 PCT 도표에서 특정 온도에서의 평형 압력을 간단한 첨가반응을 통해 거의 2배의 크기로 바꿀 수 있다.

이 영향은 **그림** 2-7에 잘 나타나 있는데 $LiNi_5$의 중간 평형 압력을 Ni원소를 Sn원소로 부분 치환함으로써 거의 2배의 크기로 변화시킬 수 있다. 체심 입방 구조를 갖는 수소 흡착 합금은 높은 수소 저장량 때문에 많은 관심의 대상이 되고 있다. 전형적인 예로 Ti-V-Mn, Ti-V-Cr, Ti-Cr-(Mo, Ru)를 들 수 있으며 이들의 수소 저장량은 3wt% 정도가 된다. 이 물질들은 PCT 도표에서 2개의 평형 압력을 보이는데, 이는 2개의 다른 수소화물상이 형성되고 있음을 나타낸다. 2개의 평형 압력이 상당히 차이가 나거나 평형 압력이 기울기를 보이는 금속간수소화물은 실제 응용에 적합하지 않다.

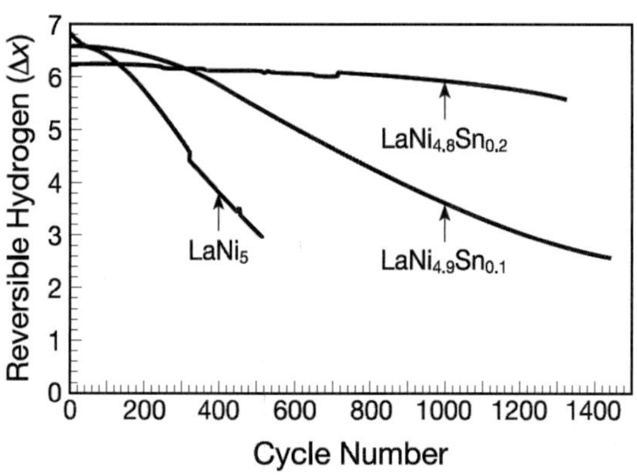

그림 2-7 $LaNi_5$ 금속간화합물에서 Ni을 Sn으로 치환시 평형압력 변화

금속/금속간 수소화물 중에서 마그네슘에서 유도된 금속수소화물은 수소 저장 용량이 지금까지 알려진 어떤 금속수소화물보다도 높다. 예를 들면, 마그네슘의 수소화물인 MgH_2는 이론 수소 저장 용량이 7.6wt%에 달한다. 그러나 Mg와 MgH_2의 수소화/탈수소화 반응속도가 매우 느려서 이 재료를 실제 공정에 응용하기는 어렵다. 반응속도는 300~400°C에서 어느 정도 증가하기는 하나 여전히 수소의 가역 흡착 시간이 길다. 그러나 열역학적 관점에서 마그네슘 수소화물

의 생성은 자발적으로 일어나는 공정이며 평형에서 MgH_2와 공존하는 수소기체의 압력은 낮다. 낮은 반응 속도를 근본적으로 이해함으로써 어느 정도는 이 한계를 벗어날 수는 있다.

깨끗한 Mg 표면에서 수소화 반응 속도에 제한을 주는 인자는 여러 가지가 있다. 깨끗한 금속표면에서는 수소보다는 산소가 더 빨리 흡착되어 산화막을 형성하여 수소의 흡착을 막는다. 그러나 이 산화막은 수소 분위기에서 400℃ 이상의 온도로 가열하면 제거 된다. 수소화 속도가 낮은 또 다른 이유는 Mg 표면에서 수소 분자가 서서히 해리되기 때문이다. 이런 해리 장벽은 Ni이나 Pd 과 같은 금속 촉매를 소량 Mg에 첨가함으로써 감소시킬 수 있다. **그림** 2-8은 상업용 마그네슘 금속수소화물과 밀링으로 활성화시킨 마그네슘 금속수소화물

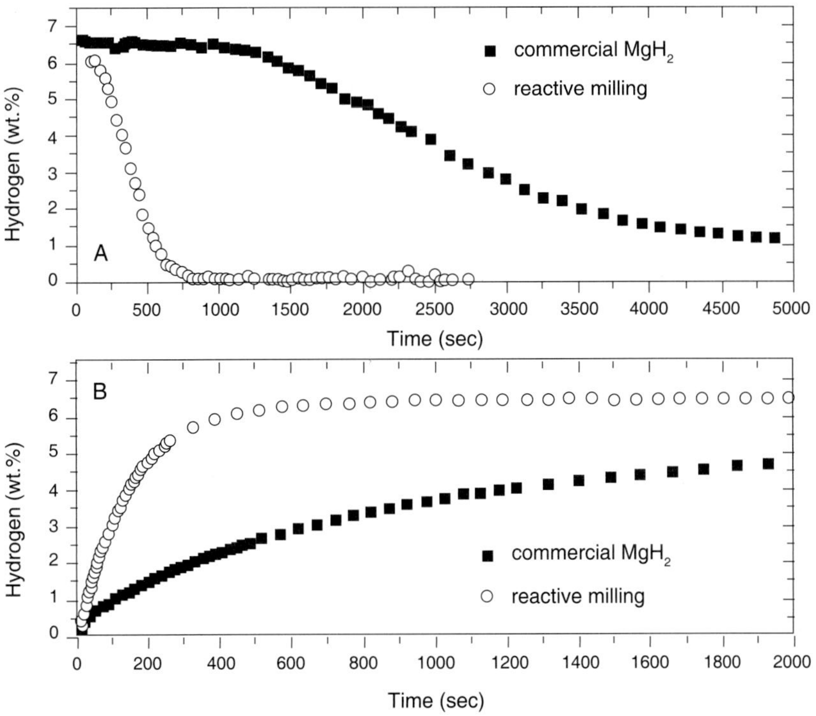

(A) 수소 압력 0.07bar에서 탈수소화 반응 속도
(B) 수소 압력 10bar에서 수소화 반응 속도

그림 2-8 상업용 마그네슘 금속수소화물과 밀링으로 활성화시킨 금속수소화물의 수소화 및 탈수소화 반응 속도

의 탈수소화 및 수소화 반응 속도를 나타낸 것으로 기계적 밀링방법으로 수소화/탈수소화 반응 속도가 증가함을 보이고 있는데 이는 표면적의 변화 및 결함 밀도의 증가 등의 여러 요인에 기인할 수 있다.

Density functional theory를 이용하여 Mg 내에서 수소의 움직임을 연구하면 MgH_2의 수소 방출 속도가 수소의 낮은 확산 속도에 기인함을 알 수 있다. 이 확산제어 공정에서 bulk to bulk 확산에 해당하는 활성화 장벽은 155meV 정도 된다. 이 bulk to bulk 확산이 낮은 활성화 장벽을 갖는 것은 상온에서 확산 속도가 $2.4\times10^{10}s^{-1}$인 것으로 부터 알 수 있다. 한편 bulk에서 표면으로 수소가 확산하는 에너지 장벽은 500meV로 매우 크며 실제로 확산 속도를 실온에서 $4\times10^{4}s^{-1}$ 정도로 감소시켜서 Mg의 수소화/탈수소화 속도를 낮춘다. 낮은 속도를 해결하고자하는 연구가 많이 되었다. 마그네슘의 결정 크기를 나노미터로 줄이면 실온에서 수소화 반응 속도를 증가시키는데 매우 효과적이다. 나노크기 결정 마그네슘이 수소화 반응 속도를 촉진하는 것은 그레인 경계 주변에서 수소의 확산 속도가 빨라지기 때문으로 설명된다.

금속수소화물에 질소가 결합된 금속-N-H_x 아마이드(amides) 형태는 최근에 Chen 등에 의해 개발된 수소 저장 재료로써 수소 저장량이 5wt% 이상에 도달하는 우수한 수소 저장 매체로 보고되었다. 고상 재료 중에서 금속수소화물은 수소 저장 재료로 이용하기 위한 기술적 연구가 상당한 수준으로 이루어져 상업화에 가까운 수소 저장 재료이다. Daimler-Benz, Toyota, Mazda와 같은 많은 자동차 생산 회사에서는 이미 금속수소화물을 이용한 수소 저장 차량을 보유하고 있다. 특히 실용화를 위해 수소 저장 및 방출 시 수반되는 열전달 연구가 활발히 진행되고 있다. 최근 들어서 고압 수소기체 저장 용기에 금속수소화물을 결합하여 수소의 저장 용량과 안전성을 동시에 증가시키는 노력을 하고 있다.

2) 금속착수소화물(complex chemical hydrides)

Li, Mg, B 등과 같은 주기율표상의 1, 2, 3족 경금속 원소들은 화학결합으로 수소를 저장하는 금속착수소화물을 형성한다. 금속착수소화물은 중심원자가 AlH_x인 경우 알라네이트 수소화물(alanate hydrides), BH_x인 경우 붕소계 금속수소화물(metal hydrobirates)라고 명명하기도 한다. 대표적인 알라네이트 수소화물은 $NaAlH_4$, $LiAlH_4$ 등이 주로 연구되고 있으며, 붕소계 금속수소화물은 주로 $LiBH_4$, KBH_4, $NaBH_4$ 등이 있다. 이러한 금속간수소화물들은 수소 저장 중량밀도와 부피밀도가 매우 높다. 예로 Mg_2FeH_6, $Al(BH_3)_3$ 등과 같은 금속착수소화물은 수소 저장 밀도가 150 kg/m^{3}로 가장 높은 체적밀도를 보인다. 마찬가지로 $LiBH_4$는 지금까지 알려진 금속착수소화물 중에서 상온에서 가장 높은 체적용량(18 wt%)를 나타내는 물질이다. 금속착수소화물은 재료의 밀도가 낮으며, 높은 수소/금속 비를 보이고 있어 이동형 수소 저장 시스템으로 특히 관심을 끌고 있다. 금속수소화물과는 달리 금속착수소화물은 이온 혹은 공유결합 특성을 보이며 수소의 방출이 착수소화물의 급격한 분해로 이루어진다.

금속착수소화물의 전형적인 예는 **그림** 2-9에 나타낸 바와 같이 $NaBH_4$(sodium borohydride)이다. 대부분의 금속착수소화물은 사면체 구조(tetrahedral structure)를 가지며, 수소는 사면체의 중앙에 위치한다. 금속착수소화물의 급격한 수소화/탈수소화 반응은 $NaAlH_4$ 금속착수소화물의 분해과정을 통행 알 수 있다. 반응은 2단계로 진행된다.

$$3NaAlH_4 \Leftrightarrow Naq_3AlH_6 + 2Al + 3H_2$$

$$Na_2AlH_6 \Leftrightarrow 3NaH + Al + \frac{3}{2}H_2$$

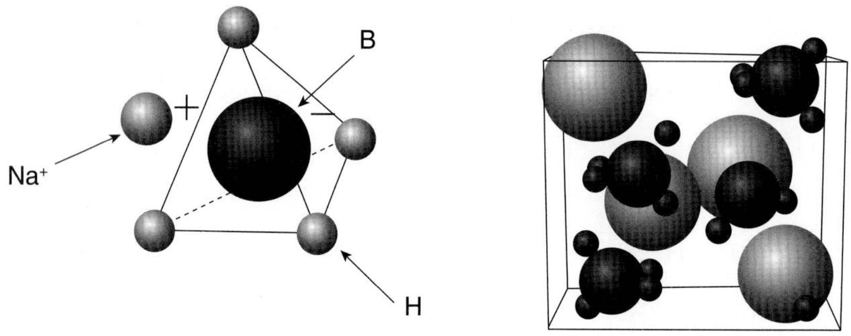

(a) 모형 (b) 결정구조

그림 2-9 $NaBH_4$ 금속착수소화물의 분자구조

각 반응 단계에서는 3.7wt%, 1.9wt%의 수소를 방출할 수 있어서 이론적으로는 총 5.6wt%의 수소를 저장할 수 있다. 반응단계 (1)의 수소분해 공정은 가역적이지만 실제 응용에 알 맞는 조건에서 반응이 일어나지 않는다. 그러나 최근 Ti과 같은 금속 촉매를 사용함으로써 적당한 조건에서도 가역적인 반응이 일어난다. 핵자기 공명 연구를 통해 Ti이 $NaAlH_4$의 수소화/탈수소화 반응에서 촉매 어떤 역할을 하는지 그 메커니즘을 밝히는 연구도 최근에 활발히 진행되고 있다. 이들은 첨가된 Ti 가 수소의 운동속도에 변화를 일으켜 가역반응 속도를 증가시켰다고 주장하였다.

그림 2-10에 FreedomCAR가 목표로 제안한 2007년, 2010년과 2015년 금속착수소화물의 수소 저장 중량 및 체적 용량을 비교하였다. **그림** 2-10에서 볼 수 있듯이 대부분의 금속착수소화물의 수소 저장 중량 및 부피 용량은 FreedomCAR가 제안한 2010년의 저장량을 초과하고 있다. 결과적으로 금속착수소화물은 단기적으로 매우 매력적인 수소 저장 매체로 여겨지고 있다. 그러나 금속착수소화물은 수소방출 공정에서 높은 온도를 필요로 하므로 공정 온도를 감소시킬 수 있는 근본적인 해결책을 찾아야 한다. 마지막으로 금속착수소화물을 이동형 응용을 위한 수소 저장 매체로 실제 사용하기 위해서는 촉매의 최적화, 가역 공정의 개발 완성, 금속착수소화물의 열역학적 거동의 이해 등이 선결되어야 한다.

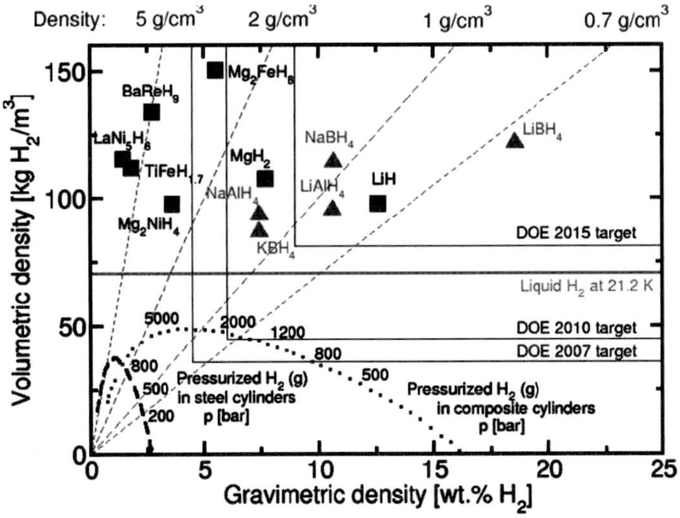

그림 2-10 FreedomCAR가 목표로 제안한 2007년, 2010년 및 2015년 금속착수소화물의 수소 저장 중량 및 체적 용량 비교

3) 클래스레이트 수화물(clathrate hydrates)

클래스레이트 수화물이란 호스트 분자(물)와 적당한 크기를 가진 기체 분자의 혼합으로부터 형성된 결정 분자 복합체이다. 클래스레이트 수화물은 도입된 기체가 호스트 분자(물)에 의하여 형성된 바구니에 흡장되었다고 하여 바구니 화합물(caged compounds)로도 알려져 있다. 클래스레이트 수화물은 자신의 부피보다 몇 백 배 많은 가스를 저장할 수 있기 때문에 수소 저장 매체로써 매력적인 물질이다. 예를 들면 수소 클래스레이트(hydrogen clathrate)는 145K, 0.01MPa 하에서 자신의 부피의 500배에 해당하는 수소를 저장할 수 있다. 대부분의 클래스레이트 수화물은 **그림** 2-11처럼 구조에 따라 타입 I, 타입 II 그리고 타압 H와 같이 세 그룹으로 나눌 수 있다. 이 중에서 타입 II 그룹은 탁월한 수소 저장 용량 때문에 많은 관심의 대상이 되고 있다. 이것은 이상적인 단위셀 16S 8L 136H_2O 형식의 구조를 갖는 클래스레이트 군을 이루기 때문이다. S는 작은 공동을 L은 큰 공동을 지칭하며, 각각 12면체(dodecahedra)와 16면체(hexadecahedra) 2가지 종류의 다면체로 이루어져 있다. 일반적으로 클래스레이트는 매

우 높은 압력 조건 하에서 안정적이다.

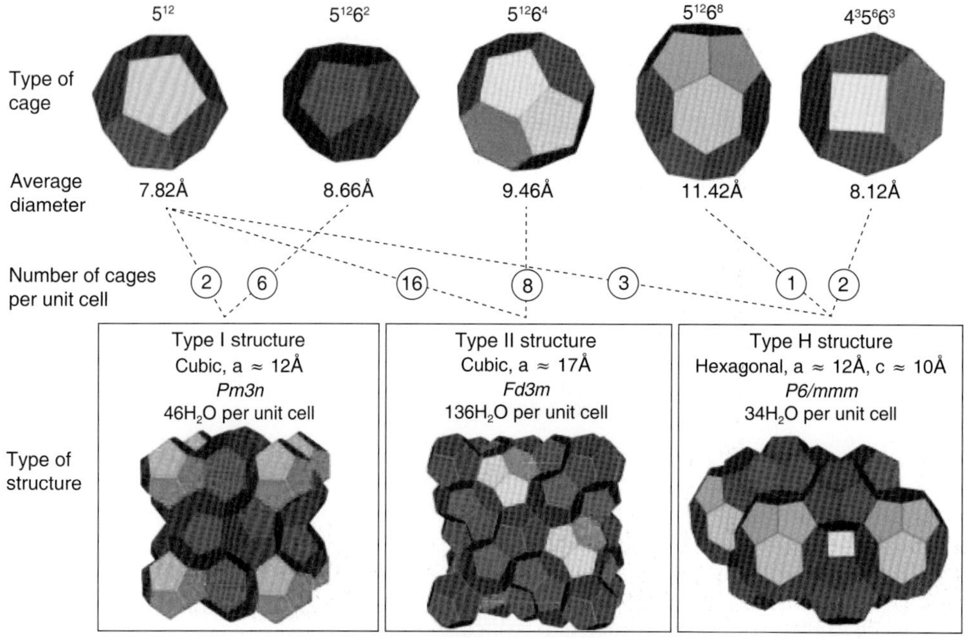

그림 2-11 클래스레이트 수화물의 구조

이것은 클래스레이트 안으로 수소 흡장이 일어나는 것을 langmuir 흡착 공정으로 간주하여 설명할 수 있다.

$$\Theta = cp / (1 + cp)$$

여기서 θ는 바구니에 수소가 차지한 분율이고 c와 p는 각각 langmuir 상수와 압력이다. 압력이 극히 높기 때문에 실제 이용할 때 수소 클래스레이트 수화물은 안정할 수가 없다. 그러나 최근에 Lee 등은 이 바구니 소재(caged material)에 tetrahedrafuran (THF)와 같은 거대 유기분자들을 가두어 둠으로서 낮은 압력에서도 클래스레이트 수화물이 안정하다는 것을 발표하였다. 이렇게 개량된 시스템의 점유율은 다음 식으로 표현할 수 있다.

$$\Theta = cp_1 / (1 + cp_1 + cp_2)$$

공정 혼합물의 조성에서나 그 이하에서 수화물이 안정화되기 위해서는 큰 바구니 L 안으로 게스트 기체 분자를 삽입하여야 한다. 수소가 sII 클래스레이트 수화물의 크고 작은 바구니(cage)에 모두 채워지면 5 wt%의 중량 수소 저장 용량을 가진다. 이 수치는 2010년의 FreedomCAR의 목표치에 상응하는 값이며, 이 물질은 수송용에 이용할 수 있는 또 다른 매력적인 수소 저장 매체가 될 수 있음을 의미한다.

4) 유기금속구조물(metal~organic frameworks, MOFs)

유기금속구조물은 organic dicarboxylate moieties를 사용하여 복합금속다면체를 적절히 결합해 줌으로서 형성되는 결정물질 군이며, **그림** 2-12에 MOF 단결정의 구조 및 유기 링크 그룹을 나타내었다. 이 구조물은 매우 안정적이며 균일한 크기의 조화를 이룬 공동을 가져 그 속에 다량의 기체를 저장할 수 있다. ZnO_4가 사면체 다각형(tetrahedral polyhedra)을 형성하고 benzene dicarboxylate 이온이 리간드(ligand)를 형성하는 MOF-5는 MOFs의 전형적인 형태로 간주

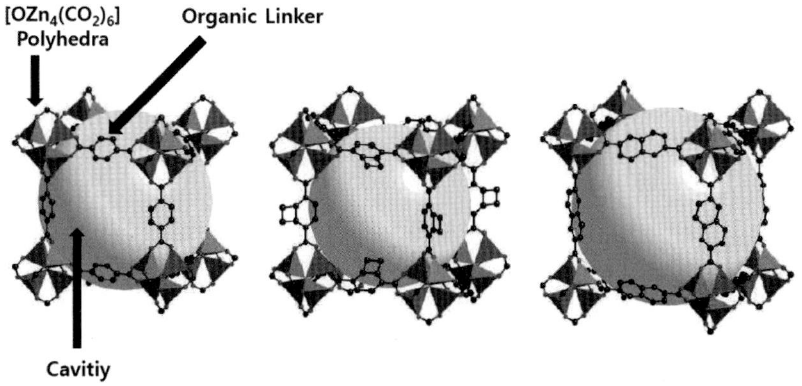

그림 2-12 MOF 단결정의 구조 및 유기 링크 그룹
(MOF-5, IRMOF-6, IRMOF-8)

된다. MOFs의 다른 일반적인 예는 IRMOF-6와 IRMOF-8로 유기링크 그룹에서 분류하면 MOF-5와는 다르다. **그림** 2-12에서 큰 구는 골격 구조의 반데르발스 원자를 건드리지 않는 공동에 고정될 수 있는 가장 큰 구이며, MOFs의 공동의 크기는 유기 링크 그룹을 변화시켜 쉽게 제어할 수 있다.

MOFs는 직접 교반기술을 이용하여 저비용으로 쉽게 직접 합성할 수 있다. 이 공정에서 MOF-5는 $Zn(NO_3)_2 6H_2O$을 trimethylamine과 N, N'-dimethylformamide (DMF)의 존재 하에서 1,4-benzene dicarboxylic acid과 반응시켜 제조한다. 극저온과 상온에서 MOFs-5의 수소 저장 거동을 **그림** 2-13처럼 나타내었다.

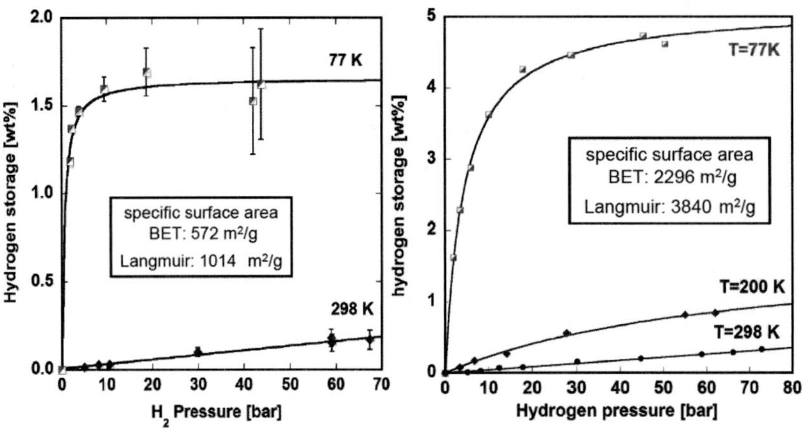

그림 2-13 상온과 극저온에서의 MOFs~5(Zn)의 수소 저장 거동

비표면적이 2296m^2/g인 경우 77K에서 측정된 type-I 흡착 등온곡선에서 MOF-5의 수소 저장 용량을 측정하면 수소가 가역적으로 4.5wt% 저장됨을 알 수 있다. 그러나 이 수소 저장 용량을 상온에서 측정하면 1 wt% 정도로 감소한다고 보고하고 있다. 한편 MOF-5의 비표면적이 작아지면 수소 저장 용량도 같이 감소하였다. 한편 MOF에 대한 중성자 회절 데이터와 이론적 계산을 통해 MOF와 수소의 상호작용에 대한 연구 결과로 MOF-5에 다른 4개의 흡착 사이트가 존재한다는 것을 **그림** 2-14에 나타내었다.

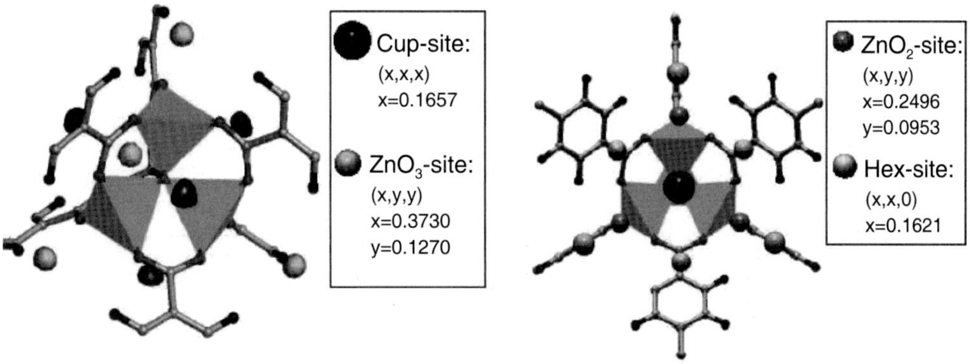

그림 2-14 MOF와 수소의 흡착 사이트

그림 2-14에 나타낸 구조로부터 "cup-site"라 불리는 세 개의 ZnO_3 삼각면 중앙 부분에 첫 번째 흡착 사이트가 있다. 두 번째 흡착 사이트는 수소 흡착이 각각의 ZnO_3 삼각면 윗부분에서 일어나므로 "ZnO_3-site"라 불린다. 수소가 더 흡착되면 ZnO_2-site와 hex-site 등의 다른 흡착 면이 더 많이 생긴다. 또한 수소양이 증가하면 3차원적 공간 형성하며, MOF 격자는 10wt%의 수소를 저장할 수 있는 공간이 생긴다고 보고하였다. 가장 중요한 요소는 서로 다른 유기 링커를 이용함으로서 나노 다공성 재료의 설계를 하여 수소 저장 응용에 실재로 사용할 수 있다는 것이다.

5) 다공성 탄소 재료(porous carbon materials)

다공성 탄소 재료를 이용한 수소 저장능 향상을 위해 비표면적 및 기공의 크기 제어에 관한 연구가 활발히 진행되고 있다. 초기에는 다공성 탄소 재료가 높은 비표면적을 가질 때 수소 저장능이 향상하는 연구 등이 활발히 진행되었으나 최근에는 기공 크기의 제어에 의해 탄소 재료가 0.6~0.7nm의 크기를 갖는 micro pore가 수소 저장에 더 큰 영향을 미치는 것으로 보고되고 있다. **그림** 2-15에 기공크기에 따른 수소 저장 메커니즘을 나타내었다.

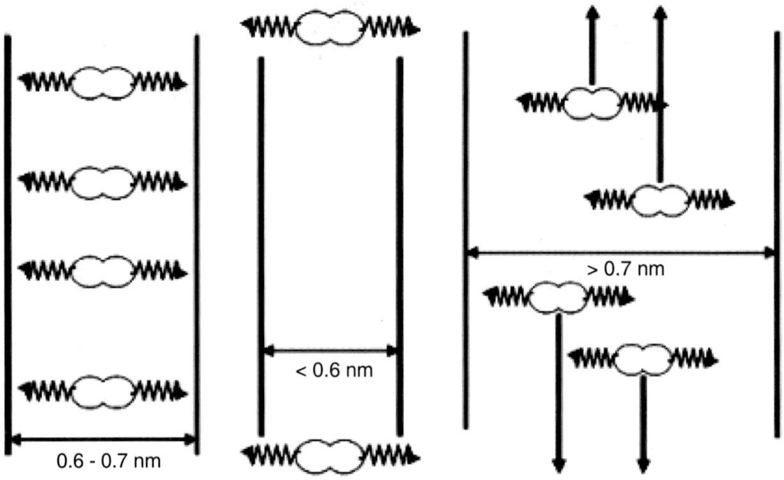

그림 2-15 수소 저장 재료의 기공 크기별 수소 흡착 기구 모형도

기공의 크기가 0.6nm보다 작은 경우 수소 분자가 들어가기 힘들고 0.7nm보다 큰 경우 수소 분자를 가두어 저장하기가 힘들다. 따라서 0.6~0.7nm의 기공 크기를 가질 때 수소 분자가 물리적으로 저장되기 용이하다. 이는 Monte Carlo 시뮬레이션에 의해 수소 저장에 적합한 탄소 재료의 기공 크기를 유추한 결과와 매우 흡사한 결과를 보여

표 2-3 다양한 활성화법에 의한 기공 구조와 수소 저장량

	As-received	ZC-W2	ZC-W4	ZC-W6	PH-M4	PH-M6	PH-MS
$S_{BET}{}^{a}$ (m^2/g)	17	334	777	944	1410	2006	2420
$V_T{}^{b}$ (cc/g)	0.03	0.43	0.53	0.96	0.75	1.88	2.39
$V_M{}^{c}$ (cc/g)	0.02	0.24	0.32	0.47	0.57	0.86	1.04
$F_{M/V}{}^{d}$ (%)	67	56	60	49	76	46	44
$V_H{}^{e}$ (cc/g)	0.001	0.015	0.057	0.084	0.009	0.018	0.035
$A_H{}^{f}$ (Σwt%)	0.02	0.53	0.71	1.54	0.67	0.91	1.03

[a]S_{BET} : BET specific surface area.
[b]V_T : total pore volume.
[c]V_M : HK micropore volume.
[d]$F_{M/V}$: fraction of micropore.
[e]V_H : pore volume (in the range of pore width from 0.6 to 0.7 nm).
[f]A_H : amount of hydrogen adsorption.

주고 있다. 표 2-3은 각기 다른 조건의 활성화법에 의해 만들어진 시편들의 기공 구조와 수소 저장량을 나타낸다. 시편 PH-M8의 비표면적이 시편 ZC-W6에 비해 대략 2.5배가 높음에도 불구하고 수소 저장량은 더 낮다. 이는 0.6~0.7nm의 크기를 갖는 기공의 부피는 시편 ZC-W6이 두 배 이상 더 높은 사실에서 기인한다. 따라서 비표면적이 높아짐에 따라서 수소 저장량이 증가한다는 예전의 보고보다 활성화 공정에서 생긴 기공이 어떤 구조와 크기를 갖느냐가 더 중요하다는 사실을 알 수 있다.

그림 2-16은 기공 크기 분포에 따른 수소 흡착 기여도를 나타낸 것으로 0.6~0.7nm의 기공 크기를 가질 때 수소 흡착에 대한 기여도가 가장 컸으며, 기공크기가 1.3nm 이상일 때에는 수소 저장에 대한 기여도가 현저히 줄어드는 것을 알 수 있다.

활성탄은 뛰어난 흡착능 때문에 흡착재로써의 연구가 예전부터 활발히 진행되어 왔다. 특히 다른 탄소 재료에 비하여 대량 생산이 가능하여 비교적 가격이 저렴하고 공업적 사용이 용이한 장점을 가지

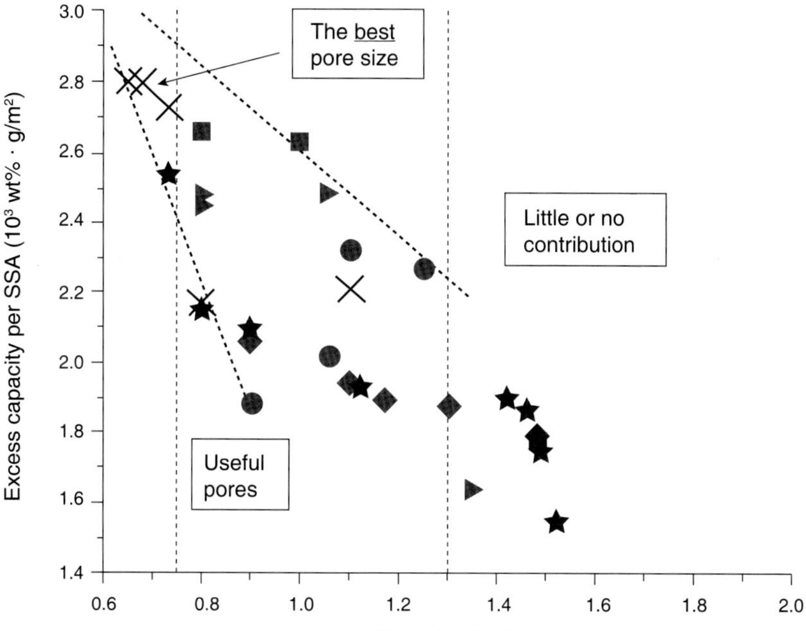

그림 2-16 다공질 탄소의 기공 크기 분포에 따른 수소 흡착 기여도

고 있다. 따라서 수소 저장에 적합한 물질로 평가 받고 있으며 활성탄의 수소 흡착 메커니즘에 대한 연구가 많은 연구 그룹에 의해 진행되어 왔다. 표 2-3에 활성탄을 이용하여 수소 저장능을 측정한 최근의 연구결과를 정리하였다. 수소 저장능은 저온의 경우 2~5wt%, 상온의 경우 2wt% 내외가 대부분이며, 촉매의 사용유무에 따라 수소 저장량이 증가할 수 있으나 4wt%를 넘기기 힘든 것으로 보고되고 있다

표 2-3 활성탄의 수소 저장 능력

Type of cabonaceous material	Temperature, K	Pressure, MPa	Hydrogen uptake, w/w%
Microporous activated carbon	77	4	3.8
Chemically activated carbons	77	4	5.6
Super activated carbon	77	2	5
Activated carbons	77	3.5	~5.2
Microporous activated carbons, oxygenated	77	0.1~1	2.5~3
Microporous activated carbons	20~298	0.1~100	0.5~5.5
High purity chemically activated carbons	13.8	0.007	4
Microporous activated carbon	298	20	1
High purity chemically acivated carbons	298	1.2	< 4
Activated carbons	298	10	1
Microporous activated carbons	298	10	0.85

탄소 나노 튜브는 **그림** 2-17에 나타낸 것처럼 단일 탄소층인 그라핀이 말린 형태에 따라서 단일벽 탄소 나노 튜브(single-walled CNT: SWCNT), 다중벽 탄소 나노 튜브(multi-walled CNT: MWCNT), 다발형 탄소 나노 튜브(rope CNT)로 구분된다.

현재까지 발표된 탄소 나노 튜브를 이용한 수소 저장능은 그 범위가 0.1~20wt% 이상까지 매우 넓다. 하지만 촉매를 사용하여 수소 저장능을 향상시켜도, 탄소 나노 튜브를 이용해서 10wt% 이상의 수소 저장능을 얻기 힘들다는 것이 중론이다. 표 2-4에 탄소 나노 튜브를 이용하여 수소 저장능을 평가한 최근 논문 중 신뢰할 만한 결과를 정리하였다.

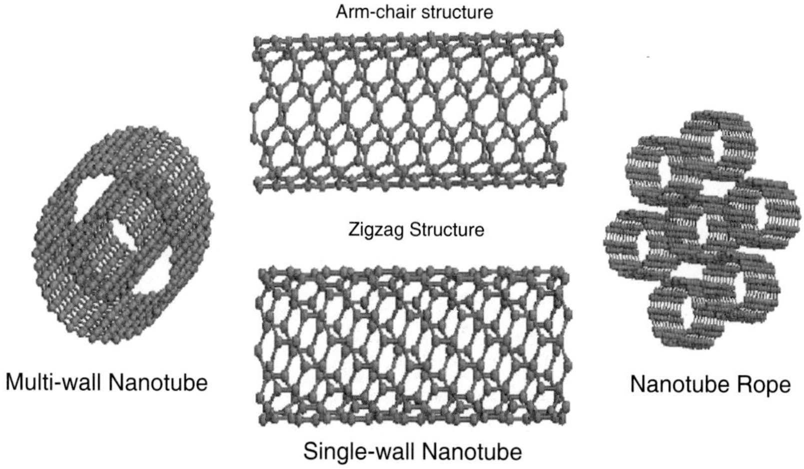

그림 2-17 카본 나노 튜브의 형태

표 2-4 탄소 나노 튜브의 수소 저장 능력

Sample	Purity	Temperature, K	Pressure, MPa	Hydrogen uptake, w/w%
Sligned SWCNT	Purified	Ambient	11	4
SWCNT	Purified	Ambient	4.8	1.2
SWCNT-Ti-6Al-4V	Purified	Ambient	0.08	1.7
CNT	Purified	298~773	0.1	0
MWCNT	Unpurified	298	-	0.5
MWCNT	Unpurified	293	6.5	2
SWCNT	Purified	77	0.2	6
Aligned MWCNT	High	298	10	3
Aligned MWCNT	High	290	10	2.4
Random MWCNT	High	298	10	0.68
MWCNT	High	300	7.0	0.7~0.8
SWCNT	Unpurified	295	0.1	0.93
SWCNT	Unpurified	77	0.1	2.37
Ag-MWCNT	Purified	298	2.3	0.86
TiO_2-MWCNT	Purified	298	1.8	0.40
MWCNT	High basic treated	373~823	0.1	4.47
MWCNT	Purified	143	7.5	3.5
Pd-CNT	-	Ambient	10.728	4.5
Pt-MWCNT	Purified	125~298	0.1~10	3.1

탄소 나노 튜브를 이용한 수소 저장 메커니즘 연구에 의하면 수소 분자는 **그림** 2-18에 나타낸 바와 같이 네 가지 공간에 저장된다고 보고되고 있다.

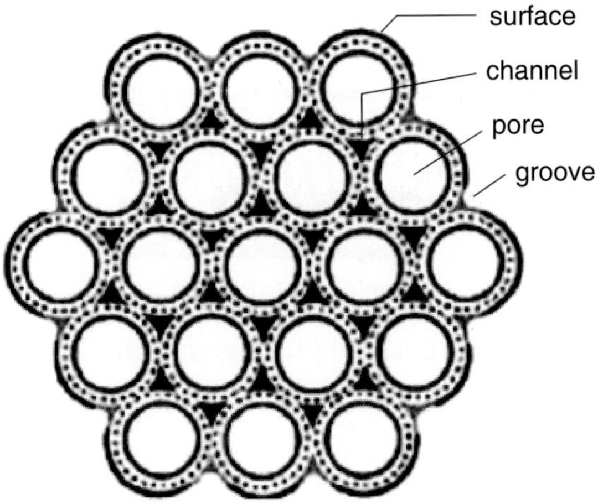

그림 2-18 탄소 나노 튜브의 수소 저장 기구

- 탄소 나노 튜브 내부
- 탄소 나노 튜브 외부
- 탄소 나노 튜브의 다발(bundle and rope) 사이
- 다중벽 탄소 나노 튜브(MWCNT)의 층간 사이

이 중 수소 분자를 가장 효율적으로 저장할 수 있는 공간은 탄소 나노 튜브의 내부이다. 하지만 이 경우 튜브의 끝이 열려 있어야 된다는 조건이 필요하고 튜브 길이가 비교적 짧아야 수소 저장에 용이한데 실제로 나노 튜브의 각형비(길이/반경 비)가 보통 10,000 이상이다. 따라서 탄소 나노 튜브의 내부로 들어가는 수소 분자의 양은 기대치만큼 나오기 힘들다. 이러한 문제를 해결하고자 최근에는 다중벽 탄소 나노 튜브를 표면개질하여 탄소 나노 튜브 벽에 결점(defect)을 만들어 수소 분자가 흡 · 탈착될 수 있는 통로를 만들어 주는 연구가 진행되고 있다. **그림** 2-19는 다중벽 탄소 나노 튜브를 KOH를 이

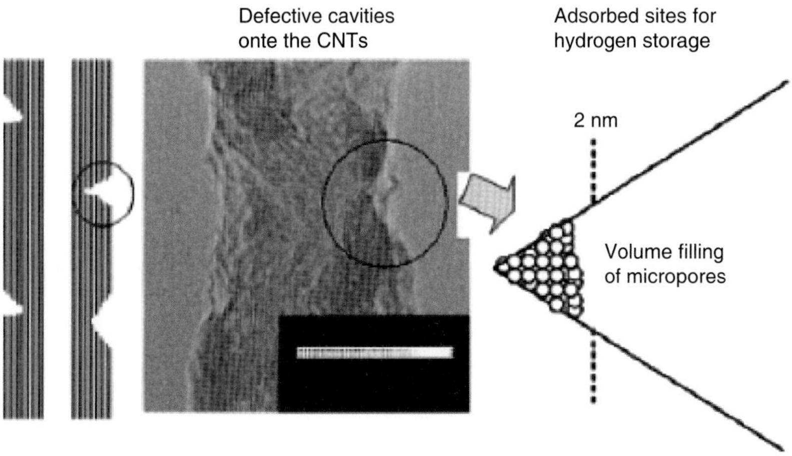

그림 2-19 KOH로 화학적 활성화 처리된 CNT 수소 저장 기구

용하여 화학적 활성화 처리를 함으로써 수소 저장능을 향상시킨 모식도와 TEM 사진이다.

탄소 나노 튜브의 수소 저장 능력은 **그림** 2-20에 나타난 바와 같이 다른 많은 고체 수소 저장 물질들보다 큰 편차가 있어 많은 논란의 대상이 되고 있기는 하지만, 그것의 독특한 구조적 특성 때문에 매력적

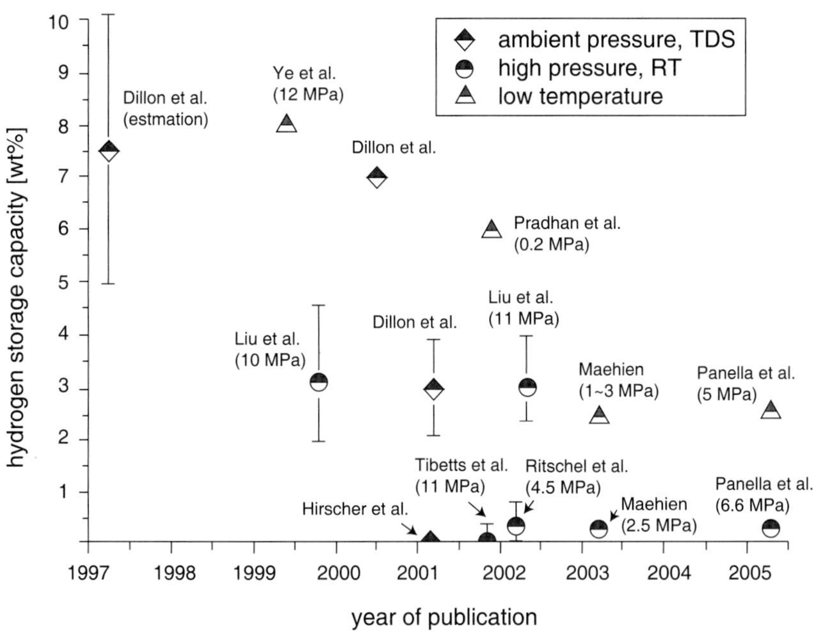

그림 2-20 카본 나노 튜브의 수소 저장 능력 비교 도표

인 고체 수소 저장 매체로 간주되어 아직까지 많은 연구가 진행되고 있다. 탄소 나노 튜브는 표면의 오염이 거의 없는 물질로 활성화가 거의 필요 없는 물질이다. 단일벽이 나노 튜브의 경우 모든 탄소 원자들이 표면에 노출되어 있어서 표면의 활성이 매우 높다. 또한 나노 재료이기 때문에 세공 내에 상당량의 수소를 저장할 수 있는 충분한 기공 공간이 있다. 로프형 단일벽 나노 튜브 경우 외벽 활성점, 그르브(grooves), 튜브간 채널(interstitial channels)과 같은 흡착 사이트를 가져, 모든 부분에 수소가 다 흡착할 수 있어서 수소의 저장량을 크게 높일 가능성이 크다.

한편 **그림** 2-21처럼 순수 탄소 나노 튜브는 저온에서는 수소 저장 용량이 높게 나올지라도 상온에서는 수소 저장량이 1.0wt% 이하 값을 가진다고 여겨지고 있다.

최근에는 순수 탄소 나노 튜브의 수소 저장량을 증가시키기 위한 많

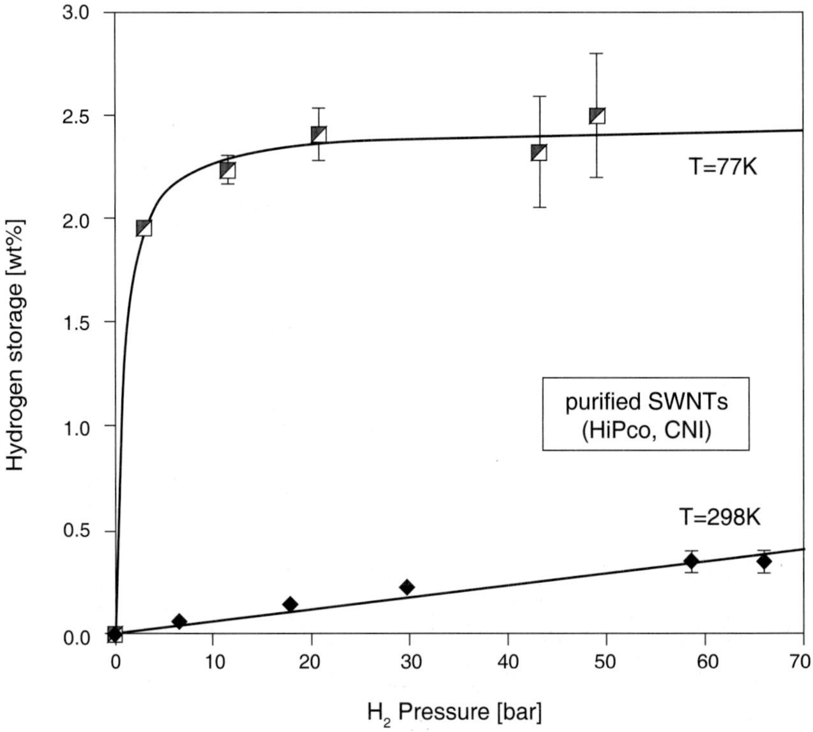

그림 2-21 상온과 극저온에서의 카본 나노 튜브의 수소 흡착 능력 비교

은 시도들이 이루어지고 있다. 특히 전이 금속 도핑 기술이 사용되고 있다. 금속 도핑을 통해 30% 가량의 수소 저장량이 증가했음을 보여주는 결과가 발표되었다. 이러한 전이 금속 종에 의한 수소 저장능 향상에 대한 메커니즘을 규명하고자 많은 연구들이 이루어졌는데, 촉매 기능으로써 전이 금속 도핑을 통해 증가된 수소 저장량은 spill over 현상에 의해 기인한 것으로 알려져 있다. **그림** 2-22에 나타낸 것처럼 초기에 수소 분자는 전이 금속 입자에 흡착이 되고 이 흡착된 수소 분자는 수소 원자로 분해되어 외벽 활성점, 그르브, 튜브간 채널과 같은 탄소 나노 튜브의 저에너지 흡착 사이트에 저장 된다. 그러나, 요즘에는 타당성이 떨어진다는 의견이 많이 제기되고 있어 아직까지 정확한

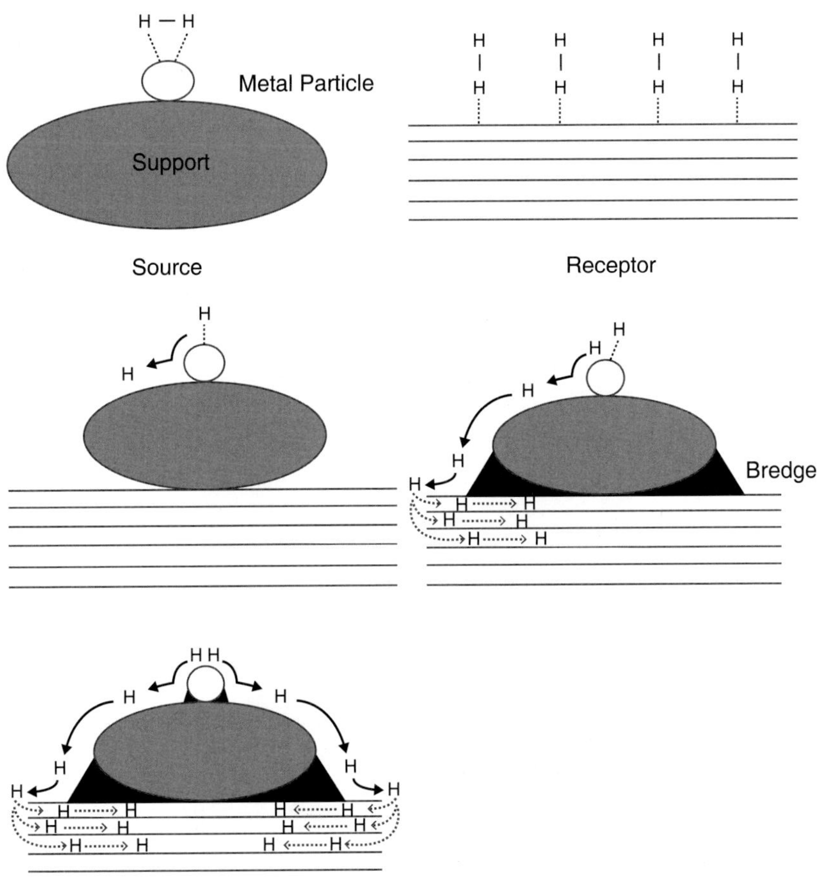

그림 2-22 Spill over 현상 모식도

메커니즘은 규명되지 못하고 있는 실정이다.

팽창 흑연(Expanded Graphite)을 이용한 수소 저장 연구에서는 그라파이트 층간의 공간에 수소 분자를 저장하려는 시도에서 시작되었다. 전형적인 그라파이트의 층간 거리는 3.354Å이다. 이 수치는 앞에서 언급한 수소 저장에 적합한 탄소층 간의 거리 0.6~0.7nm에 비하여 작다. 이러한 문제점을 해결하기 위해서 알칼리금속의 층간 삽입에 의한 층간 거리 확장 방법들이 시도되었다. **그림** 2-23은 칼륨 금속의 그라파이트 층간 삽입에 의해 층간 거리가 팽창되는 모식도를 나타낸 것이다. 이렇게 팽창된 그라파이트 층간 공간에 의해 수소 저장능이 향상된다는 결과가 보고되고 있다. 다만 이렇게 팽창된 그라파이트 층간 공간도 층의 면적이 너무 넓으면 수소 분자의 물리적 흡 · 탈착에 불리하다는 제약이 있다.

활성탄소섬유를 이용한 수소 저장에 대한 연구는 활성탄소섬유가 갖는 섬유상과 미세 기공(micro pore)이 갖는 장점을 수소 저장능 향상에 이용하고자 연구되었다. 현재 시중에서 판매하는 활성탄소섬유

그림 2-23 층간 삽입에 의해 층간 거리가 팽창되는 모식도

는 80% 이상이 미세 기공으로 이루어져 있어, 수소 저장능 평가에 많이 이용되고 있다. 표 2-5에 현재까지 발표된 활성탄소섬유를 이용한 수소 저장 데이터를 정리하였다.

표 2-5 활성탄소섬유의 수소 저장 능력

Type of material	Temperature, K	Pressure	Hydrogen uptake, w/w%
CNF	298 K	10 MPa	3.98 wt%
ACF	77 K	1 MPa	3.03 wt%
CNF + ZnCl	303 K	3 MPa	1.54 wt%
CNF	-	9 MPa	4.3 wt%
ACF-CO	303 K	10 MPa	2.77 wt%
ACNF	303 K	10 MPa	0.42 wt%

전기방사법으로 제조한 활성탄소섬유의 경우 표면에 기공이 거의 없는 섬유(non-porous fiber)가 제조되는데, 활성화법의 조건을 조절함으로써 일정한 크기의 기공크기를 갖는 활성탄소섬유를 만들면 수소 저장능이 크게 향상될 수 있음이 보고되었다. 그림 2-24는 활성화 처리된 전기방사 나노 섬유의 기공에 수소 분자가 효율적으로 저장될 수 있다는 모식도를 나타낸 것이다.

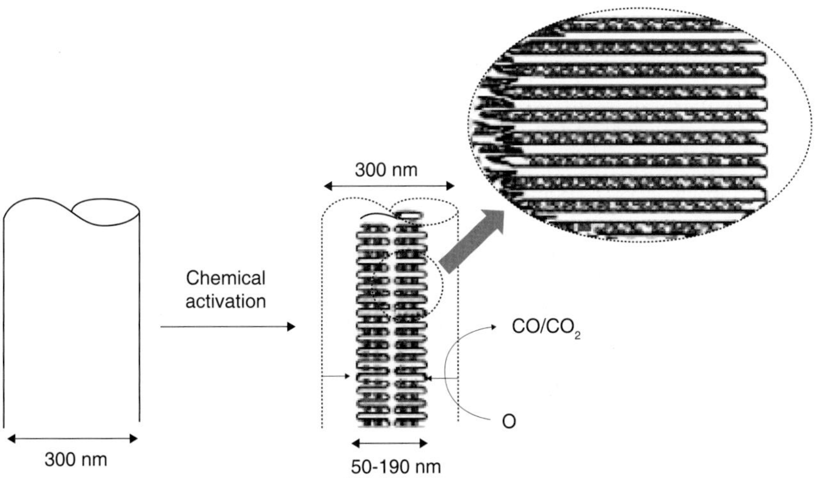

그림 2-24 전기방사 나노 섬유의 기공에 수소 분자 흡착 모식도

이러한 활성화 처리된 탄소나노섬유에 금속과 불소를 이용하여 두 촉매가 갖는 전기음성도의 차이에 의하여 수소 분자가 다공성 탄소 재료의 기공 내에 더욱 효율적으로 저장될 수 있다는 MCF 기구도 **그림** 2-25처럼 제안되었다.

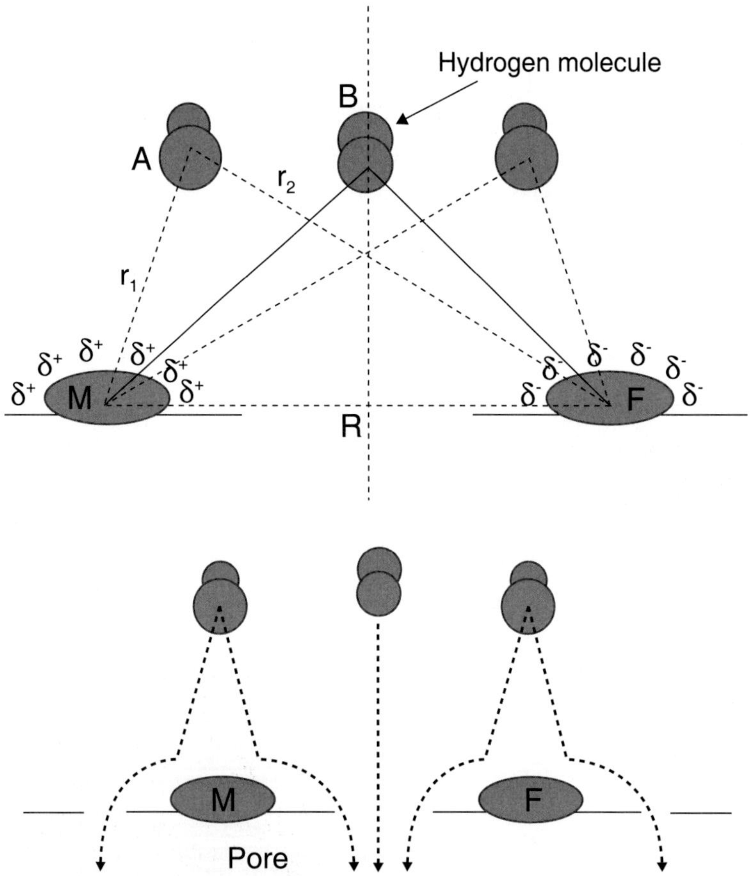

그림 2-25 MCF (metal/carbon/fluorine)의 수소 저장 기구

2-4. 새로운 수소 저장 재료의 조건

그 밖에도 수소의 저장 능력을 보이는 재료가 다양하게 보고되어

있다. 다양한 무기금속산화물이나 유화물 나노 튜브가 합성되었으며 이들 나노 재료가 수소 저장능이 있음을 보이고 있다. 특히 제올라이트는 그 다공성 구조의 형태에 따라 수소 저장량이 달라진다고 보고하였다. 여러 가지 새로운 재료의 비표면적과 수소 저장량의 상관관계를 나타낸 그래프를 **그림** 2-26에서 보였다. **그림** 2-26에서 알 수 있듯이 수소 저장량은 거의 비표면적에 비례하는 값을 보인다. 결론적으로 FreedomCAR의 목표치 10 wt%를 충분히 만족시키는 고상 수소 저장 재료는 5,000m^2/g 이상의 비표면적을 가져야하며, 비표면적이 충분히 높은 고상 나노 다공성 물질을 개발하면 충분한 양의 수소를 저장할 수 있음을 예시하고 있다.

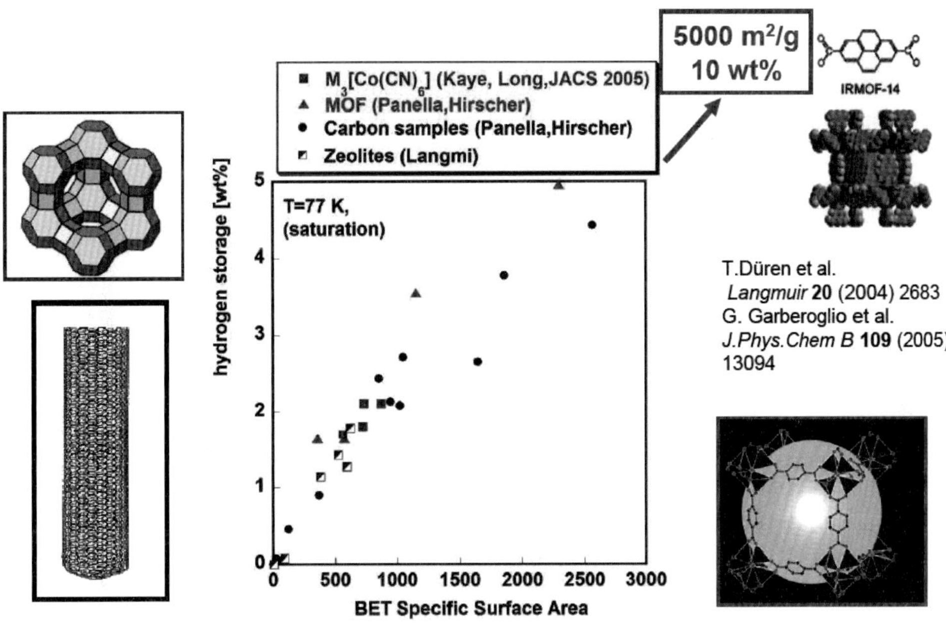

그림 2-26 수소 저장 재료의 비표면적과 수소 저장 능력

제 3 장

나노 기공성 소재

3-1. 나노 기공성 에어로젤

나노 기공성 에어로젤은 **그림** 3-1에 나타낸 바와 같이 80~99% 정도의 기공률과 함께 1~50nm 범위의 기공 크기를 갖는 초 다공성의 고 비표면적(≥ 700m^2/g) 물질로, 현재까지 인류가 개발한 소재 중에서 가장 가볍고 가장 뛰어난 초경량, 초단열, 초저유전 등의 특성을 갖는 재료이다. 이러한 특성 때문에 에어로젤 소재 개발 연구는 물론 수퍼커패스터 및 해수담수화용 전극 재료, 촉매 재료, 극 저유전성 재료, 광학 및 음향 재료로써의 응용 연구도 활발히 진행되고 있다. 이러한 에어로젤 소재는 21C에 에너지, 환경, 전기전자 분야에 무한한 응용 가능성을 가진 환상적인 소재로 알려져 있다. **그림** 3-2는 에어로젤 소재의 초단열 효과를 보여주고 있다.

나노 기공성 에어로젤은 Kistler가 1931년 투광성과 낮은 밀도를 갖는 실리카 에어로젤을 초임계 건조(supercritical drying) 공정을 통해 최초로 제조한 이후 다양한 물질의 에어로젤이 개발되었으나 실용화

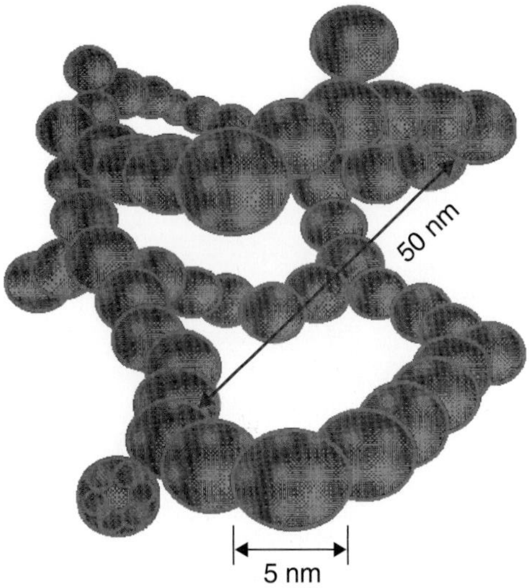

그림 3-1 에어로젤의 미세 구조 모델

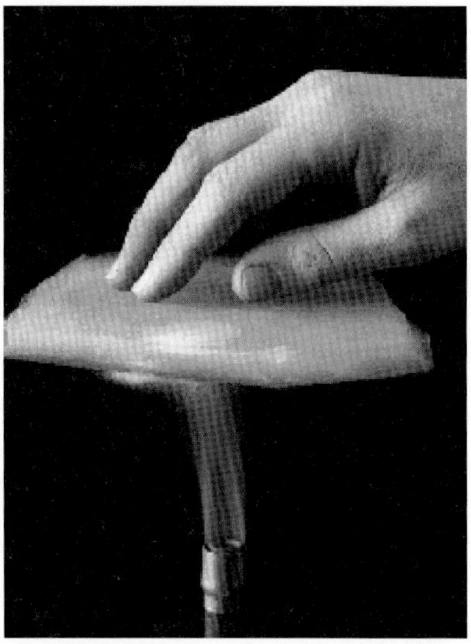

그림 3-2 에어로젤 소재의 초단열 효과

가능성이 전혀 없는 것으로 여겨져 왔다. 그러나 1970년대에 접어들면서 산소와 로켓 연료를 저장하기 위한 재료를 개발하는 과정에서 TMOS(tetra methyl ortho silicate)를 메탄올 용액 내에서 가수분해시켜 제조한 습윤젤을 고온 초임계 건조하여 고순도의 실리카 에어로젤을 합성할 수 있도록 **그림** 3-3과 같은 공정을 개발하였다. 에어로젤의 실용화에 대한 연구는 1980년대 초부터 이루어지기 시작하였으며, 독일의 Cherenkov detector에 실리카 에어로젤을 사용하는 등 많은 연구가 진행되었다.

1980년대 후반에는 Lawrence Livermore National Laboratory (LLNL)에서 공기 밀도의 3배 정도에 불과한 $0.003 g/cm^3$의 가장 낮은 밀도의 실리카 에어로젤을 제조하는 데 성공하였다. 최근에는 Marketech International, Berkeley Lab. 및 LLNL 등과 공동으로 저온 초임계 건조 공정을 이용하여 제조한 silica, carbon aerogel 등의 상업화를 추진 중에 있으며, Brinker 등은 건조 이전에 습윤 젤을 화학적으로 표면 개질하여 초임계 건조 단계를 생략한 획기적인 상압 건조 공정 개발에 성공하여 에어로젤의 상업화에 장애 요인으로 작용하고 있는 경제성 문제 해결에 밝은 전망을 제시하여 줌으로써 현재에

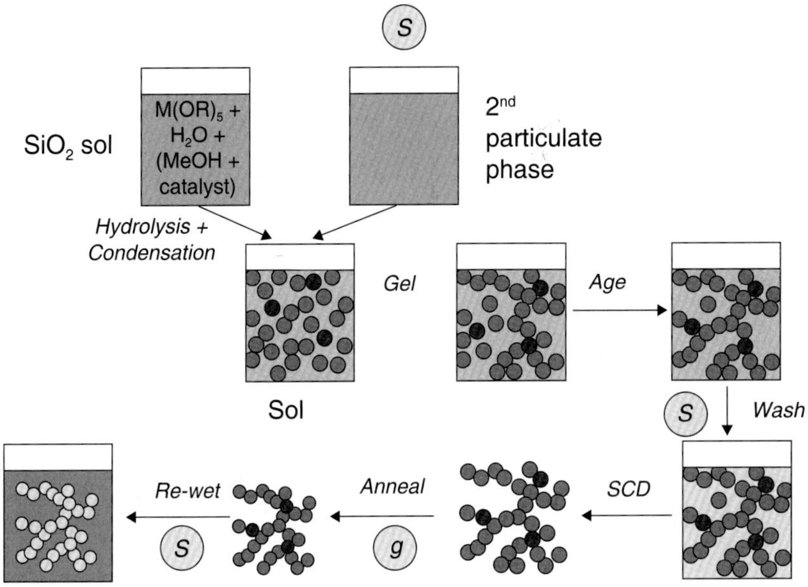

그림 3-3 고순도의 실리카 에어로젤 제조 공정

는 에어로젤이 과학적 연구대상으로 뿐만 아니라 광범위한 실용적 응용성을 지닌 재료로 각광받고 있다.

에어로젤의 제조 공정은 **그림** 3-4에 나타낸 바와 같이 습윤젤을 제

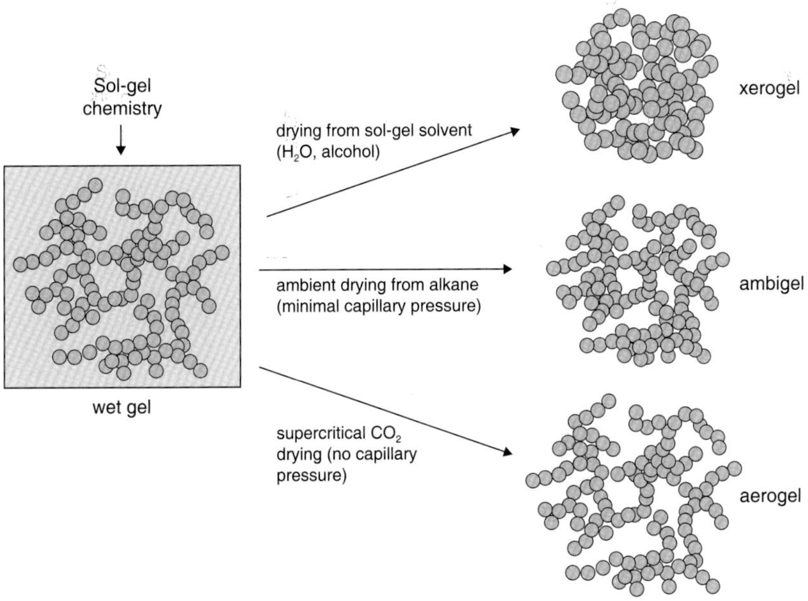

그림 3-4 에어로젤 합성을 위한 솔-젤 공정

조하는 솔-젤 공정(sol-gel processing)과 습윤젤(wet gel) 건조 공정으로 구성된다. 솔-젤공정으로 제조된 습윤젤은 수 vol%의 고상 망목 구조와 나머지 90% 이상의 기공 내에 알코올이 채워져 있는 상태로 있다. 이를 대기 중에서 용매를 증발시킬 경우는 기공에 기상-액상 계면에 menicus가 생성되며 계속해서 건조가 계속되면 생성된 menicus가 젤 내부로 침투하게 되어 모세관력에 의해 젤이 수축되고 기공도 소멸하게 된다.

따라서 에어로젤 제조 공정의 핵심 기술은 습윤젤의 구조를 그대로 유지한 채로 수축 없이 젤을 건조시켜 제조할 수 건조 공정 기술로 있으며 대표적인 건조 방법으로는 **그림** 3-5에서와 같이 용매가 초임계 유체 상태로 전이되는 초임계 건조(supercritical drying) 공정이 있다.

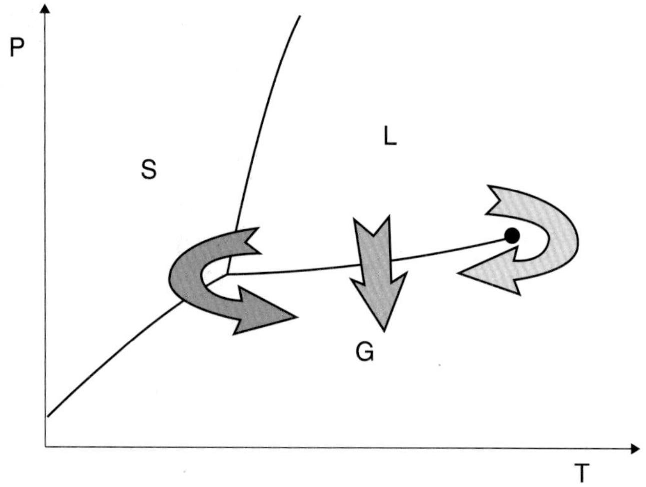

그림 3-5 용매의 초임계 유체 상태 전이 (맨 오른쪽 화살표)

현재까지 개발된 대표적인 초임계 건조 공정은 크게 알코올을 용매로 하는 고온 초임계 건조법과 액상의 이산화탄소를 이용하는 저온 초임계 건조법으로 분류할 수 있다. 고온 초임계 건조법은 습윤젤을 용매로 채운 autoclave에 넣은 후 용매의 임계 온도와 임계 압력 이상의 고온/고압으로 유지하여 초임계 유체를 서서히 제거한 후 반응기의 온도를 상온으로 냉각하여 젤을 건조시키는 방법으로 고온 초임계 건조법은 첨가 용매의 양과 초기 가압 여부에 따라서 용매 첨가법(Additional Solvent Method: ASM)과 초기 가압법(Initial Pressure Method: IPM)으로 분류할 수 있다. 저온 초임계 건조법은 습윤젤 내부에 포함된 알코올이나 물을 액상의 이산화탄소에 녹을 수 있는 아세톤으로 치환한 후 이산화탄소 임계 온도와 임계 압력으로 건조시키는 방법이다. **그림** 3-6에 이산화탄소 임계 온도와 압력을 나타내었다.

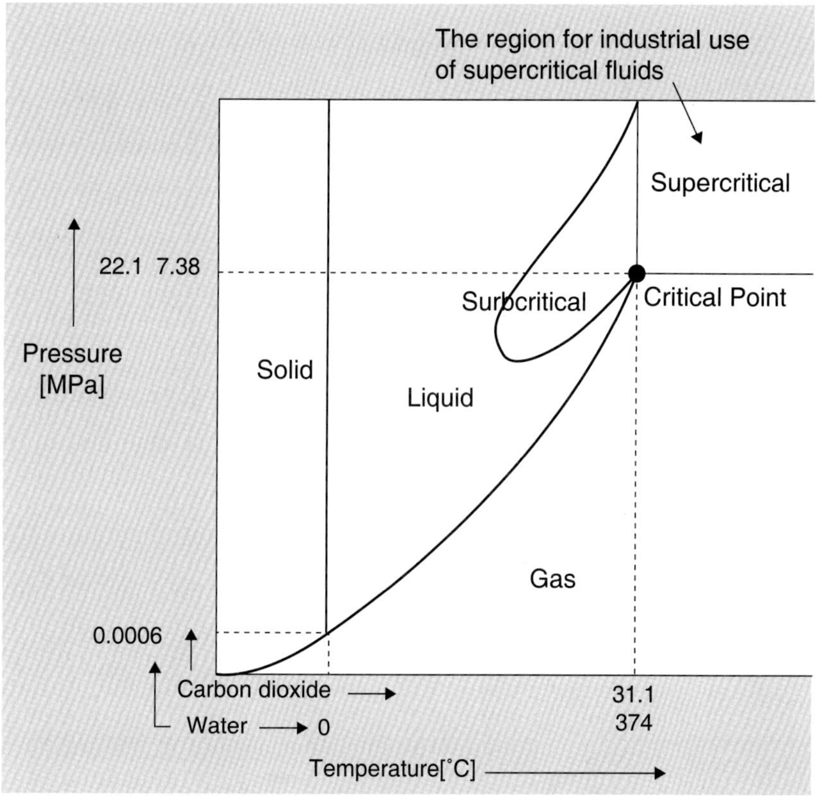

그림 3-6 이산화탄소의 임계 온도와 압력

이와 같은 초임계 건조 공정은 높은 압력 및 온도가 요구되며 생산원가가 높아 공정의 경제성, 연속성, 안정성 면에서 많은 한계점이 있기 때문에 이를 근본적으로 극복하고자 상압 건조 공정의 필요성이 대두되었다. 상압 건조법은 용매치환 및 습윤젤의 표면을 화학적으로 개질한 후 열처리함으로써 에어로젤을 제조하는 방법으로 Brinker 등에 의하여 개발되었다. 이후 Vrancken 등은 유사한 방법을 이용하여 실리카 에어로젤 상압 합성을 보고한 바 있다.

그림 3-7에 나타낸 바와 같이 silane coupling이란 습윤젤 표면에 존재하여 건조시 축합반응을 일으키는 하이드록실기(-OH)를 반응성이 없는 화학종(silane group)으로 개질시키는 표면 개질(surface modification) 공정이며, 이를 위해서는 우선적으로 습윤젤 내부의 용매를 표면 개질에 적합한 용매로 치환하는 용매 치환 공정이 필요하다. 그런데 이 공정은 젤 내부의 용매와 치환 용매와의 단순 농도 차에 의해서만 치환이 이루어지므로 많은 시간이 소모되고 용매를 여러 번 갈아 주어야 하는 번거로움이 있었다. 이후 Schwerfeger 등은 표면 개질/용매 치환을 화학적 반응에 의해서 동시에 진행시킬 수 있는 공정을 제시하였으며, 덜 유해한 용매를 이용하여 건조 및 열처리시 균열이 없는 에어로젤 벌크 및 박막을 제조한 바 있다. 이와 같은 상압 건조법은 경제성 면에서 초임계 건조법에 비해 훨씬 실용화가 용이한 것으로 평가되고 있으나, 현재까지는 초임계 건조법에 의해 제조된 에어로젤이 비해 미세 구조 특성 및 물성 등이 떨어지는 것으로 알려져 있다.

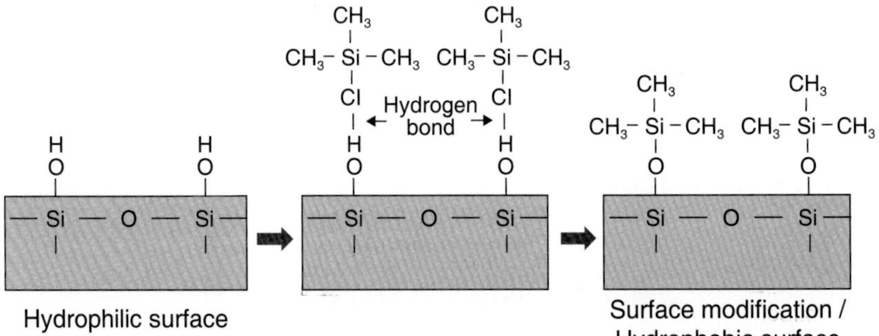

그림 3-7 습윤젤 표면을 TMCS로 표면 개질하는 과정

3-2. 나노 기공성 에어로젤의 특성 개요

에어로젤은 대표적인 초다공성 나노 구조 소재로 솔-젤 반응을 통해 제조된 습윤젤을 기상-액상 계면이 존재하지 않는 초임계 조건에서 수축 없이 건조하여 젤의 기공 구조를 그대로 유지할 수 있도록 한 물질이다. 이러한 까닭에 고에너지 물리학 분야에서 사용하는 Chenrenkov detector에서 필요로 하는 저밀도 물질로써 투명한 에어로젤 타일이 사용된 이후 다양한 분야에서 많은 응용성이 제시되어 왔다. 그 중 대표적인 예들이 **그림** 3-8에 나타나 있는데, 특히 에너지, 환경, 전기전자 분야에 많은 응용 가능성을 갖고 있음을 알 수 있다.

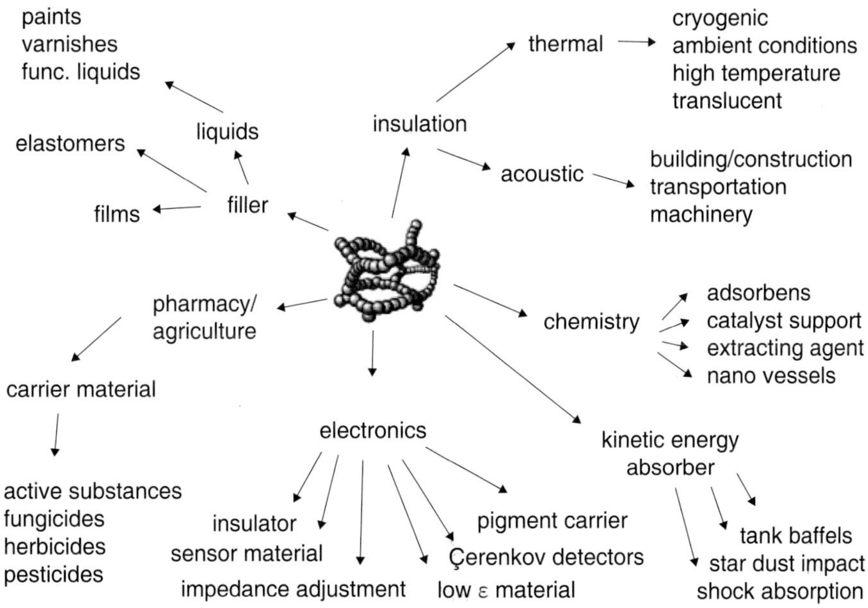

그림 3-8 에어로젤의 응용 분야

실리카 에어로젤의 가장 유망한 응용 분야 중의 하나로 투명 단열재를 들 수 있다. 일례로, 스위스의 Ardon사에서는 투명한 과립상 에어로젤을 건물 외벽의 단열재로 적용한 결과, 연간 난방용 석유 사용량이 1/10로 감소하였음을 확인한 바 있다. 즉, **그림** 3-9에 나타낸 바와 같이 투명 과립형 에어로젤을 두 장의 유리 사이에 넣은 후 외부를 검은색으로 칠한 벽의 외부에 설치하는 경우, 에어로젤의 높은 투광성으로 인하여 태양열은 투명 단열재를 투과하여 그 열이 외벽에 축적됨과 동시에 에어로젤의 지극히 낮은 열손실 계수에 의하여 축적된 열이 외부로 거의 방출되지 않으므로 획기적으로 건물의 에너지 절약에 기여할 수 있다. 에어로젤은 건물의 외벽뿐만 아니라 모든 창유리 계통에서도 뛰어난 열적 성질과 더불어 투명성으로 인하여 간유리(frosted window)나 태양열 집적 장치의 덮개 등으로의 응용 가능성도 기대된다.

일례로 이중 유리 속에 에어로젤을 채우고, 공기를 제거한 후 측정한 열전도도는 0.01W/(m°K) 정도로 Ar을 채운 보통의 이중 유리 열전도도의 1/3에 해당하는 값이다. Polyurethane 단열재에 사용되는 freon은 지구의 오존층을 파괴시킴으로써 온실 효과에 지대한 영향을 미치는 환경적인 이유 때문에 그 사용이 전면 금지될 예정이므로 최근 이들에 대한 대체 단열재로써 불투명화 에어로젤의 개발에 대한 연구가 활발히 진행되고 있다. 에어로젤은 polyurethane foam 보다 단열 특성이 우수할 뿐만 아니라 독성도 없고 가볍고 용적 면에서도 탁월한 특성을 갖고 있어서 냉장고 및 열저장 시스템 이외에도 steam pipe에서와 같이 높은 온도에서도 사용 가능한 단열재이다.

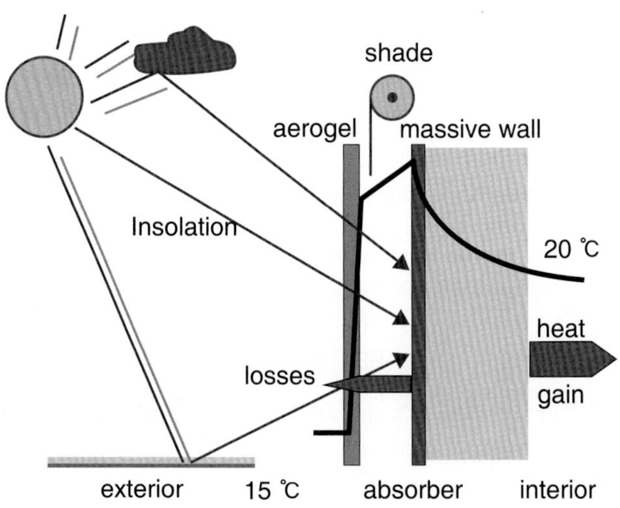

그림 3-9 투명 단열재 응용 예

에어로젤에서의 음속은 100~300m/s로 실리카 유리에서의 5,000m/s와 비교할 때 매우 느린 값이다. 에어로젤은 음속과 밀도(ρ)가 동시에 낮으므로 이 둘의 곱인 acoustic impedance($Z=\rho c$)도 낮게 된다. 에어로젤의 대표적인 acoustic impedance는 104~105 정도로 압전 세라믹스 앞에 에어로젤을 붙인 transducer는 보통의 transducer보다 에너지가 100배나 강하므로 transducer의 효율 증진을 위한 매체로서 에어로젤의 활용이 기대된다.

또한 기가급(giga level) 이상의 차세대 반도체 소자는 다층 구조(multi-level interconection structure)를 가져야만 고속화 및 고집적화를 이룰 수 있다. 그러나 고집적화 시에 기존의 CVD-SiO2(k' = 3.9~5.0)와 같은 높은 유전상수를 갖는 층간 절연 물질(intermetal dielectric material : IMD)를 사용할 경우에는 금속 배선 상호간의 전기용량 증가로 인한 신호 전달이 지연되고 전기적인 상호 간섭이 발생하기기 때문에 이를 대체할 저유전성 층간 절연 물질의 개발이 필요하다. 한편 실리카 에어로젤은 초다공성 구조를 가진 물질로 기존의 어떤 재료보다도 낮은 극저 유전체(k'≤2.0)로 평가되고 있고, 에어로젤 박막에 대한 유전율을 측정한 결과 실리카 에어로젤은 밀도(기공율)에 따라 극저의 유전특성(k'=1.0~2.0)을 갖고 있어서 차세대 반도체 공정에서의 층간 절연막 등으로의 응용 가능성을 제시하였다. 카본 에어로젤은 전기전도도가 우수할 뿐만 아니라 고비표면적을 가지므로 전극재료로 가장 이상적인 재료이다. 특히, 수퍼커패시터용 전극은 전압차에 의해 쉽게 전기 이중층을 형성해야 되고 전해질과 연속적으로 접촉하기 위한 높은 비표면적을 가져야 하기 때문에 이러한 특성을 가장 만족시키는 재료가 카본 에어로젤이다. 카본 에어로젤 전극을 이용한 수퍼커패시터는 고출력밀도(power density: 7.5kW/kg)와 높은 에너지 밀도를 가지며 비축전용량(F/g)이 현재 사용되고 있는 범용 커패시터의 100~1,000배 이상이라고 보고되고 있다.

최근에 Lawrence Livermore National Lab. (LLNL)에서 카본 에어로젤을 이용하여 기존의 담수화, 이온 폐수 처리 공정에 비해 훨씬 경제적이고 효율적인 새로운 Capacitive Deionization(CDI) 공정 개발을 위한 연구가 진행 중에 있다. CDI 공정은 두 개의 반대 전하를 갖는 카본 에어로젤 전극을 사용하여 약간의 전압 차에서 전기 이중층을 형성하게 함으로써 두 전극 사이를 지나가는 해수, 폐수 또는 반도체 공정에서의 공급수 등으로부터 이온을 제거하는 공정으로서 종래의 공정에 비해 10~20배 정도의 에너지 효율성이 높을 뿐만 아니라 멤브레인이나 고압 펌프 등을 사용하지 않기 때문에 훨씬 공정이 단순하고 오염을 최소화할 수 있다. 따라서 CDI 공정은 담수화나 폐수처리 등에 의한 식수의 공급, 사용을 가능하게 하는 것 이외에도 열교환기나 보일러 등의 산업 기기에서의 공업용수 처리, 독극물이나 방사능 물질을 포함한 폐용수 처리, 광물 추출, 의학 분야 및 분석 측정 기기에의 적용 등 다양한 분야에 응용될 수 있다. 이외에도 에어로젤은 높은 기공율과 비표면적 특성을 갖고 있기 때문에 촉매, 촉매 담체 등에도 응용 가능하며 많은 연구가 진행 중에 있다.

3-3. 나노 기공성 에어로젤의 기술 동향

본 장에서는 에어로젤의 기술적인 개요 및 특성을 소개하고 에어로젤의 제조 및 응용에 대해서 좀 더 자세히 기술한다. 에어로젤은 솔-젤 반응에 의하여 제조된 습윤젤을 기-액 계면이 존재하지 않는 초임계 조건에서 수축 없이 건조하여 젤의 기공 구조를 그대로 유지할 수 있도록 함으로써 높은 표면적과 기공도 낮은 밀도를 가지는 물질을 지칭한다. 이러한 에어로젤과 관련된 용어를 정리하면 다음과 같다.

콜로이드(Colloid) : 분산된 물질이 1~1,000㎚ 정도로 매우 미세하여 중력의 영향은 무시할 만하고 오히려 반데르발스 힘이나 표면 전하 등의 영향이 큰 상태의 부유물

솔(Sol) : 기체에 입자가 콜로이드 상태로 분산된 것을 에어로솔(aerosol)이라 하며 이때 입자가 액체인 예가 안개, 고체인 예가 스모

크이다. 에멀젼(emulsion)은 액체 방울이 또 다른 액체에 분산된 상태를 말한다.

젤(Gel) : 액체 또는 유체를 함유하고 있는 연속적인 골격 구조로 이루어진 고체 형태의 콜로이드 상태. 묵이나 젤라틴과 같은 상태로서 일반적으로 분산 매체가 물이면 hydrogel 또는 aquagel, 알코올이면 alcogel, 공기이면 aerogel이 된다.

에어로젤(Aerogel) : 기-액 계면이 존재하지 않는 임계온도, 임계압력 이상의 초임계(supercritical or hypercritical) 조건에서 젤 내의 액체를 제거한 상태

크라이오젤(Cryogel) : 용매를 진공상태에서 고체로 냉동 후 승화시켜서 건조시키는 동결건조(freeze drying) 방법으로 건조된 젤로서 건조 시의 물질 전달 속도는 초임계 건조 속도보다 더 느리다.

지로젤(Xerogel) : 젤을 통상적인 가열 방법으로 건조하여 젤 내의 액체를 제거한 상태. 보통 건조 과정에서 기공내 기-액 계면에서의 모세관 압력에 의하여 수축되어 젤의 기공 구조 변화가 일어나 결과적으로 표면적 및 기공 부피의 감소가 일어난다. 여기서 xero는 dry를 의미한다.

솔-젤 반응에 의해 습윤젤이 생성되면 젤 구조 내에 함유되어 있는 용매를 제거하는 건조 과정이 필요한데 일반적인 건조 과정에서는 젤의 기공 내에 액체와 증기가 공존하게 되고 액체가 증발함에 따라 기상-액상 계면에 표면장력에 의한 meniscus가 형성된다. 이때 기공 내 기상-액상 계면에서의 모세관 압력(capillary pressure)은 매우 크며 이 힘은 젖은 기공 벽과 meniscus가 만나는 매우 좁은 지역에 작용하므로 이러한 국부적인 힘에 의하여 젤이 수축하고 그 원래 구조가 파괴될 가능성이 높다. 따라서 기상-액상 계면이 존재하지 않는 임계온도, 임계압력 이상의 초임계 조건에서 용매를 제거하여 젤을 건조한다면 습윤젤의 구조를 거의 그대로 유지할 수 있다. 따라서 이러한 방법으로 제조되는 에어로젤은 초다공성 구조를 지니게 되어 여러 가지 특이한 물성을 보이게 된다. **그림 3-10**에 에어로젤의 구조와 제조

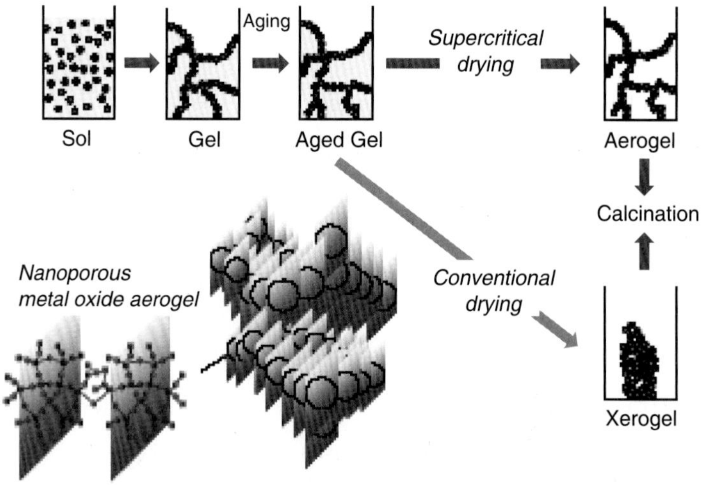

그림 3-10 에어로젤의 구조 및 제조 과정

과정을 도식화하여 나타내었다.

에어로젤의 제조에서 알콕사이드계 솔-젤 공정은 기본적으로 솔-젤 반응은 전구체 (precursor)의 가수분해 (hydrolysis)에 이은 3차원적 구조를 형성하는 중합(condensation)으로 이루어진다. 대부분의 솔-젤 공정에서는 친핵(nucleophilic) 반응성이 좋고 적절한 용매의 선택이 용이한 금속 알콕사이드가 전구체로써 가장 널리 사용되는데 이때 가수분해 및 중합에 의한 솔-젤 반응은 다음과 같이 표시할 수 있다.

Hydrolysis: -M-OR + H_2O → -M-OH + ROH

Condensation: -M-OR + -M-OH → -M-O-M- + ROH

-M-OH + -M-OH → -M-O-M- + H_2O

여기서 M은 금속 또는 Si, R은 알킬기를 나타낸다. 위의 식은 솔-젤 과정에서의 중간 생성물이나 최종 생성물의 올바른 분자 구조식을 나타내고 있지도 않고 두 기본 반응의 동시 진행을 설명하고 있지도 않으나 실제 매우 복잡하며 아직도 완전히 정립되어 있지 않은 솔-젤 공정을 기본적으로 가장 잘 표시한 형태이다. 위의 식에서 보듯이 금속 알콕사이드 단량체 분자들이 가수분해 중합 과정을 거치면서 -M-O-M-의 고분자 형태가 되어 젤이 형성된다. 그러나 솔-젤 생성물의 형태는 표 3-1과 같이 가수분해와 중합 반응의 상대적인 속도에 크게 좌우된다.

표 3-1 가수분해 및 중합 속도의 영향

가수분해	중합 반응	결 과
느림	느림	솔
느림	빠름	침전
빠름	느림	고분자형 젤
빠름	빠름	콜로이드 젤 / 젤라틴형 침전

이러한 두 기본 반응에 있어서 산과 염기가 촉매작용을 하지만 중성 조건 하에서도 반응은 진행된다. 산성 촉매 하에서는 중간물질로서 선형 사슬 구조를 가진 고분자 형태의 젤을 형성하며 염기성 촉매는 콜로이드 젤 형성을 촉진시켜 콜로이드 입자의 가교(cross-linking)에 의해 젤화가 진행되는 것으로 알려져 있다. 가수분해 및 중합반응에 영향을 미치는 인자는 다음과 같다.

- 알콕사이드에 대한 물의 양

  일반적으로 h가 증가할수록 가수분해 속도가 증가하여 젤화 시간이 감소하나 계속 증가하면 금속 전구체를 희석하는 효과에 의하여 가수분해 및 중합 속도가 느려져 젤화 시간이 증가한다.

  hydrolysis ratio, h = $[H_2O]/[M(OR)Z]$

  h 〈 z : fiber, chain, coating

  h 〉 z : 젤, 3차원 중합체

- 금속의 성질과 M-O-C결합의 극성

  금속의 전기음성도와 이에 따른 양전하(δM), coordination수, 보통

δM가 가장 작은 Si알콕사이드의 반응성이 다른 전이 금속 알콕사이드보다 가장 낮다.

- Alkoxy기의 수(z)

  z가 클수록 반응 속도는 감소한다.

- Alkyl기(R)의 성질

  보통 R의 길이가 길거나 크기가 클수록 반응 속도는 감소하며, 일반적인 경향은 다음과 같다.

  tertiary R 〉 secondary R 〉 primary R

  OPh 〉 OR 〉 $OSiR_3$, OPh 〉

  o-OC_6H_4X 〉

  p-OC_6H_4X

- pH

  일반적으로 산성에서는 가수분해 속도가 염기성에서는 중합 속도가 높은 것으로 알려져 있다. 반응성이 매우 큰 전이 금속 알콕사이드의 경우에는 침전 생성을 방지하고 고분자형의 젤을 형성하기 위하여 보통 산을 촉매로 사용하여 가수분해 및 중합 속도를 조절한다.

- 용매 및 희석 정도

  용매는 solvent exchange 등으로 반응에 영향을 미치며, Sanchez와 Livage)는 용매가 젤화 속도뿐만 아니라 최종 생성된 무기산화물의 구조와 기공도에도 영향을 미친다고 발표하였다.

- 온도

  전이 금속 알콕사이드는 보통 상온에서 반응을 시키나 반응성이 낮은 Si, Al, Mg등의 알콕사이드는 reflux 시키면서 반응시키는 경우가 많다.

- 숙성 조건

일단 젤이 형성된 후 숙성시키는 동안에도 중합과 같은 반응이 계속 되어 젤의 구조가 지속적으로 변화할 수 있다. 현재까지 특히 Si-화합물에 대한 솔-젤 반응에 대한 연구는 매우 활발히 진행되어 다른 전이 금속보다 많은 연구 결과가 발표되었다. 단량체 alkoxysilane과 organoalkoxysilane의 가수분해 및 중합반응에 대한 결과들에 대해 Brinker가 정리하였으며 솔-젤 공정에 대한 물리화학적인 여러 연구 결과들은 Brinker와 Scherer에 의하여 자세히 기술되어 있다. 일반적으로 솔-젤 공정은 전구체의 균일한(homogeneous) 상태 유지, 고순도 가능, 저온 공정, 미량 함유물질 제조의 용이, 제조 공정과 생성물 특성의 제어에 화학적 이론 적용 가능, 박막 등의 여러 형태로 제조 가능한 등의 장점이 있는 반면에 고가 원료의 사용, 처리 과정에서 심한 수축현상 동반, 미세 기공의 잔류, hydroxyl의 잔류, 탄소의 잔류, 유해한 유기용매의 사용, 제조 및 처리에 장기간이 필요하다는 등의 단점이 있다.

일반적으로 에어로젤은 솔-젤 반응성이 좋은 알콕사이드 전구체를 이용하여 제조한다. 그러나 대부분의 알콕사이드 전구체는 높은 가격 때문에 상업적으로 적용하기가 쉽지 않다. 또한 열, 빛, 수분에 매우 민감한 경우가 많고 Si, Al, Ti, Zr 등 몇 가지 종류의 알콕사이드를 제외하고는 상업적으로도 구입이 용이하지 않다. 따라서 높은 가격, 구입 및 취급의 문제점이 있는 알콕사이드 전구체를 대체하기 위한 일반 금속염과 같은 비알콕사이드 전구체를 사용하는 솔-젤법은 에어로젤의 상용화를 위해서는 매우 유용한 방법이라고 할 수 있다.

1993년 Itoh 등은 염화알루미늄을 원료로 실리카 알루미나-젤을 제조하였고, Tillotson 등은 질산란탄수화물을 원료로 실리카 란타나이드-젤을 제조하였는데, 이 두 경우 모두 산화프로필렌을 젤화를 위한 첨가제로 사용하였다. 이들의 결과를 토대로 최근에는 이러한 여러 종류의 일반 무기염을 이용한 솔-젤법을 미국 Lawrence Livermore국립연구소에서 집중 연구하여 Gash등은 산화철과 산화크롬 에어로젤을 이 방법으로 제조하였다. 그러나 이러한 새로운 솔-젤법은 현재까지 위에 열거된 몇 가지를 제외하고는 체계적인 연구가 수행된 바 없고 아직은 3가 이상의 산화수를 가지는 금속염만이 원료로 사용될 수 있는 것으로 알려져 있다. 비알콕사이드 전구체를 이용한 젤의 제조시 가장 핵심은 젤화 촉진제로 에폭사이드를 사용한다는 것으로 이 에폭사이드는 용액 내에서 proton scavenger로 작용하여 pH를 서서히 증가시킴으로써 젤화를 유도한다.

염화철과 산화프로필렌을 사용한 산화철 습윤젤의 제조를 예로 들면 철 전구체는 용액내에서 H^+과 Cl^-를 생성하며 이렇게 생성된 H^+은 산화프로필렌과 결합하여 protonated propylene oxide를 형성한다. 이 반응은 용액 내의 H^+이 소비되는 반응으로 산화프로필렌은 "proton scavenger"로 작용하게 된다. 이 때 염화철 솔 내에 존재하는 nucleophile 중 높은 nucleophilicity를 갖는 Cl^-가 의 탄소고리를 공격함으로써 S_N2 기구에 의해 탄소고리가 열리는 반응이 일어나고, 1-chloro-2-propanol이나 2-chloro-1-propanol이 생성된다. 따라서 염화철 솔 내의 H^+이 감소되면서 용액의 pH는 서서히 증가하게 되고 철은 용액 내에서 Fe-OH의 형태를 띠게 되어 중합반응에 의해 산화철 습윤젤이 형성된다. 반면에 물의 경우에는 Cl^-와 경쟁적으로 protonated propylene oxide와 반응하여 deprotonation반응을 진행함으로써 1,2-propanediol을 생성하게 된다. 따라서 deprotonation 반응에 의해 솔-젤 합성시 요구되는 물과 에폭사이드의 양은 그 정량적인 비보다 더 많은 양이 필요하다. 일단 젤이 생성되면 젤 구조 내에 함유되어 있는 용매를 제거하는 건조 과정이 필요하다. 건조 과정에서 젤의 기공 내에 액체와 증기가 공존하게 되고 액체가 증발함에 따라 기상-액상 계면에 표면장력에 의한 meniscus가 형성되는데 이 때 기공구조를 파괴할 수도 있는 기공 내 기상-액상 계면에서의 모세관 압력은 다음의 식과 같이 표시된다.

$$2r\sigma\cos\theta = r^2\rho gh$$

$$\rho gh = Ps = (2/r\sigma)\cos\theta$$

여기서,

θ : 고체와 액체간의 접촉각

σ : 표면장력

r : 기공반경

일반적으로 사용되는 용매에 대하여 미세 기공에서의 모세관 압력은 매우 큰데, 예를 들면 반경 20nm 실린더형 기공에 에탄올이 채워져 있는 경우, σ = 22.75 dyn/cm, ρ= 0.7893g/cm^3 으로 압력은 22.5 기압이나 된다. 이 힘은 젖은 기공 벽과 meniscus가 만나는 매우 좁은 지역에 작용하므로 이러한 국부적인 힘에 의하여 젤이 수축하여 그 구조가 파괴될 가능성이 높다. 그러나 모세관 압력 그 자체보다도 다른 크기의 기공들 간의 압력 차이가 기공 구조에 오히려 더 큰 영향을 미칠 수 있다. 이러한 문제는 일정한 크기의 기공 즉 기공 크기 분포가 좁은 젤을 제조함으로써 최소화할 수 있다. 이를 위해 가수분해나 중합속도를 조절하여 좁은 기공크기 분포를 가지는 젤을 형성시키기 위하여 DCCA (Drying Control Chemical Additives)라고 불리는 formamide나 글리세롤과 같은 유기물을 사용할 수 있다.

모세관 압력을 줄여서 건조 시 기공 구조의 파괴를 줄이려면 표면장력이 낮거나 접촉각이 90°에 가까운 용매를 사용하는 것도 하나의 방법이 될 수 있다. 그러나 보다 적용 범위가 넓은 방법은 동결건조나 초임계 건조와 같이 기상-액상 계면이 생기지 않도록 하는 방법이다. 종래 에어로젤의 제조 과정에서 초임계 상태에서 젤에 함유된 알코올을 제거하기 위해서는 270℃ 정도의 고온과 약 1,800psi(12.4MPa)의 고압 조건이 필요하였으나 1980년대 중반 Lawrence Berkeley국립연구소의 Tewari등이 이산화탄소를 추출 매개물로 사용하여 40℃ 이하에서 젤을 성공적으로 초임계 건조함으로써 훨씬 완화된 조건에서 젤을 초임계 건조할 수 있게 되었다.

표 3-2는 초임계 추출에 사용할 수 있는 여러 가지 유체의 임계온도 및 임계압력을 요약한 것으로 이산화탄소를 사용하면 35℃, 75기

압 정도의 조건에서도 alcogel의 초임계 건조가 가능함을 알 수 있다. 또한 이산화탄소는 가연성이 아니므로 알코올 초임계 방법보다 훨씬 안전하다고 할 수 있다.

표 3-2 초임계 건조용 용매의 임계점

명 칭	분자식	임계 온도 (°C)	임계 압력	
			psi	MPa
Carbon Dioxide	CO_2	81.1	1078	7.66
Nitrous Oxide	N_2O	86.6	1054	7.24
Freon 28	CHF_8	26.9	701	4.82
Freon 116	CH_8CF_8	19.7	482	2.97
Methanol	CH_8OH	240	1155	7.98
Ethanol	C_2H_6OH	248	927	6.88
Water	H_2O	874	8024	22.0

그림 3-11에는 전형적인 연속식 이산화탄소 초임계 건조 장치를 나타내었다.

일반적으로 에어로젤이라고 하면 대부분 실리카와 같은 금속

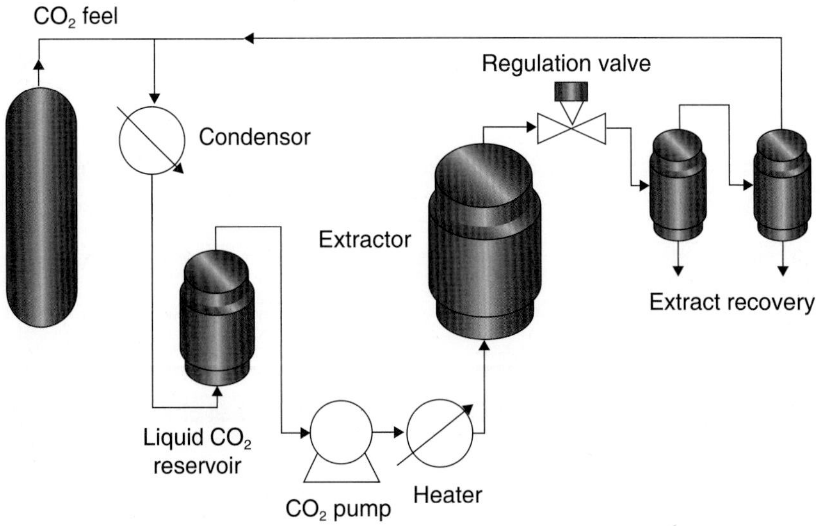

그림 3-11 연속식 이산화탄소 초임계 장치

산화물의 무기 에어로젤을 말한다. 그러나 1980년대 후반 미국의 Lawrence Livermore 국립연구소의 Pekala가 염기성 수용액상에서 resorcinol을 formaldehyde로 중합한 다음 이를 초임계 건조하여 **그림** 3-12와 같은 유기 에어로젤을 합성한 연구 결과를 발표한 이후, 최근에는 이 분야에 대한 연구가 급증하고 있다. 이러한 RF(resorcinol-formaldehyde) 에어로젤의 구조적 특성에는 사용하는 염기성 촉매의 양이 큰 영향을 미치는데 이는 촉매가 수소를 제거하여 resorcinol 음이온을 만드는 데 중요한 역할을 하기 때문인 것으로 보인다. Melamine과 formaldehyde와의 반응에 의하여 합성된 MF (melamine-formaldehyde) 에어로젤도 RF 에어로젤과 함께 현재까지 가장 잘 알려진 유기 에어로젤의 하나로서 RF에어로젤이 투명한 진한 적색인데 반하여 무색 투명한 특성을 지니고 있다.

젤을 형성할 수 있는 어떠한 유기물도 에어로젤 형태로 만들 수 있으므로 최근에는 원료의 가격이 이들보다 낮은 phenol-formaldehyde, phenolic-furfural 및 폴리우레탄계 에어로젤 합성에 관한 연구 결과가 발표된 바 있다. 이러한 유기 에어로젤은 무기 에어로젤과 유사한 물성을 지니지만 기계적 강도 면에서 더 우수하고 가장 큰 장점은 탄화시킴으로써 탄소 에어로젤의 제조가 가능하다는 점이다.

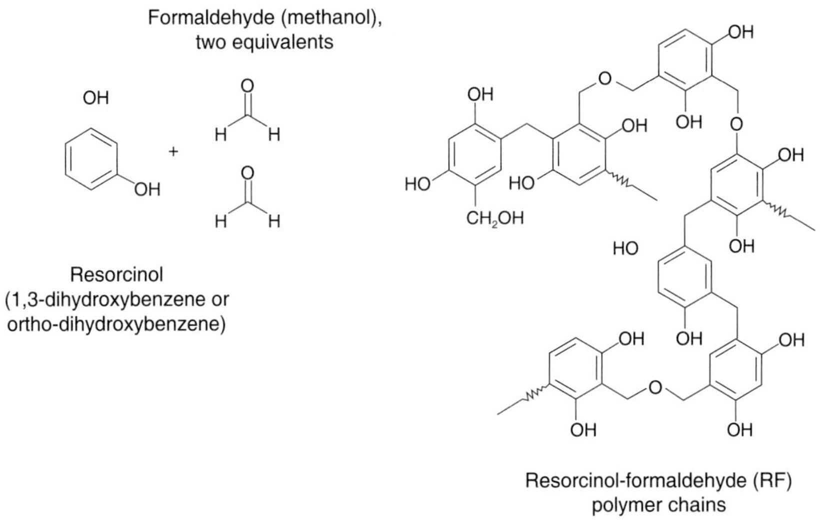

그림 3-12 유기 에어로젤 합성을 위한 솔-젤 반응

3-4. 에어로젤의 특성 및 이용

에어로젤 연구 개발의 대부분을 차지하는 실리카 에어로젤의 대표적인 물성은 표 3-3과 같다. 에어로젤이 여러 가지 면에서 특유의 물성을 보이는 이유는 습윤젤의 그물 구조를 그대로 유지하여 초다공성을 나타내기 때문이다. 따라서 초경량은 물론이고 기공도가 보통 95%이상 99%까지도 가능한 것으로 알려져 있다. 실제로 Lawrence Livermore 국립연구소에서 제조한 실리카 에어로젤은 밀도가 0.003g/㎤으로 공기 밀도의 3배밖에 되지 않는다. 이러한 높은 기공도에 의하여 표면적이나 기공 부피가 매우 커 흡착제나 촉매로서 효과적으로 사용될 수 있다. 특히 건조 과정에서 습윤젤 특유의 그물 구조가 수축되지 않아서 기공 크기가 보통 1nm 이상 유지되므로 촉매 반응과 같이 기공 내부를 활용하는 경우에 물질 전달의 영향을 극소화할 수 있는 장점이 있다. 같은 솔-젤 공정을 거치지만 일반 건조한 지로젤은 기공 크기가 상대적으로 매우 작다.

표 3-3 실리카 에어로젤의 전형적인 물성

물 성	단 위	수 치
밀도	Kg/m^3	8-500
표면적	m^2/g	800-1,000
기공크기	nm	1-100
기공부피	cm^3/g	8-9
기공도	%	76-99.9
열전도도	W/mK	0.01-0.02
종파속도	m/s	100-800
음파임피던스	Kg/m^2s	106-108
유전상수	-	1-2
탄성계수	N/m^2	106-107

에어로젤의 기공은 상온에서 분자의 mean free path와 비슷하거나 더 작아서 이들 내부를 통하여 열이 기상으로 잘 전도되지 않는다. 또

한 밀도가 낮아서 고체상으로도 전도가 잘 일어나지 않으므로 에어로젤은 단열재로 매우 우수한 물성을 지니게 된다. 상압에서 실리카 에어로젤의 전형적인 열전도도는 0.015W/(m°K)인데 이 값은 유리보다는 10배 이상 CFC (Chlorofluorocarbon: 프레온가스) 발포 폴리우레탄 폼보다도 매우 낮은 값이다. 현재 에어로젤은 지금까지 알려진 어떤 단열재와 비교해도 가장 단열도가 높은 물질이며 진공에서 이용하는 경우에는 더 큰 단열 효과를 나타내는 것으로 알려져 있다.

이 밖에도 낮은 밀도와 높은 기공도에 기인한 에어로젤 특유의 물성을 찾아 볼 수 있다. 보통 유리에서 500m/s인 음파 속도가 에어로젤에서는 100~300m/s로 더 느리며 낮은 밀도와 곱해진 acoustic impedence는 더욱 낮은 값을 나타내어 방음재로도 효과가 크다. 실리카 에어로젤의 경우 굴절률이 1에 가까워 굴절 효과 없이 빛을 투과시키는 데에도 유리하며 기공도가 0.7보다 큰 실리카 에어로젤은 매우 낮은 유전상수를 지니므로 반도체 회로 기판에 사용되는 경우 컴퓨터의 소형화에 크게 기여할 수 있을 것으로 기대된다. 또한 비다공성 소재에 비하여 극히 낮은 Young's modulus 값을 보이는 에어로젤은 압축이 매우 용이하다.

앞서 살펴 본 바와 같이 에어로젤은 특유의 물성을 지닌 소재로 활용 분야는 **그림 3-8**에 나타낸 바와 같이 매우 다양하며 향후 개발 여하에 따라 그 활용 범위는 무궁무진하다고 할 수 있다. 실제로 Cerenkov counter에는 1970년대 초반 이후부터 투명한 단일체형 실리카 에어로젤이 사용되고 있으며, 최근에는 화성탐사선 Pathfinder의 "rover"라는 일종의 화성 표면 탐사차에 극저온에서도 전자기기가 작동할 수 있도록 에어로젤 단열재를 사용한 예가 있다. 이와 같이 현재에는 에어로젤의 제조 가격이 높아 학술적인 분야나 국방 및 특수 용도에만 사용되고 있으나 단열재 분야를 중심으로 상용화를 위한 활발한 연구 개발이 진행되어 건물 천정의 채광창 등에 활용되기 시작했다.

현재 가장 연구 개발이 활발한 분야는 실리카 에어로젤을 단열재로 활용하기 위한 상용화 연구 개발 분야이다. 투명한 단일체형 에어로젤은 단열창으로, 불투명한 것은 일반적인 저온이나 고온 단열재로 매우 효과적으로 사용될 수 있다. **그림** 3-13에는 빛은 통과시키고 열은 차단할 수 있도록 한 투명 또는 반투명 실리카 에어로젤을 이용한 초단열창 시스템을 나타낸 것이다.

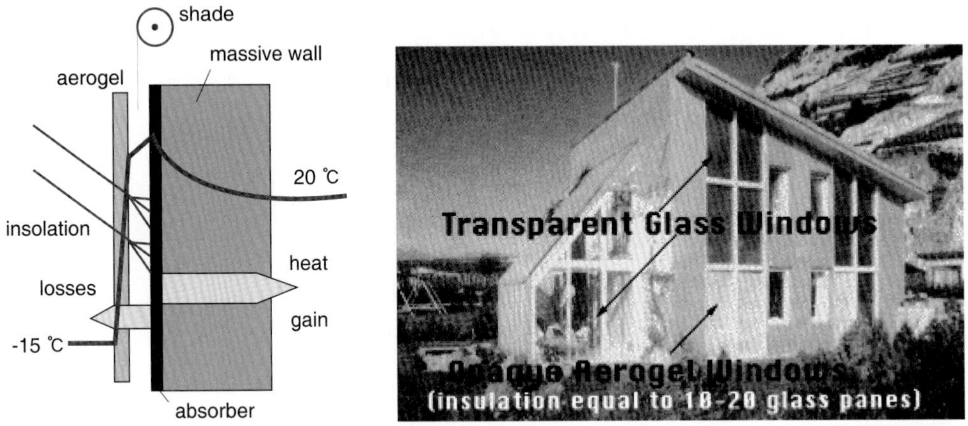

그림 3-13 에어로젤을 이용한 단열창 시스템

현재 냉장고용 단열재로 사용되는 CFC발포 폴리우레탄은 CFC의 사용이 금지됨에 따라 대체되어야 하며 이를 위하여 개발된 대체 CFC, cyclopentane, CO_2 등을 이용한 발포 단열재는 기체의 폭발성이나 불안정성 등의 문제뿐만 아니라 단열 효과도 기존 단열재보다 낮은 수준으로 장기적인 해결책이 될 수 없는 상황이다. 이러한 상황에서 현재까지 세계적으로 가장 단열 효과가 좋은 물질로 알려진 실리카 에어로젤은 사용 목적에 따라 여러 형태로 제조가 가능하고 폐기 시에도 환경을 오염시키지 않으므로 가장 유망한 단열재라고 할 수 있다. 특히 현재의 packing 기술로서도 냉장고 폐기 시까지 유지가 가능한 1/10 정도의 진공만으로 0.005W/m°K 이하의 열전도도를 얻을 수 있다.

이외에도 실리카 에어로젤은 800℃이상까지도 안정하므로 고온 단열재로서도 유망하며 복사에 의한 열손실을 최소화하기 위하여 carbon soot와 같은 opacifier를 소량 첨가하기도 한다. 에어로젤 단열재를 사용하면 단열층을 최소화 할 수 있으므로 공간 활용 면에서도 유리하며 또한 방음 효과도 기대할 수 있다. 따라서 에어로젤은 자동차 항공기 건축물 및 파이프 단열에도 효과적인 환경 친화형 단열재로 기대되는 바가 크다. 그러나 이러한 가능성에도 불구하고 에어로젤의 제조 비용이 아직은 상대적으로 높아서 본격적인 상용화에는 도달하지 못하고 있는 실정이다. 최근에는 실리카 에어로젤 분말을 이용한 단열 채광창을 시공한 예도 소개되고 있다.

흡착 단계와 표면 반응 단계를 거치게 되는 촉매화학 반응은 촉매의 표면에서 일어나기 때문에 표면적이 넓다는 것은 반응이 일어날 수 있는 촉매 표면의 활성점 수가 많다는 것을 의미이므로 고표면적의 특징을 지닌 에어로젤은 촉매로서 매우 유용한 물질이 될 수 있다. 또한 대부분의 촉매는 산화물 표면에 금속이나 기타 산화물들이 분산되어 있는 형태인데 담체의 표면적이 클수록 담체 위에 단분자층(혹은 원자층)으로 분산될 수 있는 금속이나 산화물의 양이 늘어나 촉매의 활성점의 수가 증가하게 되므로 에어로젤은 담체로도 유용하다. 현재 촉매 제조의 새로운 방법으로 솔-젤법이 주목을 받으면서 에어로젤 촉매에 관한 연구도 활발히 진행되고 있으나 아직은 실험실 단계를 크게 벗어나지 못하고 있다. 그러나 단열재에 비하여 상대적으로 촉매는 우수한 반응 특성을 보이기만 한다면 고가이더라도 상용화가 용이하므로 어떤 의미로는 촉매 분야에서의 에어로젤 활용 가능성은 더욱 높다고 할 수 있다. 그러나 상대적으로 약한 에어로젤의 기계적 강도 때문에 대규모 충진이 용이하지 않은 점, 단열도가 높아서 반응온도의 유지나 반응열의 효과적인 전달 면에서 불리한 점, 저밀도 재료이므로 기존 촉매보다도 촉매의 충진량이 과다하게 필요하여 소요 공간이 더 많이 필요한 점 등은 상용화를 위하여 반드시 검토되어야 할 문제점으로 지적되고 있다.

흡착제로는 오염 물질의 제거라는 환경 분야와 에너지 저장 분야에서 에어로젤의 활용이 기대된다. 실제로 미국 TAASI(The Attia

Applied Sciences, Inc.)에서는 CaO와 MgO를 함유한 에어로젤 흡착제를 이용하여 SO_2, NO_x, H_2S 등과 같은 기상 환경오염 물질을 제거하는 방법을 제시하였다. 천연가스나 수소 등의 에너지원을 에어로젤에 흡착 저장하는 방법의 경우에는 가능성에 비하여 아직은 기초연구의 단계를 크게 벗어나지 못하고 있는 실정이다.

우주 연구 개발 분야에서는 단열재 이외에 우주선이 cosmic dust를 채취하는데 에어로젤이 사용되고 있다. 사실 우주에서의 입자는 상대적으로 수십 ㎞/s의 속도로 이동하므로 고체와 충돌하면 용해되거나 휘발되기 쉽다. 메조포어 크기이며 초경량의 에어로젤은 이러한 고속의 입자를 변형없이 채취하는 데 매우 적합한 물질이다. 또한 표면적이 넓어 채취하는 단계에서 발생하거나 우주에 있는 휘발성 물질도 흡착할 수 있는 장점이 있다. 실제로 NASA에서는 이러한 실리카 에어로젤을 장착한 우주선을 발사하여 채취한 입자의 분석을 통하여 우주 연구를 하고 있다. **그림** 3-14는 실리카 에어로젤을 패널에 장착하는 과정과 실리카 에어로젤에 채취된 입자의 사진이다.

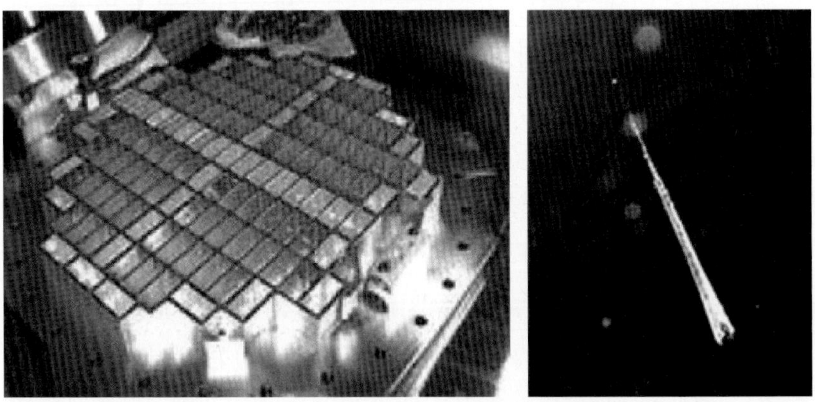

그림 3-14 Cosmic dust 채취에 사용된 실리카 에어로젤

에어로젤은 유전상수가 낮으므로 초고밀도 집적회로에 사용될 수 있다. Sandia국립 연구소는 낮은 유전상수(1.3<k<2.6)를 가지며 기공 크기가 조절된 새로운 다공성 실리카 필름을 EISA(Evaporation induced self-assembly)법을 이용하여 제조하였으며 NanoPore사는

ILD에 사용하기 위한 저유전율($1.1<k<2.5$)을 갖는 필름 형태의 실리카 에어로젤 및 지로젤을 공급하고 있다. 향후 재현성 안정성과 같은 문제점이 완전히 해결되면 실리카 저유전체의 활용이 컴퓨터나 전자 장비의 소형화에 크게 기여할 것으로 기대된다. 유기 에어로젤을 탄화시켜 만든 탄소 에어로젤은 고표면적 흡착제와 수퍼커패시터뿐만 아니라 해수 담수화를 위한 고표면적 전극으로 매우 효과적인 것으로 나타났다. **그림** 3-15에 나타낸 바와 같이 미국 Lawrence Livermore의 국립 연구소에서는 탄소 에어로젤을 전극으로 하여 해수를 capacitive deionization(CDI)하는 공정을 이용하면 기존의 electrodialysis나 역삼투 방법보다 10~20배의 에너지를 절약할 수 있다고 보고하였다.

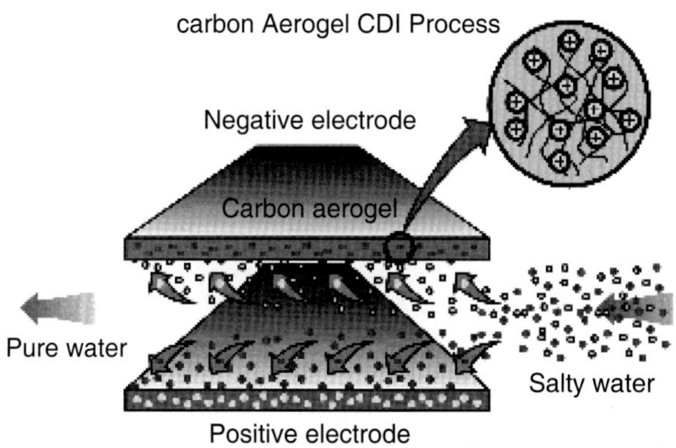

그림 3-15 해수 담수화를 위한 탄소 에어로젤 전극 CDI 공정

이 밖에도 Luminescent solar concentrator(LSC), 살충제, 유해 액체 수송, oil recovery, gel permeation chromatography, 미생물 및 의약 물질의 담체 등의 여러 분야에 응용되고 있다.

나노 에어로젤 연구 개발에 있어서 주요 사항을 표 3-4에 나타내었다. 1930년대에 Kistler가 최초로 무기염이나 물유리 등으로부터 에어로젤의 합성에 성공한 이후 오랫동안 별다른 연구 성과가 없었다. 이후 1950년대에 Kistler가 에어로젤의 물성에 관한 연구를 재개하면서 개발한 제조법을 바탕으로 Monsanto사에서 Santocel이라는 이름의 실리카 에어로젤의 생산을 자문하였다. 그러나 사염화 실리콘을 이용한 저가의 fumed 실리카 생산 공정이 개발되면서 이 에어로젤 생산 공정은 운전을 멈추고 말았다. 사실 이때부터 시작된 에어로젤의 높은 제조 가격 문제는 오늘날까지 해결되지 않아 에어로젤의 상용화를 막는 가장 큰 장애물이 되고 있다.

1962년에 프랑스 정부가 로켓 연료 저장을 위한 다공성 물질에 관한 연구를 시작하면서 다시 에어로젤에 대한 관심이 일기 시작하였다. 그러나 Kistler의 합성법은 초임계 건조를 위한 염제거와 용매 치환에 너무 많은 시간이 소요되어 연구에 큰 진전을 볼 수 없었다. 마침내 이 프랑스 연구팀이 TMOS (tetramethoxysilane)를 메탄올에 녹여 극소량의 물만으로 산 또는 염기를 촉매로 사용하여 실리카 습윤젤을 만드는데 성공함으로서 오늘날 가장 널리 알려져 있는 알콕사이드를 전구체로 사용하는 솔-젤 합성법이 개발되었다. 이후 1980년대에 Lawrence Berkeley 국립연구소에서 TMOS 대신 TEOS (tetraethoxysilane)를 전구체로 사용하는 솔-젤 공정과 위험한 알코올 초임계 건조 대신 이산화탄소를 매개물로 사용하는 공정을 개발하여 에어로젤 제조에 큰 발전이 있었다. 실제로 1984년 스웨덴에서는 TMOS를 전구체로 한 단일체형 제조를 위한 300리터 고압 용기를 사용한 최초의 파일럿 장치가 240℃, 80기압에서 초임계 건조 공정 중 폭발한 예가 있었다.

표 3-4 에어로젤의 대표적 연구 개발 역사

연 대	기술적 발전
1960	Kistler : 무기염으로 에어로젤 합성
1970	Teichner : 금속알콕사이드로 솔젤 합성
1980	이산화탄소로 초임계 공정 개발
1990	유기 및 탄소 에어로젤 개발 상압 건조 에어로젤 합성
2000	대형 채광창용 단열재 활용

이와 같이 1980년대의 솔-젤 합성 및 초임계 공정의 진전을 통해 에어로젤의 응용 분야에 대한 관심이 고조되면서 프랑스 독일 미국 등지에서 활발한 연구가 진행되기 시작하여, 1980년대 말 Lawrence Livermore 국립연구소의 Pekala가 유기 에어로젤의 합성에 성공하여 새로운 분야를 열었고, 1990년대에는 같은 연구소의 Poco가 RSCE(rapid supercritical extraction process)를 개발하여 초임계 건조 시간을 크게 단축할 수 있는 길을 열었다. 그리고 New Mexico대학 및 Sandia 국립연구소 연구팀은 젤의 표면을 변형하여 일반 건조에 의한 에어로젤 제조 방법을 개발하여 생산 비용 절감에 기여하였다. 1980년대부터 지금까지 상기에서 언급한 미국의 Lawrence Berkeley, Lawrence Livermore, Sandia, NASA, Naval Research Laboratory와 같은 정부 기관을 중심으로 활발한 연구가 진행되고 있으며 1994년부터는 실리카 에어로젤에 대한 파일럿 단계의 합성 연구가 수행되기 시작하여 단열재 및 항공 우주분야에서 본격적으로 활용되기 시작하였다.

또한 미국에서는 에너지성(DOE)의 자금 지원 하에 General Motors, Boeing, Aeroject General, Admiral, Glacier Bay, Lawrence Berkeley, Lawrence Livermore 국립연구소 등이 컨소시움을 이루어 에어로젤 단열재의 상용화를 본격적으로 추진하고 있으며, 유럽에서도 스웨덴의 Airglass사가 참여하고 독일 프랑스 스웨덴 덴마크 노르웨이 등을 중심으로 한 EU HILIT(Highly Insulating and LIght Transmitting aerogel glazing for windows)와 같은 과제를 통해 상용화를 위한 활발한 시도가 이루어지고 있다. 그 결과 이에 대한 많은 특허와 문헌이 발표되고 있으며 최근 들어 특정분야에 필요한 에어로젤을 생산하여 고가로 공급하는 기업(Cabot, NanoPore, Aspen Aerogels, Matsushita, Ocellus, Airglass, Aerojet, Marketech International, Pacific-Sierra Research 등)도 크게 증가하고 있다.

에어로젤은 현재 단열재, 방음재, 저장 소재, 자동차 및 우주항공 초경량 소재, 촉매, 전기화학 소재, 전자 소재 등 거의 모든 산업에 있어서 핵심 소재로 활용이 기대되고 있으며, 이미 고가이지만 특수 목적으로 투명 단열창, 전자부품 단열장치, 수퍼커패시터 등에 활용되고 있다. 과거 BASF에서는 파일럿 규모로 "Basogel"이라는 입자 또는 분말형의 실리카 에어로젤을 생산 판매하였으나 1996년에 중단하였다. Hoechst에서는 "Nanogel"이라는 이름으로 비교적 저가의 에어로젤을 개발하였는데 1998년 Cabot사가 이 기술을 활용하여 상용화에 성공해서 단열판 제작용으로 공급하고 있다. 최근에는 "Nanogel"을 이용한 대규모 반투명 채광창을 뉴햄프셔 주의 몇몇 건물에 설치하기도 하였다. 또한 다양한 에어로젤을 제조 공급하는 미국의 Aspen Aerogels사는 최근 flexible aerogel blanket을 개발하여 방한 및 방염용 재킷, 우주복 등 다양한 분야에서의 활용 가능성을 높여 주었다.

이렇듯 현재 에어로젤의 기계적 강도나 단열도를 높이기 위한 복합 에어로젤의 제조 등 물성 개선을 위한 다양한 연구가 시도되고 있다. 특히 실리카 에어로젤을 단열재에 이용하기 위한 시도는 구미 각국의 국립 연구소를 중심으로 한 활발한 연구 개발 노력의 결과로 상업화 초기 단계까지는 왔으나 상용화를 위해서는 제조 경비를 더욱 낮추는 등 해결하여야 할 부분들이 아직 많이 남아 있다. 그러나 제조 경비의 저감과 물성제어 기술이 확립된다면 단열재 및 초경량 소재와 같은 범용 소재에서 기능성 특수성을 지닌 고가의 정밀소재까지 그 활용 범위는 매우 다양해질 것이다. 특히 정밀 소재 중에서 나노 복합체 에어로젤은 기존 기술의 한계를 극복하고 새로운 차원에서 설계 및 합성되는 새로운 촉매의 창출을 가능하게 할 것이다. 에어로젤은 상기한 바와 같이 우수한 물성을 지니고 있음에도 불구하고 경제성 문제와 몇 가지 기술적인 문제로 인하여 특수 용도로 활용되는 것을 제외하고는 아직 본격적인 상용화가 이루어지지 않고 있다. 사실 솔-젤 반응의 일반적인 원료인 알콕사이드가 고가인데다 젤의 초임계 건조를 위해서는 고온 고압이 필요하기 때문에 상대적으로 에너지 소모량이 클 수밖에 없다. 여기에서는 에어로젤의 상용화를 위하여 극복해야 할 몇 가지 문제점에 대하여 살펴보았다.

현재 전구체로 많이 사용되고 있는 알콕사이드는 고가의 원료이므로 이를 값싼 물질로 대체하려는 노력이 계속되고 있다. 실리카 에어로젤 제조 시 TMOS의 1/14, TEOS의 1/5 정도로 싼 물유리를 사용하는 경우에도 전체 제조 경비에서 원료비가 차지하는 비율이 40% 이상 되고 세척 및 용매 치환과 같은 추가 처리 공정이 필요한 단점을 지니고 있다. 최근에 개발된 비알콕사이드 솔-젤 공정이 본격적으로 도입되면 제조 비용의 절감이 기대된다. RF나 MF와 같은 유기 에어로젤에서도 전체 제조비의 50% 이상을 차지하는 고가의 원료비가 가장 큰 문제이며 이러한 점에서 비교적 저가의 원료를 사용하는 phenol-formaldehyde(PF) 에어로젤의 상용화 가능성이 기대된다.

일반적으로 용매로 사용되는 알코올을 그대로 초임계 건조하는 경우에는 공정 중에 폭발의 위험성이 있을 뿐만 아니라 고온 고압이 필요하므로 에너지 소비나 장치 비용 측면에서 볼 때 상용화에 매우 불리하다. 따라서 조업 온도를 크게 낮출 수 있고 비교적 안전한 이산화탄소 초임계 공정의 경우 용매 치환 공정이 추가로 필요하기는 하지만 전반적으로 유리한 것으로 보인다. 최근에는 보다 완화된 조건에서 에어로젤을 건조시켜 제조하려는 시도가 이루어져 부분적으로 성과를 거두고 있다. 실제로 Nanogel도 물유리로 제조한 hydrogel의 표면을 먼저 silation시켜 기공 구조를 안정시킨 후 상압에서 일반 건조를 통해 제조되었다.

에어로젤은 안정된 구조를 지니고 있으므로 자체 무게의 1,000배 이상도 지탱이 가능하지만 초경량이므로 충분한 기계적 강도를 지니고 있다고는 할 수 없다. 또한 범용으로 사용되기 위해서는 물성의 큰 변화 없이 다양한 형태로 제조가 가능하여야 할 것이다. 에어로젤은 특수 용도로 사용되는 고가의 단일체 형태를 제외하고는 일반적으로 분말이나 입자 형태로 제조되는데 이러한 경우에는 molding 등을 통해 사용 목적에 적합한 형태로 제작해야 한다. 그러나 이때 에어로젤의 물성을 그대로 유지하는 것이 쉽지 않아 이를 극복하기 위하여 구조적 matrix를 사용한 복합 에어로젤의 제조도 시도된 적이 있다. 미국의 Aspen Aerogel사의 flexible aerogel blanket은 이러한 면에서 다양한 분야에서의 활용 가능성이 매우 높다고 할 수 있다.

복사에 의한 열 손실을 최소화하기 위하여 carbon black과 같은

opacifier가 첨가된 에어로젤을 제조하여 단열도를 더욱 높이거나, 기계적 강도를 높이기 위한 복합 에어로젤의 제조 단일형 실리카 에어로젤의 투명도를 높이기 위한 무중력 상태에서의 솔-젤 합성 등과 같은 물성의 개선을 위한 다양한 연구가 시도되고 있다. 또한 사용목적에 따른 에어로젤 특유의 물성을 솔-젤 변수나 초임계 조건의 변화로 미세하게 조절하기 위한 노력도 계속되고 있다.

에어로젤을 사용한 제품으로는 에어로젤 단열 패널, 수퍼커패시터를 제외하고는 항공 우주 및 국방 분야에서의 특수 용도로 사용되는 것 이외에는 찾아보기 힘들다. 그러나 앞서 살펴 본대로 상용화를 위한 기술 개발이 진행되어 생산 비용이 낮아진다면, 그 활용 범위는 크게 확대될 것으로 기대된다. **그림** 3-17에는 Aspen Aerogels사에서 제시한 에어로젤의 활용 가능 분야를 나타내었다. 단열재 분야는 상용화를 위해 가장 많은 투자가 이루어지고 있는 분야로서 실제로 가장 상용화에 근접해 있는 상황이다. 현재까지 알려져 있는 상용화 제품으로는 Cabot사의 Nanogel을 이용한 Kalwall사의 skylight, 방한용 재킷을 비롯하여 다양한 용도로 사용되어 그 가능성을 보여주고 있는 Aspen Aerogels사의 flexible 에어로젤, NanoPore사에 의해 제작 판매되고 있는 에어로젤을 이용한 단열판 및 단열 시스템 등을 들 수 있다. 또한 실리카 에어로젤의 투명하면서도 단열도가 우수하다는 특성을 살려 투명 단열창에 활용하려는 연구 개발이 Airglass사를 중심으로 유럽 및 미국에서 진행되고 있다. 하지만 상용화까지는 투명도 개선 및 경제성 확보 등 해결해야 할 문제점들이 남아 있다.

에너지 분야의 경우 커패시터나 이차전지 및 연료전지의 전극 소재로 사용되는 탄소 에어로젤이나 바나듐, 세륨, 루테늄, 망간 등의 산화물 에어로젤 등과 같이 에어로젤을 전기화학적으로 활용하기 위해서 많은 연구가 진행되어 이에 관한 문헌 발표 및 특허 출원이 많이 이루어져 있다. 하지만 아직까지 실용화된 제품은 없는 상황으로 향후 기대되는 분야이지만 아직까지는 제조 경비 저감 및 물성에 대한 개선이 필요한 것으로 보인다. 또한 천연가스 수소 등의 에너지 저장 소재나 새로운 폭약 등에 대한 연구도 진행되고 있다.

화학적 활용분야에서 에어로젤은 고표면적이며 기공도 미세하지 않아 솔-젤 합성시 미량의 물질을 고분산할 수 있기 때문에 촉매로서 매우 유리한 점을 가지고 있다. 실제로 에어로젤 촉매와 관련하여 많은 연구 결과가 발표되고 있으나 현재까지 상용화되어 판매되고 있는 것은 알려져 있지 않다. 이 분야의 경우 대량의 촉매가 필요한 정유나 석유화학보다는 정밀화학이나 환경 분야에서의 활용이 기대된다. 또한 화학 반응을 이용한 센서 분야로의 활용도 기대된다.

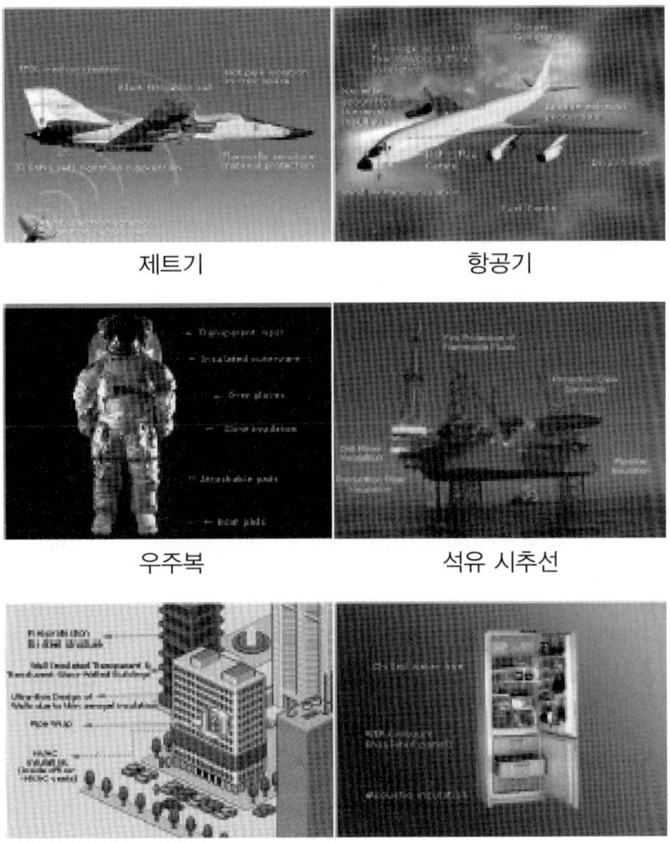

제트기 항공기

우주복 석유 시추선

건축물 냉장고 단열

그림 3-17 에어로젤의 활용 예

제 4 장

전기자동차용 전지 소재

4-1. 리튬이차전지 개요

최근 들어 리튬이온 이차전지의 중요성 및 효용성이 갈수록 높아지고 있는데, 이는 한정된 에너지자원을 보다 효율적으로 운용하고, 모든 형태의 전자기기가 이동 중 휴대 에너지원을 요구하게 되기 때문이다. 또한 현재 휴대용 전자기기에 적용되는 기술에서 병목 기술로 작용하고 있는 것은 휴대용 전원인 이차전지 기술로 타 분야의 기술에 비해 진보 속도가 현저히 떨어지기 때문에 휴대용 전자기기를 설계함에 있어서 최우선적으로 감안해야 하는 부분이 전력 소비이다. 전지는 크게 화학전지, 물리전지, 그리고 생물전지 등 3가지로 구분되고 있으며, 화학 전지는 일차전지, 이차전지, 연료전지로 구분되며, 일차전지는 화학적으로 저장된 전기를 사용만 하는 것으로 아연망간전지, 알칼리전지, 리튬일차전지, 공기-아연전지 등이 있으며, 이차전지는 한번 사용하고 버리는 일차전지와는 달리 재충전이 가능한 전지를 의미하며 **그림** 4-1에 전통적인 납축전기로부터 리튬이온 이차전

	납 축전지	NiCd	NiMH	Li-ion
발명	1859년 (Gaston Plante)	1990년 대형 NiCd 개발 (Waldmar Jungner)	1970년대, 수소저장합금 개발	1986년, 발명 (Akira Yoshino)
상업화	1890년	1960년대 초	1990년대 초 (도시바/마쓰시다)	1991년, 실용화 (Sony)
특징	장) 넓은 작동 온도 범위 단) 무겁다	금속 방전 성능 환경오염, Memory Effect	안전성 나쁜 고온 특성	고용량 저안전성(보호회로 필요)
가격	저가	중가	중가	고가
주요용도	자동차/산업용	군사/Power tool 휴대용 Audio 기기	가정용 무선 전화기 전기 자동차	휴대용 기기 ※ 1999년, LiPB 출시 (Sony)

그림 4-1 이차전지의 개발 및 주요 용도

지의 개발, 응용 분야 및 주요 특성을 나타내었다.

이차전지는 종류에는 크게 자동차 등에 사용되는 납축전지와 소형 이차전지가 있으며, 소형 이차전지에는 니켈카드뮴 전지, 니켈수소 전지 등의 알칼리 축전지와 리튬 이차전지로 나눌 수 있다. 차세대 이차전지로 향후 기술 개발을 통해 중추적 역할을 담당할 핵심 기술 분야로는 4V급 리튬 이차전지 (리튬이온전지, 리튬폴리머전지) 기술과, 2V급 리튬 이차전지 (리튬설퍼전지, 리튬이온전지, 리튬폴리머전지) 기술 등이 현재 연구 개발되고 있다. **그림** 4-2에 리튬이차전지의 부피 및 중량 별 에너지 밀도 및 응용 분야를 나타내었다.

리튬이차전지는 1991년 일본의 소니에 의해 세계 최초로 상용화된 이래, 리튬이온 이차전지 기술은 눈부신 발전을 가져왔고, 전지 산업에서 차지하는 비중이 점차 높아지고 있는 분야로서, 첨단기술 장치산업이며, 국가 핵심 경쟁 요소인 3E(Energy, Environment, Economy) 문제를 해결할 수 있는 핵심 부품 산업이라고도 할 수 있다. 또한, 리튬이차전지가 가지고 있는 장점은 유비쿼터스시대의 도래로 첨단기기들의 융·복합화 추세 확대에 따른 고성능, 고출력, 고안전성 등에 관한 수요자의 요구는 물론 개발 기술의 활용 범위가 산업 전반에 걸쳐 매우 넓은 미래 성장 동력 산업이기도 하다. 이러한

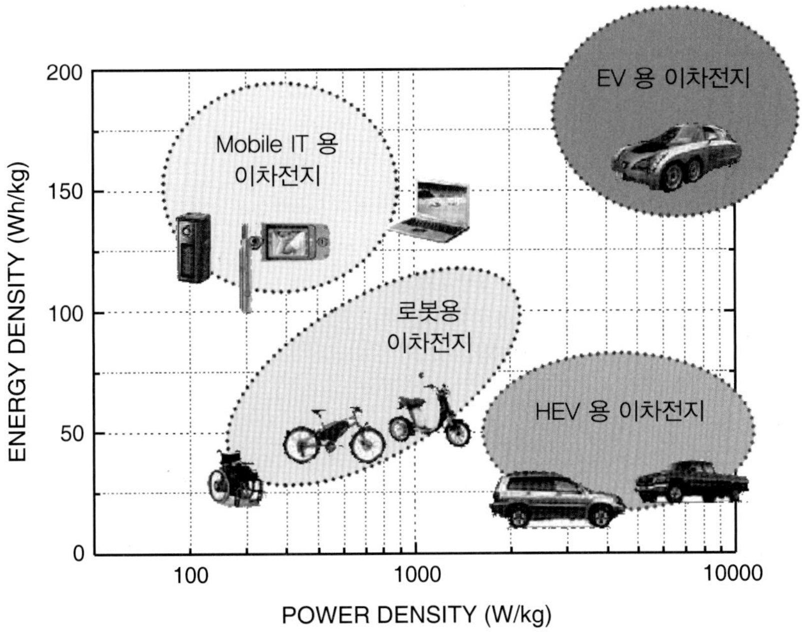

그림 4-2 이차전지의 에너지 밀도 및 응용 분야

리튬이차전지의 산업을 육성하기 위해서는 **그림** 4-3과 같이 핵심 소재의 특성 개발이 함께 이루어져야 한다.

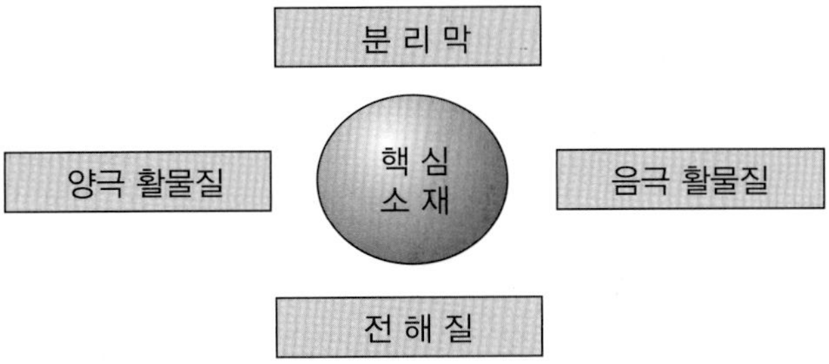

그림 4-3 리튬이차전지의 4대 핵심 소재

전지는 **그림** 4-4처럼 물리전지와 화학전지로 나뉜다. 일반적으로 전지라하면 화학전지를 말하며, 화학전지는 다시 일차전지(일반 건전지)와 이차전지로 나뉘며, 일차전지는 일회성 전지를 말하며, 이차전지는 충전을 통해 반영구적으로 사용하는 전지를 말하는 것으로 노

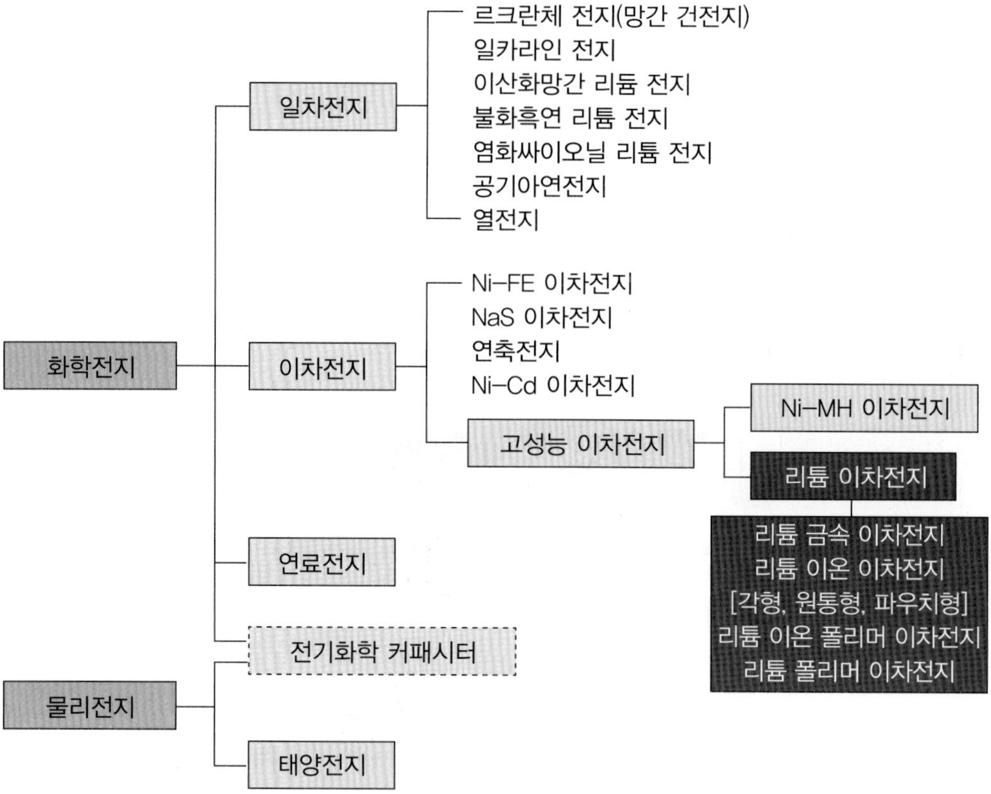

그림 4-4 전지의 분류 계통도

트북, 컴퓨터와 이동통신 단말기, 캠코더, 디지털 카메라 등의 휴대용 전자기기에서 대형기기 전반에 걸쳐 다양한 응용 분야에 적용되어 대량의 수요에 이르고 있으며, 반도체, 디스플레이, 자동차 등 차세대 핵심 부품 산업으로 급성장하고 있다.

리튬계 이차전지의 구성 및 원리를 살펴보면, 리튬계 이차전지는 기존 이차전지와 비교하여 가볍고, 4V의 높은 전압과 에너지밀도가 큰 특징으로 휴대용 전자기기의 경량화에 적합하여 high end 기종에 채용되고 있는 고성능 전지이며, 전극 재료 및 전해질 종류에 따라 리튬이온 전지, 리튬폴리머 전지 및 리튬메탈 금속전지 등이 있으나 현재 가장 많이 사용되고 있는 것은 리튬이온전지로, 휴대전화나 노트북에서 우리가 흔히 볼 수 있는 전지팩은 Hard Pack으로 전지, 보호회로 및 외장 케이스로 구성되어 있으며 구성도 및 내부 구조를 **그림**

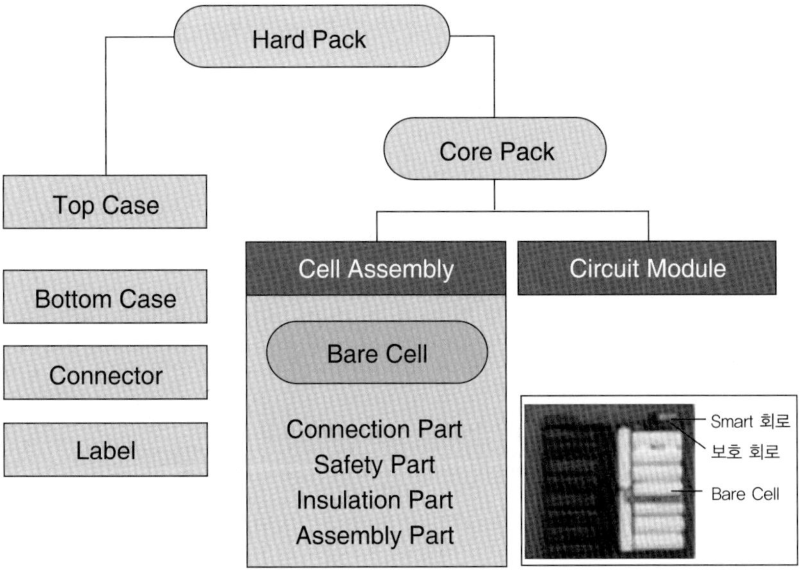

그림 4-5 이차전지 팩 내부구성도

4-5에 나타내었다.

여기서 Bare Cell은 전지 자체를 의미하고, 전지에 보호회로를 붙인 상태를 Core Cell이라고 한다. 리튬계 이차전지는 적용 제품에 따라 원통형, 각형, 파우치형 등 다양한 규격과 형태로 생산되고 있으며,

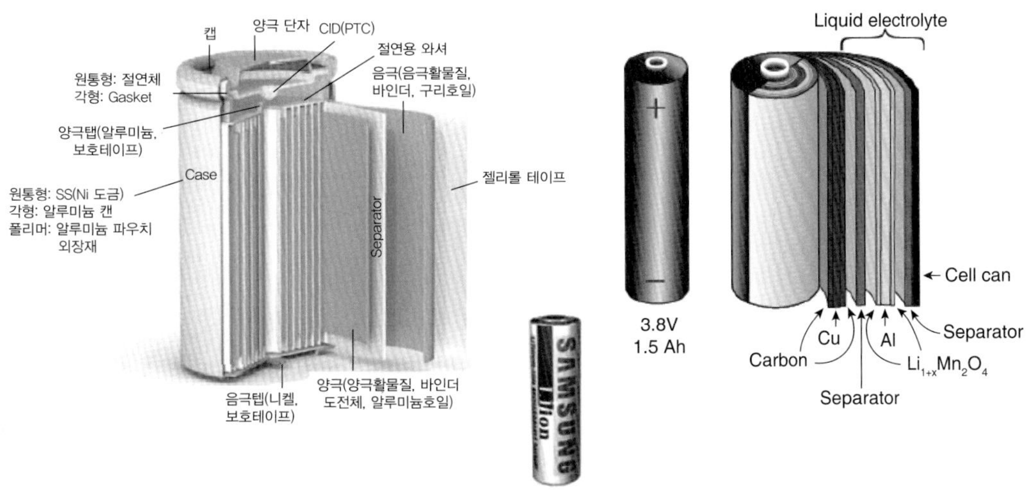

그림 4-6 원통형 리튬계 이차전지의 내부 구조

이중 원통형, 각형, 파우치형 전지의 내부 구조를 **그림** 4-6, **그림** 4-7 및 **그림** 4-8에 나타내었다.

전지는 실제 전기화학반응에 의해 에너지를 저장하고 방출하는 assembly part, 전기적인 단락을 방지해 주는 insulation part, 비정상적인 상태에서 안전성을 유지해 주는 safety part 및 connection part로 구성되어 있다. 특히 assembly part는 양극, 음극, 분리막 및 전해액으로 구성되어 있으며, 전지의 용량, 수명, 온도, 안전성 등과 같은 기본 성능에 가장 중요한 역할을 담당하고 있고, 양극과 음극과 같은 전극은 리튬이온을 저장하거나 방출하는 활물질, 반응에 의해 생성된 전자의 경로 역할을 하는 도전체 및 전극의 형태를 유지시켜 주는 바인더로 구성되어 있다. 리튬이온전지의 극판 구성도를 **그림** 4-9에 표시하였다.

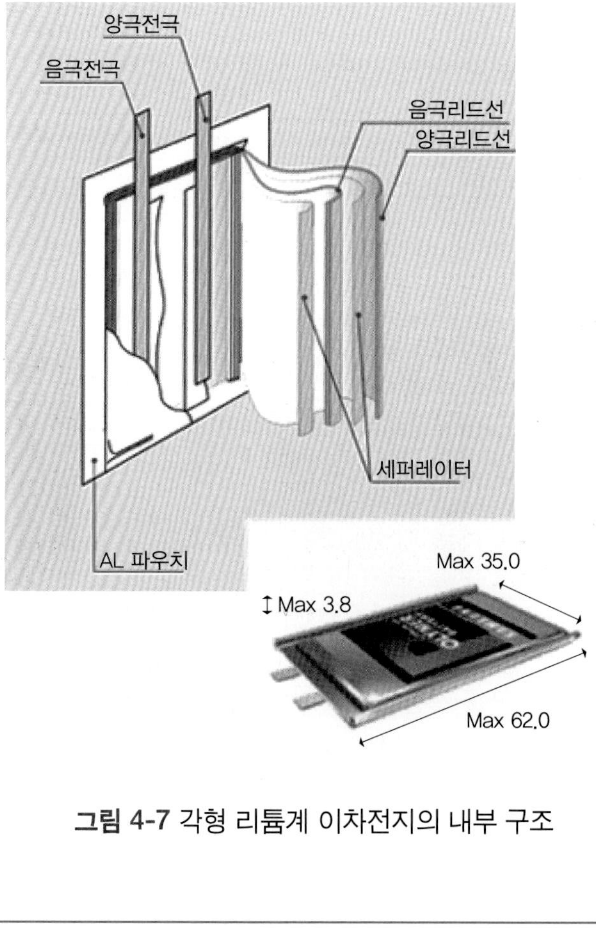

그림 4-7 각형 리튬계 이차전지의 내부 구조

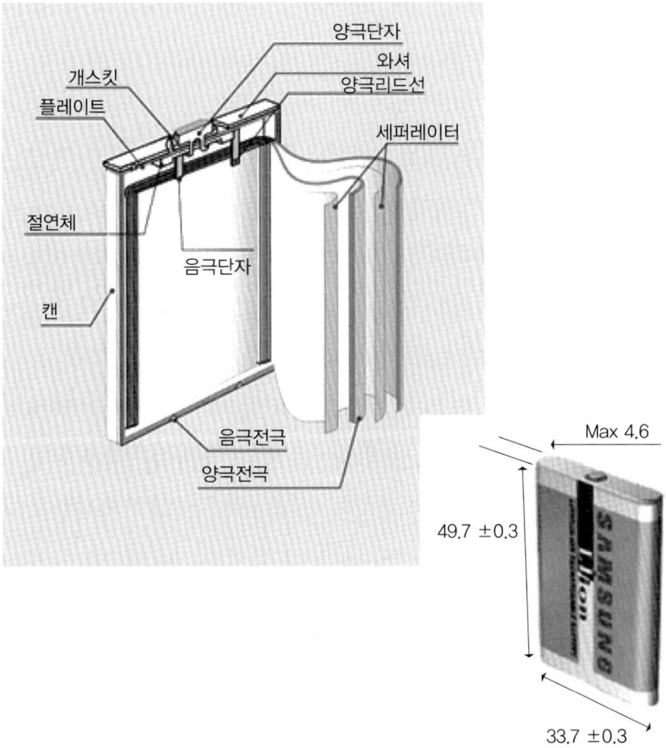

그림 4-8 파우치형 리튬계 이차전지의 내부 구조

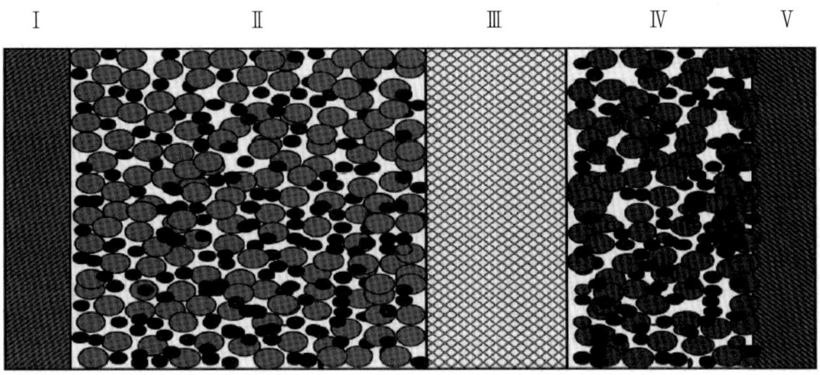

Ⅰ. Al 집전체 : Al current collector [12 ~ 20μm]
Ⅱ. 양극 극판 : Cathode Electrode [40 ~ 200μm]
Ⅲ. 분리막 : Separator [16 ~ 25μm]
Ⅳ. 음극 극판 : Anode Electrode [30 ~ 150μm]
Ⅴ. Cu 집전체 : Cu current collector [8 ~ 15μm]

그림 4-9 리튬이온전지의 극판 구성도

리튬계 이차전지의 충방전 원리를 양극 활물질로 $LiCoO_2$, 음극 활물질로 흑연을 사용하는 현 리튬이온 전지를 예로 살펴보면 **그림 4-10**에 나타낸 것과 같다.

전지는 전지 제조 후 열역학적으로 안정한 방전된 상태이며 외부에서 전기에너지를 공급하여 충전을 하게 되면 양극에서 산화반응이 일어나 전자는 도선을 통해 음극으로 이동하고 이때 생성된 리튬이온은 전해액 및 분리막을 통과하여 반대편 음극으로 이동하여 음극에서 환원반응이 일어남으로써 화학에너지로 저장되어 열역학적으로 자발적인 반응이 일어날 수 있는 상태가 된다. 이때 외부에 부하를 가하게 되면 자발적 반응에 의해 충전할 때와 반대 방향인 역반응이 발생함으로써 화학에너지가 전기에너지로 변환되어 에너지를 얻게 된다.

현재 리튬이온 전지의 경우 정상적인 환경에서 사용하면 문제가 없지만 외부 충격으로 인한 전지 단락 및 비정상적인 과충전 등과 같은 특수한 상황에서 전지 온도가 상승하게 되면 발화점과 인화점이 비교적 낮은 유기용매 및 반응성이 아주 높은 석출된 리튬 금속 등으로 인해 급격한 온도 및 내압상승으로 위험한 상황이 발생할 가능성이 있다. 이러한 상황을 방지하기 위해 충전기, 휴대기기, 전지 팩 내부 보

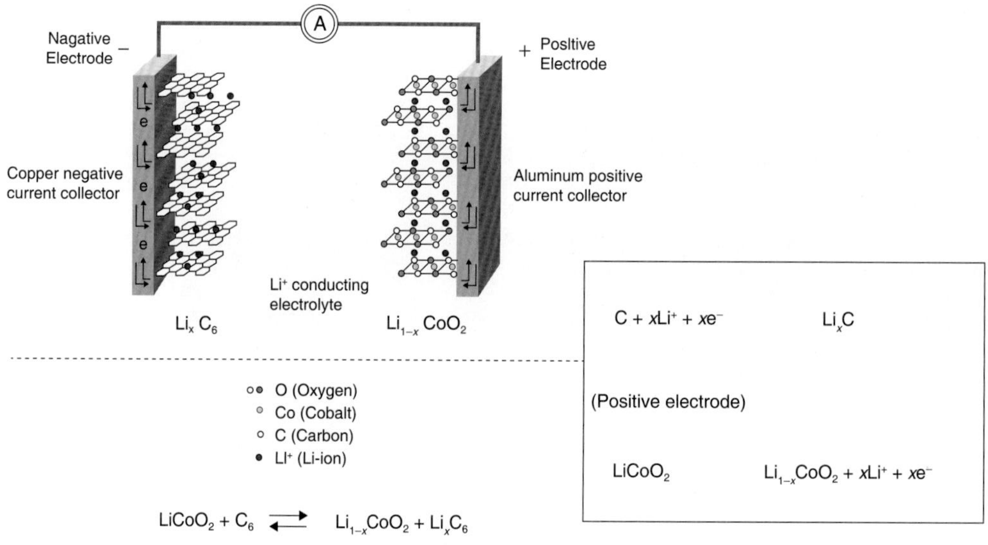

그림 4-10 리튬계 이차전지 충방전 반응 메커니즘 모식도

호 회로 및 전지 내부에 많은 안전장치를 두고 있고 제조 시 품질 검사를 엄격하게 실시한다면 안전사고가 발생할 확률은 거의 없다고 해도 과언이 아니다. 충전기와 휴대기기에는 자체적으로 과전류가 흐르면 전류를 차단하는 장치가 있어 휴대기기를 보호할 수 있도록 설계되어있고, 보호 회로는 **그림** 4-11에 나타낸 바와 같이 전지의 온도, 전압 및 전류를 검출하여 과충전, 과방전, 과전류 및 온도 상승 시 전류를 차단하여 전지를 보호하고 성능이 저하되는 것을 막도록 설계되어 있으며, 과충전 검출 보호 회로, 과방전 검출 보호 회로, 과전류 검출 보호 회로 및 온도 센서로 구성되어 있다.

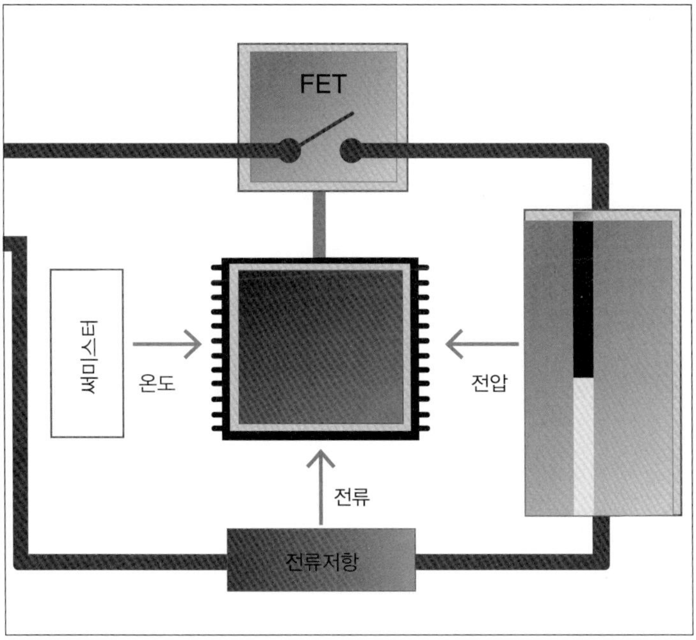

그림 4-11 보호 회로 모식도

리튬이차전지 내부에는 PTC(Positive Temperature Coefficient) 소자 및 안전변(Safety Vent)이 있어 전지 온도 및 내압 상승 시 작동하여 전류를 차단하고 내부 가스를 바깥으로 배출해 줌으로써 전지를 안전하게 보호해 주는 역할을 한다. 이 때, PTC는 일정 온도에 이상에서 저항이 급격히 증가하여 전류를 차단하고 안전변은 알루미늄 디스크로 되어있어 내압 상승 시 반대 방향으로 튀어 올라 전류를 차단시켜 주는 원리로 작동하고 있다. 이외에도 분리막을 다공성 폴리올레핀계 고분자막을 사용하여 전지내부 온도가 녹는점 근처에서 용융하여 기공을 막으로써 리튬이온의 흐름을 차단하여 더 이상의 반응을 억제하거나 전해액에 소량의 유기물을 첨가하여 과충전 및 과방전 반응을 억제할 수 있는 기술들이 개발되어 제품에 적용되고 있다. 이와 같이 안전장치가 많으면 안전성은 더욱 향상되지만 그만큼 전지의 가격을 상승시키는 요인이 되고 있어서 최근에는 열안전성이 우수한 전극소재, 난연성 전해액 및 과충전/과방전 방지제와 같은 기능성 전해액 첨가제 소재에 대한 기술 개발을 통해 보호 회로가 없이도 안전한 전지가 개발되고 있으며, 궁극적으로는 전지를 완전 고체화함으로써 완벽한 안전성 특성을 갖는 전지에 대한 연구도 꾸준히 계속되고 있다. **그림** 4-12에는 리튬이차전지의 제조 공정도를 나타내었다.

리튬이차전지의 특성 및 발전 방향을 살펴보면, 이차전지는 화학에

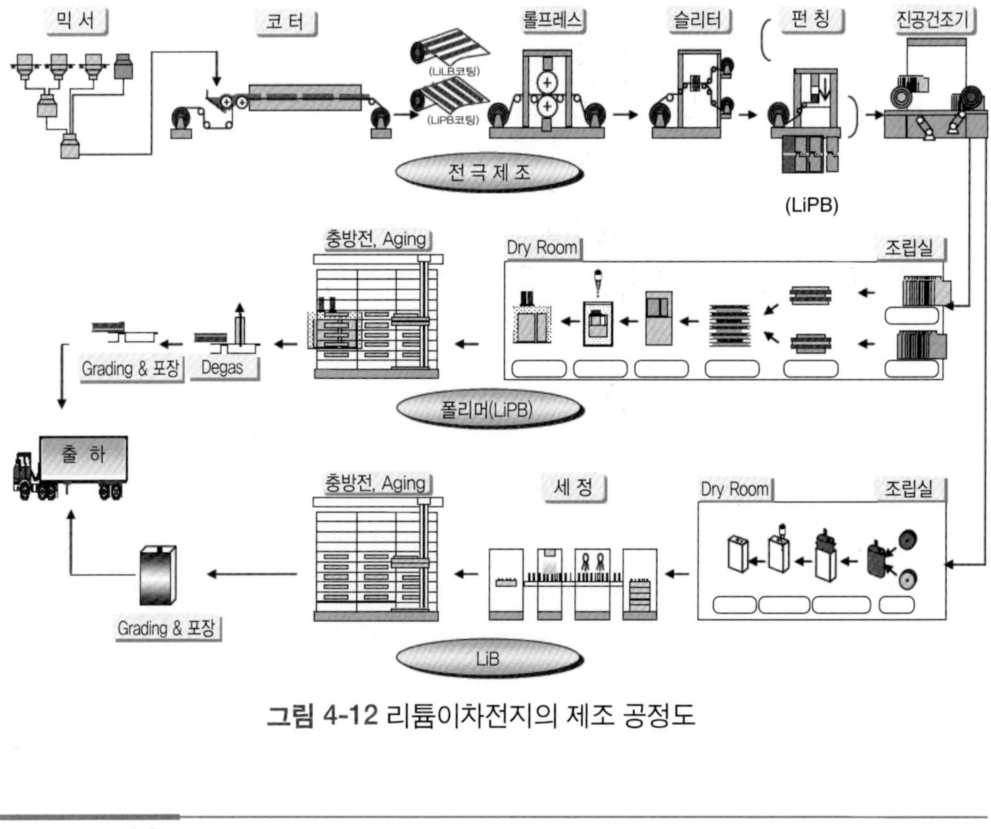

그림 4-12 리튬이차전지의 제조 공정도

너지와 전기에너지간의 상호 변환이 가역적이어서 충전과 방전을 반복할 수 있는 전지를 의미하며, 납축전지, 니켈카드뮴전지, 니켈수소전지, 리튬이온전지, 리튬이온폴리머전지 등이 현재 사용되고 있고, 표 4-1에 이차전지의 종류와 특성을 비교하여 나타내었다.

표 4-1 이차전지의 종류와 특성 비교

<table>
<tr><th colspan="2"></th><th>납축전기</th><th>NiCd
전지</th><th>NiH
전지</th><th>Li이온
전지</th><th>Li이온
폴리머전지</th></tr>
<tr><td rowspan="3">주요
재료</td><td>양극</td><td>PbO_2</td><td colspan="2">NiOOH</td><td>Li(Oxide)</td><td rowspan="4">전해질을 고
분자
물질로 대체</td></tr>
<tr><td>음극</td><td>Pb</td><td>Cd</td><td>MH</td><td>Carbon</td></tr>
<tr><td>전해질</td><td>H_2SO_4
(수용액)</td><td colspan="2">KOH
(수용액)</td><td>Li-salt
(유기용액)</td></tr>
<tr><td colspan="2">전압</td><td>1.9V</td><td colspan="2">1.2V</td><td>3.6V</td></tr>
</table>

리튬이차전지는 모바일 IT와 미래형 자동차 분야의 용도에 가장 최적의 특성을 갖고 있다. 이러한 리튬이차전지가 상기 두 분야에 적합한 까닭은 특정 SOC (State of Charge: 충전 심도 혹은 충전 상태)의 범위에서 간헐적이고도 반복적인 충전에도 성능 감소 없이 사용할 수 있기 때문에 21세기형 전지로 적합한 것으로 평가되고 있다. 21세기로 접어들면서 리튬이차전지가 다양한 용도로 응용 가능성이 제시되면서 성능 즉, 초고용량, 고출력을 비롯하여 최근 리튬이차전지의 발화, 폭발 등 잇따른 안전사고로 인한 휴대기기에 적용되는 리튬이차전지의 안전성 등에 대한 중요성이 최근 이슈화되어 부각되고 있으며, 친환경 자동차에 대한 관심이 고조되면서 전기자동차용 중대형 리튬이차전지기술 및 시장을 선점하기 위한 각국 간의 경쟁이 매우 치열하다.

우선, 초고용량 이라는 측면에서 기존의 리튬이차전지에 비해 용량적인 측면의 획기적인 개선이 이루어지도록 구현한 이차전지 기술을 말하는데, 초고용량이 구현되기 위해서는 근원적으로 양극과 음극의 활물질이 개선되어야 가능한 기술로 여기서 초고용량의 의미는 전지

용량이 크다는 것과 에너지 밀도가 크다는 의미를 모두 내포하며, 양극과 음극 활물질은 용량 (mAh/g 혹은 mAh/cc로 표현되는 값)이 크거나, 짝을 구성했을 때 가용한 전압대가 넓거나 높아서 에너지가 높아지는 방향으로 구현되어야 한다. 물론 초고용량 제품을 구현할 때, 전지의 안전성 등을 확보하기 위해서는 활물질 이외의 기타 전지 구성 소재 및 부품을 이에 적합하도록 변경해야 한다. **그림** 4-13은 이차전지의 에너지밀도를 표시한 것이다.

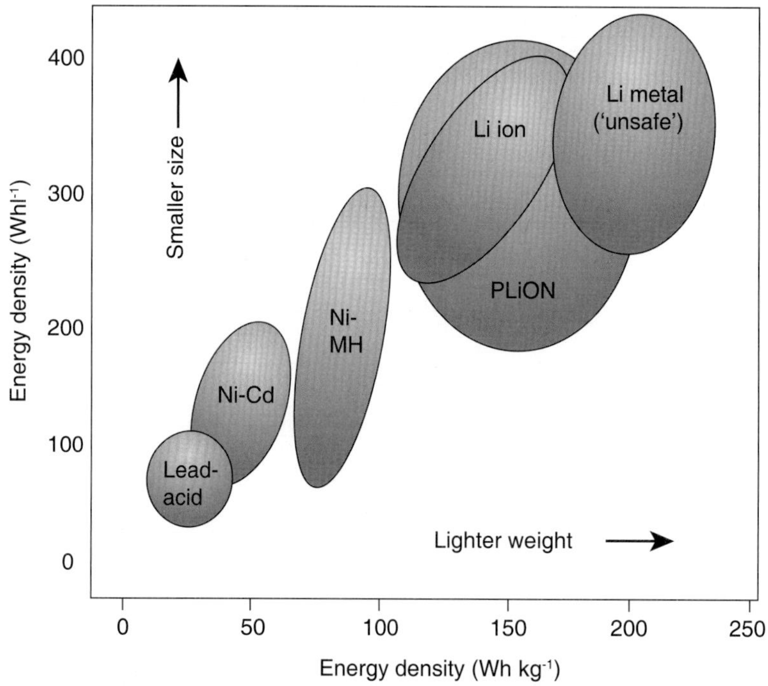

그림 4-13 이차전지의 에너지밀도

고출력은 미래형 자동차 중에서 전기자동차, 하이브리드카와 연료전지 자동차에 사용될 수 있는 전지가 가져야 할 성능을 지칭하는 것으로써, 고출력 전지를 구현하기 위해서는 단순히 용량뿐 아니라, 소형 이차전지 이상의 안전성이 확보될 수 있는 소재가 사용되어야 하며, 고출력 사용 환경(충전 및 방전)에서 성능의 열화가 없고 일정 수준 이상의 신뢰성이 확보될 수 있는 소재가 사용되어야 한다. 이러한 성능적인 측면에서의 보장을 위하여 **그림** 4-14와 같이 소재뿐 아니라 전지 구성 부품, 그리고 전지 자체의 디자인 등을 통하여 구현될 수 있는 기술이기도 하다.

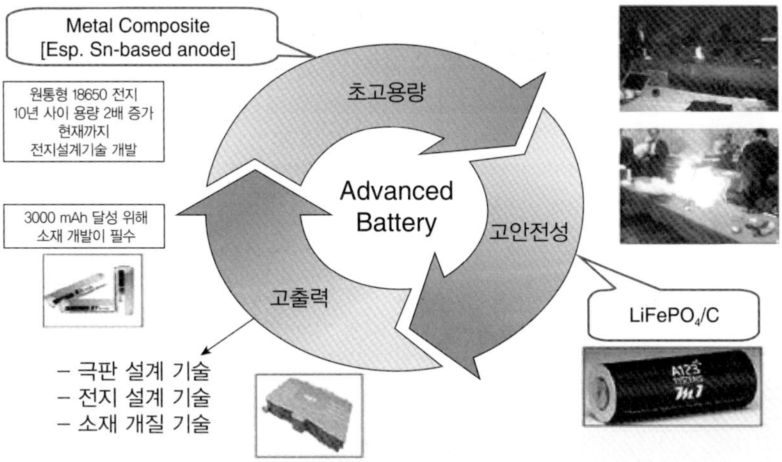

그림 4-14 리튬이차전지의 요구 특성

초소형이라는 측면의 접근은 다양성이라는 측면에서 바라볼 수 있는데, 이런 측면에서 초고용량 및 고출력은 전지 성능의 고도화가 달성된 것이라 할 수 있다. 표 4-2에 리튬이차전지의 특성에 따른 최근 이슈를 정리하였다.

표 4-2 리튬이차전지의 특성에 따른 최근 이슈

특 성	요구 조건
고용량화	최근의 디지털 휴대기기들(컬러 디스플레이, 카메라 등)과 차세대 무선통신기기들의 새롭고 다양한 기능의 채용으로 인하여 현재보다 높은 전력량이 요구됨.
고출력화	전동 공구 로봇용 청소기 및 전기자전거, HEV(Hybrid Electric Vehicle) 등 고출력용 이차전지 시장으로 그 범위가 점차 확대되는 추세임.
고안전성	유기용매의 사용과 높은 작동전압으로 인한 발화의 위험을 막기 위해 안전장치 및 양/음극재 및 분리막, 전해액 등의 새로운 재료의 개발이 요구됨.

이차전지는 다양한 분야에 적용가능하며, 소형가전기기를 비롯하여 개인용 휴대기기, 나아가 자동차 등 중대형기기 분야에까지 다양하다. 최근 미국의 에너지성(DOE)에 의해 완료된 차세대 전지 기술 로드맵에 의하면, 표 4-3과 같이 양극 소재, 음극 소재별 에너지밀도 및 가격 목표가 제시되어 기술 개발이 이루어지고 있다.

표 4-3 차세대전지의 기술 로드맵

<table>
<tr><th>년 도</th><th>양극재</th><th>음극재</th><th>에너지밀도
(Wh/Kg)</th><th>부피
(%)</th><th>가격
($/KWh)</th></tr>
<tr><td>2010</td><td>기존 양극재</td><td>기존 음극재</td><td>150(실제)
400(이론치)</td><td>100</td><td rowspan="2">300
(2014)</td></tr>
<tr><td>2015</td><td>고전압 양극재</td><td>기존 음극재</td><td>560</td><td>50</td></tr>
<tr><td>2018</td><td>고전압 양극재</td><td>실리콘
음극재</td><td>880</td><td>30</td><td rowspan="3">100-150
(2020)</td></tr>
<tr><td rowspan="2">2020</td><td>고전압 양극재</td><td>리튬 음극재</td><td>990</td><td rowspan="2">10</td></tr>
<tr><td>공기</td><td>리튬 음극재</td><td>3,000</td></tr>
</table>

출처: 미국 DOE (2010년)

현재 중량별 에너지밀도가 약 130~180Wh/kg급인 제 1세대형 리튬 이차전지를 구성하는 4대 소재의 핵심 기술을 표 4-4에 나타내었다. 양극화물질은 주로 $LiCoO_2$와 $LiMn_2O_4$를 소재로 사용하며 열 처리와 분급 공정으로 만들어지고 있으며, 음극 활물질은 천연흑연, 인조흑연을 소재로 양극 활물질과 같은 공정을 사용한다. 온도제어 후처리 공정이 핵심 기술이다. 분리막은 폴리에틸렌(PE), 폴리프로필렌(PP)을 소재로 하고 있으며 박막화와 높은 기계적 물성, 저가화의 요구가 이루어지고 있다. 이를 위한 필요 핵심 기술인 박막화, 특성 균일화 기술이 요구된다.

표 4-4 이차전지 핵심 소재별 핵심 기술

분야	소재	공정	요구 사항	핵심 기술
양극 활물질	$LiCoO_2$ $LiMn_2O_4$ $Li(Ni\text{-}M\text{-}Co)O_2$ $LiFePO_4$	열처리, 분급	고용량화, 저가화, 안정성	고순도 합성 수율 증대
음극 활물질	천연흑연 인조흑연 LTO ($Li_4Ti_5O_4$)	열처리, 분급	고용량화, 저가화, 비탄소계	온도제어 후 처리 공정
분리막	PP, PE	성형	박막화, 높은 기계적 물성, 저가화	박막화 특성 균일화
전해액	용매(EC, DMC, EMC), Salt	합성	난연화, 내수분성, 저가화	수분 제어 첨가제 기술

이러한 제 1세대형 리튬 이차전지는 장거리 주행을 요구하는 전기자동차용으로는 부족한 용량 및 특성을 지니고 있기 때문에 산업계에서는 중량별 에너지 밀도가 약 200Wh/kg~300Wh/kg에 달하고 출력밀도, 안정성 및 경제성 있는 제 2세대형 리튬 이차전지를 2015~2020년 사이에 개발할 목표를 세워놓고 있다. 한편 전혀 새로운 개념의 전지로 중량별 에너지 밀도가 약 500Wh/kg인 신개념 전지를 2030년경에 개발될 것으로 보고 있으며, **그림** 4-15에 에너지밀도 달성 목표를 표기하였다.

이러한 목표를 달성하기 위해서는 양극활 물질에서는 코발트 원료의 사용을 피할 수 있는 소재 개발로 저가격화와 함께 고전위 소재 개발에 집중하고 있다. 예를 들면, 올리빈계 물질, 고용체, 불소화합물 등이 연구되고 있다. 반면에 음극 활물질에서는 SiO, SnO 및 MoO_2를 중심으로 좀 더 안정성 있는 소재 개발에 대한 탐구가 활발하다. 전해질 개발에서는 안정성과 함께 방전 전압을 높일 수 있는 이온성 용액 개발에 관심이 많다. 리튬이온전지 이 후의 고용량 전지는 액체 전해질을 포함하지 않는 고체전지를 포함하여 Li-금속전지, Li-S 전지 및

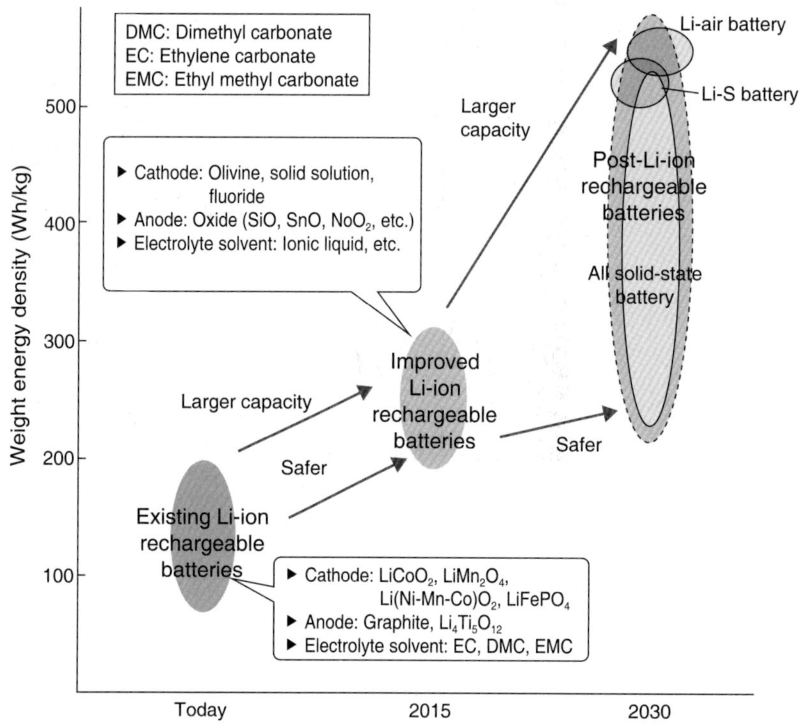

그림 4-15 리튬이온전지의 충방전 용량 년도별 달성 목표

Li-공기 전지를 포함하고 있다. 리튬이온전지용 소재에 대한 핵심 문제점 및 이를 해결하기 위한 연구 개발 방향을 **그림** 4-16에 정리하여 나타내었다. 리튬이온전지는 양극 활물질, 음극 활물질, 전해질, 분리막 및 기타소재로 구성되어 있으나, 전지를 설계할 때는 이들 소재의 특성을 조심스럽게 최적화시켜야만 한다. 예를 들어, 최고 성능의 양극 활물질과 최고 성능의 음극 활물질의 조합으로 최고 성능의 전지가 만들어 지지 않는 경우가 많기 때문이다. 또한 전해질과 전극활물질간 계면 반응에 따라 성능이 열화되기 때문에 전지를 구성하는 소재의 조합에 대한 최적화 문제는 개발 과정에서 항상 고려해야만 한다. 현재까지 이차전지가 요구되는 각종 전자제품 별 요구 성능에 폭넓게 적용될 수 있는 단일 소재는 없다.

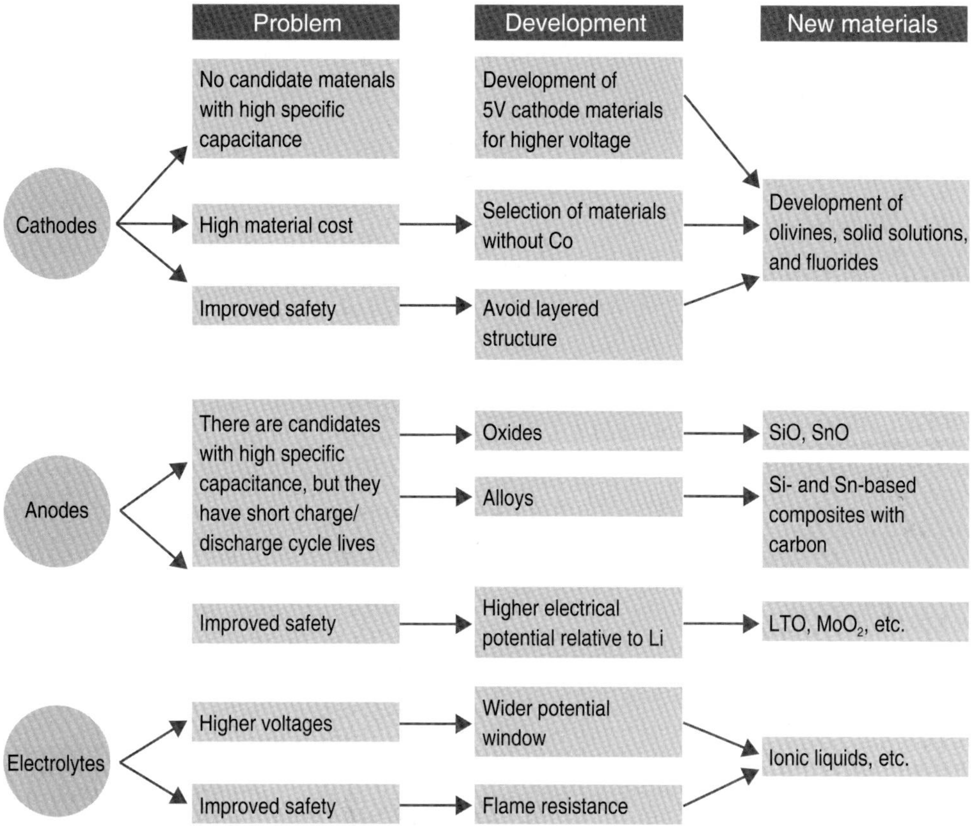

그림 4-16 리튬이온전지의 핵심 문제 및 연구 개발 방향

그림 4-17에 나타난 바와 같이, 양극 활물질은 취급이 어려운 황(Sulfur)이나 공기와 조합되지 않는 한 고용량의 활물질이 제한되어 있다.

반면에 음극 활물질 같은 경우는 Si, Sn 합금과 같이 고용량의 소재가 가능하다. 또한 양극 활물질과 음극 활물질의 전위 차이가 조합된 전지의 방전전압을 결정하기 때문에 새로운 특성의 소재개발 및 이들 소재간 조합으로 새로운 사업 기회를 창출할 수 있는 것이다.

리튬 이차전지를 구성하는 재료비 비중을 **그림** 4-18에 표시하였다. 현재 수준에서 양극 활물질의 재료비 비중이 30%가 넘기 때문에 코발트, 니켈, 망간 등의 비싼 원소의 사용을 줄이거나 대체하는 연구개발이 추진되고 있다.

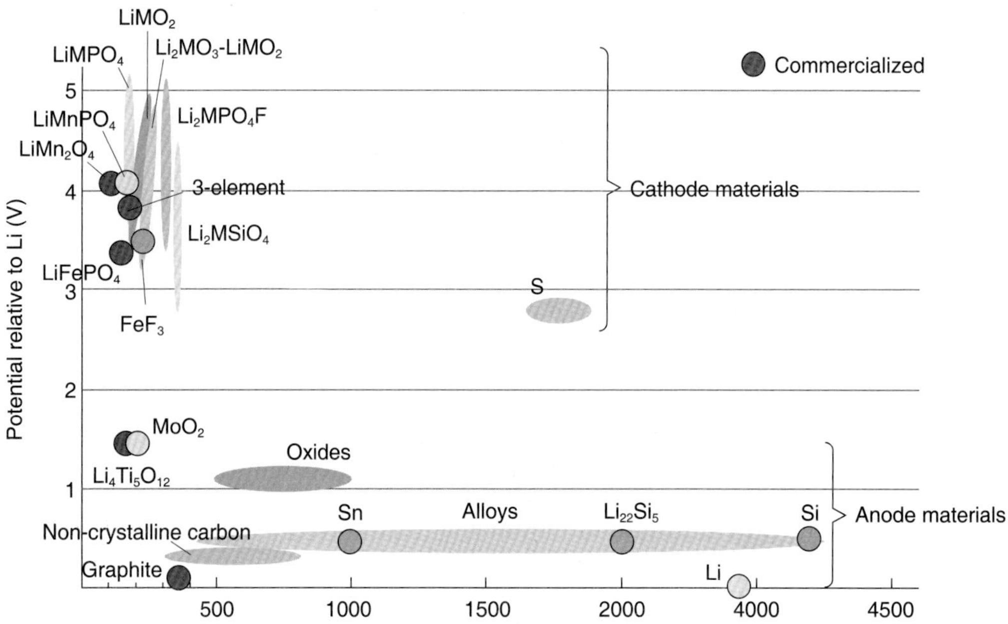

그림 4-17 양 · 음극 활물질의 전위 및 비용량

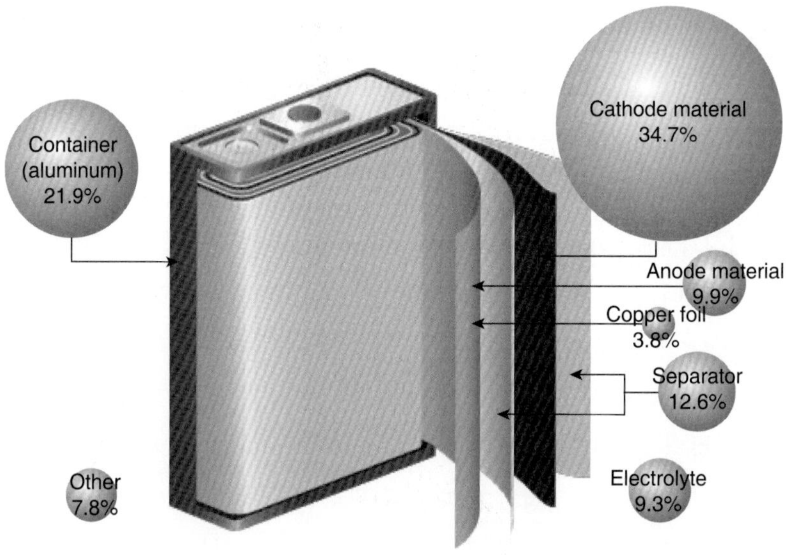

그림 4-18 리튬 이차전지를 구성하는 재료비 비중

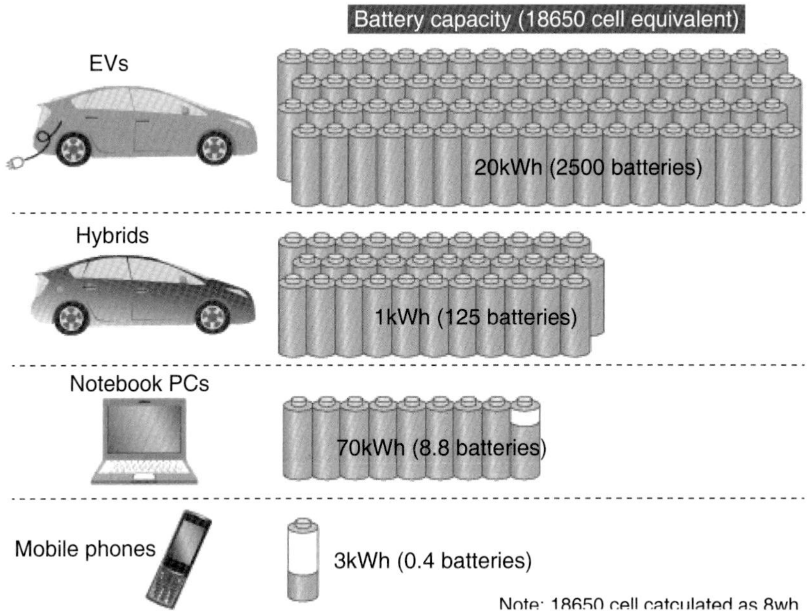

그림 4-20 전기자동차와 휴대전화용 리튬이온전지의 용량 비교

최근 전기자동차의 개발과 생산의 확대에 따라 리튬이차전지 산업은 새로운 기회를 맞고 있다. 즉, 기존의 휴대전화용 전지와 달리 대용량의 전지 수요가 발생하였다. 따라서 리튬이차전지 산업은 기존의 휴대전화용 전지 시장에서 대규모의 전기자동차용 전지 시장으로 이전되어 가고 있다. 전기자동차용 리튬이차전지의 용량은 휴대전화용 전지보다 월등하게 크다. **그림** 4-20에 나타난 바와 같이 휴대전화용 전지 용량은 2Wh~3Wh인데 하이브리드 자동차용은 1KWh 규모로 500배 크고, 전기자동차용은 21KWh로 10,000배의 용량을 필요로 한다.

4-2. 양극 활물질 소재

리튬 이차전지의 기본적인 구성도를 **그림** 4-21에 나타내었다. 이때 외부에 부하를 가하게 되면 자발적 반응에 의해 음극에서 환원반응이 일어나 전자는 도선을 통해 양극으로 이동하고 이때 생성된 리튬 이온은 전해액 및 분리막을 통과하여 반대편 양극으로 이동하여 양극에서 산화반응이 일어남으로써 화학에너지가 전기에너지로 변환되어 에너지를 얻게 된다.

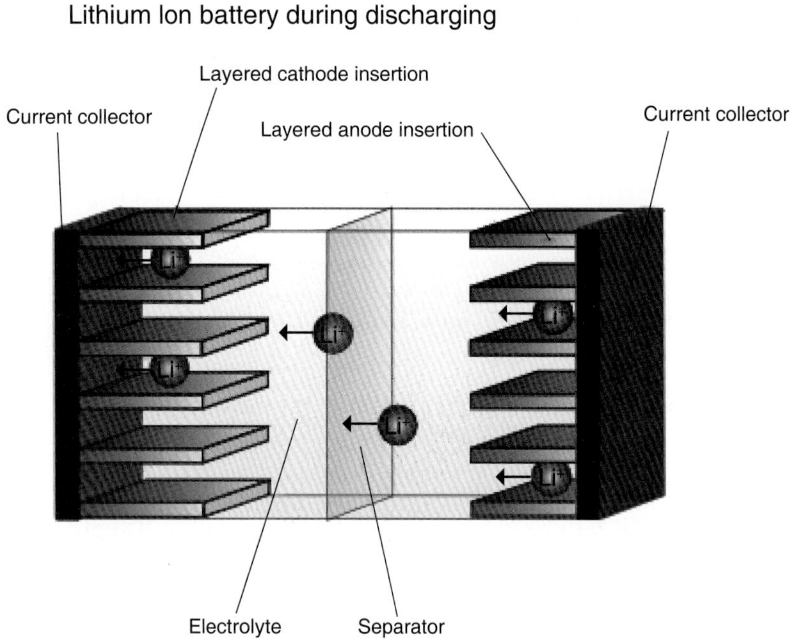

그림 4-21 방전시 리튬이온전지의 작동 원리

표 4-5에 보인 바와 같이 양극 소재 개발 동향은 Co, Ni, Mn, V 등의 금속산화물의 리튬합금이다. V 산화물이 우수하나, 경제성 문제로 군수용과 같은 특수한 경우에 활용되며, Co, Mn의 산화물은 내식성이 우수하며, Mn 산화물은 경제성 면에서 좋은 것임을 알 수 있다. 일반적으로 리튬전지의 양극 활성 물질의 주성분은 코발트산 리튬($LiCoO_2$)이나, 리튬이온전지의 개발 당시보다 현재 주류를 이루고 있는 것은, 코발트산 리튬 이 외에 닉켈산 리튬($LiNiO_2$)이나 망간산 리튬($LiMnO_4$)이 사용되고 있다. 닉켈계는 용량을 크게 할 수 있는 특징이 있으나, 방전 전압이 낮으며 안전성에도 문제가 남아있다. 망간계는 층상의 화합물과 스피넬형이 있으나, 스피넬형 망간산 리튬은 값

이 싸고 또 안전성이 높아 주목받고 있는 것으로, 일부는 상업화되어 있다. 그러나 용량도 적고 고온에서는 아직도 문제점이 있어 본격적으로는 보급되지 못하고 있다.

표 4-5 전지 형태에 다른 특징 및 연구 개발 동향

전지 구성			특징
양극 소재	전해질	음극 소재	
$LiCoO_2$	유기전해질	Carbon	고에너지밀도 및 전압, 내구성 향상을 위한 Co 산화물의 folding형 전극 개발
$LiMn_2O_4$	유기전해질	Carbon	고에너지밀도 및 전압을 유지하면서 고성능 graphite를 음극 소재로 개발
$LiNiO_2$	유기전해질	Carbon	고에너지밀도 및 전압을 유지하면서 고성능 graphite를 음극 소재로 개발
$LiCoO_2$	유기전해질	Carbon	고에너지밀도 및 전압을 유지하면서 고성능 graphite를 음극 소재로 개발
$LiMn_2O_4$	유기전해질	리튬/납 합금	높은 cycle life의 Li-Pb, carbon composit 음극
$(Li)V_xO_y$	유기전해질	리튬/납 합금	높은 cycle life의 Li-Pb, carbon composit 음극
$LiCoO_2$	고분자전해질	Carbon	신뢰성, 내구성 향상과 낮은 기방전율을 위한 고분자전해질
$LiCoO_2$	유기전해질	Carbon	음극 성능 향상용 고성능 탄소, 율속방전의 전극 구조 및 Co 산화물로 첨가에 의한 내구성 향상
$LiNiO_2$	유기전해질	Carbon	균일한 저가 Ni 산화물 결정에 의한 고에너지밀도
$LiMn_2O_4$	유기전해질	리튬금속합금 + Carbon	에너지밀도를 높이기 위한 리튬합금 전극과 cycle life를 높이기 위한 탄소 첨가
$LiMn_2O_4$	유기전해질	리튬금속	고에너지밀도용 리튬금속 음극과 nano 크기의 양극 소재
$LiFePO_4$	유기전해질	Carbon	안전성, 싸이클 특성 우수, 저가격, 낮은 출력 특 성 향상을 위해 나노화, 이종 원소 도핑 및 도전성 향상

최근에는 올리빈계 소재인 $LiFePO_4$가 안전성 및 싸이클 특성이 우수하고 저가격으로 제조할 수 있어 연구 개발이 활발하나, 낮은 출력

특성의 문제점을 해결하기 위하여 1차 입자의 미세화와 함께 이종원소의 도핑과 카본 또는 금속 코팅을 통한 도전성을 향상시켜 출력 특성 개선을 꾀하고 있다. 작동원인 리튬은 양극 활물질에서 공급되기 때문에 리튬 이차전지에서의 양극 활물질의 고전압화는 **그림** 4-22처럼 리튬 이차전지용 활물질의 화학 조성과 밀접하게 비례하게 된다.

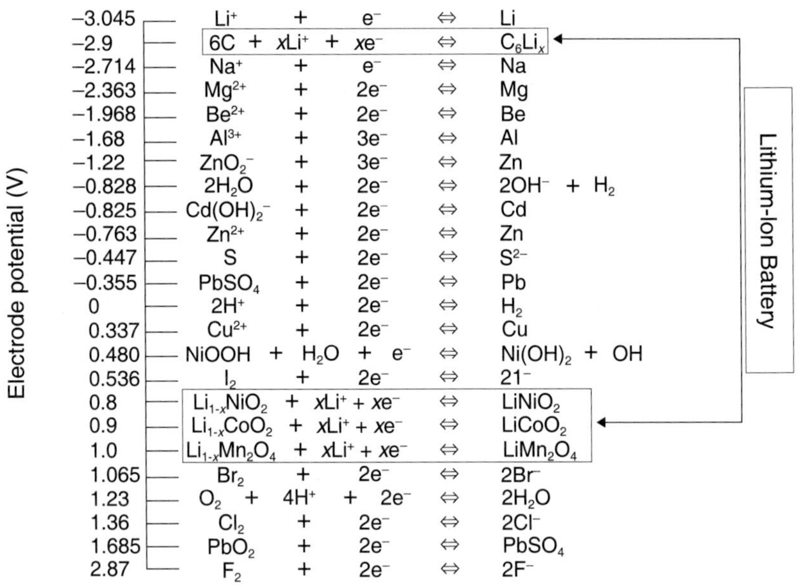

그림 4-22 양극 활물질별 방전 전위

전극 활물질의 제조 방법으로는 1992년 일본 Sony사가 양극으로 $LiCoO_2$를 채택하여 사용한 이후 다양한 종류의 대체 재료들이 연구되어 왔다. $LiCoO_2$의 합성법은 모두 고상법으로 이루어지고 있는데 이 방법은 각 구성 원소의 탄산염 또는 수산화물을 원료로 하여 이들의 분말을 혼합 · 소성하는 과정을 수차례 걸쳐서 제조한다. 이 방법의 단점은 혼합 시 볼밀로부터 불순물의 유입이 많으며 불균일 반응이 발생하기 쉬워 균일한 상을 얻기 어렵고, 균일한 입도 분포 및 구형의 분말을 얻기에 적합하지 않으며 성분 제어가 용이하지 않아 전극 제조 공정의 균일성을 확보하기에 쉽지 않으며 제조된 전지의 제품 편차 발생의 주요 원인이 됨. 또한 습식 공정에 비해 다성

분계 전극 소재를 생산하기에 적합하지 않아 전지 고성능화에 한계가 있다. 고상법 이외에 공침법, 수열합성법, 솔-젤법, Sputtering이나 CVD (chemical vapor deposition) 등과 같은 방법들이 개발되어 왔으며, 최근 들어 Electrostatic Spray deposition (ESD) 기술이 전극 활물질의 박막제조에 적용되고 있다. ESD method는 가열시킨 전극 substrate 위에 활물질을 합성하기 위하여 전구용액 (precursor solution)을 뿜어주는 노즐과 기판사이에 강한 전기장을 걸어주고, 이때 생성된 전구용액의 미세한 aerosol을 이용하여 균일하고 조밀한 활물질 film을 증착시키는 방법이다. 이러한 ESD 기술은 기존의 박막제조 방법에 비하여 저가의 비용으로 간단한 장치의 설계가 가능하고, 증착의 효율이 높으며, 전극활물질의 합성과 표면 형상의 제어가 용이하다는 등의 장점들을 가지고 있다.

리튬이차전지의 양극 재료로 사용할 수 있는 물질들은 다음의 조건들을 만족시켜야 한다.

1) 리튬이온과의 가역적인 전기화학반응을 가져야 한다.
2) 전해질에 대해 화학적으로 안정성을 가져야 한다.
3) 충전과 방전시 부피의 변화가 크지 않아야 한다.
4) 빠른 충 · 방전속도와 리튬에 대한 환원전위가 충분히 높아야 한다.

최근의 연구 동향은 고전압과 에너지밀도가 높은 특성이 있고, 황화물에 비해 상대적으로 취급이 용이한 점 등의 이유로 주로 전이 금속 산화물이 양극으로 사용되고 있다. 양극의 이론 용량은 음극의 1/10 수준도 안되므로 현재까지의 전지는 모두 양극에 의해 전지의 용량이 결정되고 있다. 전원으로서의 전지는 전자기기의 경량화, 소형화가 가속화되면서 무게보다 전지의 부피가 더 중요한 요소로 작용하게 되었기 때문에 밀도가 큰 재료를 사용하여 전지의 부피를 줄이는 노력이 진행 중이다. 리튬이차전지에 사용되는 양극 재료는 전해질에 대해 화학적으로 안정성을 가져야 하며 충 · 방전시 가역적인 특성이 좋아야 한다. 또 높은 에너지 밀도를 가지면서도 충전과 방전시 부피의 변화가 크지 않아야 한다. 이 같은 조건을 만족하는 것은 주로 전이 금속 산화물로 Li_xCoO_2, Li_xNiO_2, $Li_xMn_2O_4$, $LiNi_xCo_xO_2$ 등이 있으며, 모두 산소이온이 ccp (cubic close packing)를 이루고 있다.

리튬이온전지의 양극 활물질인 Li_xCoO_2, Li_xNiO_2, $Li_xMn_2O_4$ 등이 탄소음극과 조합하여 전지를 구성하였을 때 약 3.6~3.8V의 방전 전압을 보인다. 이와 같은 양극 재료에서 리튬이온의 가역적인 층간 삽입 및 방출 범위가 국한되어 있기 때문에 사용 가능한 용량은 이론 용량에 훨씬 못미친다. 즉, Li_xCoO_2의 경우는 x = 0.0~0.5, Li_xNiO_2의 경우 x = 0.0~0.7, $Li_xMn_2O_4$의 경우 x = 0.0~1.0의 범위에서만 가역적인 전극 반응이 가능하다. 이와 같은 가역 범위에 한계가 있는 이유는 리튬이온의 층간 삽입 및 방출과 동시에 전이 금속의 산화수가 변함에 따라 이온 반경이 변하게 되는데, 이러한 전이 금속 이온 반경의 증가나 감소는 산화물의 뼈대를 이루고 있는 산소 격자의 탄성한계 범위 내에서 변화할 때만 가역적인 전극 반응이 가능하다. 즉, 이 탄성한계를 넘어서게 되면 산화물의 결정이 파괴되면서 새로운 안정한 상으로 전이된다. 이러한 충 · 방전에 따른 결정의 파괴는 금속 이온 자리의 격자 결함에 기인하기도 하므로 격자 결함이 없고 금속 이온들 간의 자리바꿈(cation mixing)이 없는 결정구조를 갖는 것도 중요한 사항이다. $LiCoO_2$는 **그림** 4-23같이 층상구조를 가지며 R3m 군에 속하는 결정구조의 물질로 큰 Li-cation 층과 작은 Co-anion 층으로 구성되어 두 개의 층이 교대로 있는 열린 구조(open structure)로, 이 구조를 통해 리튬이온이 가역적으로 출입을 할 수가 있다. 이론용량은 274mAh/g이지만, 리튬이온이 약 0.5 Li+/mol 이상 추출되었을 경우에는 구조적 제한 때문에 가역적인 리튬의 층간 삽입/추출된 양이 적어서 실제 용량은 140mAh/g 정도를 나타내며 우수한 충 · 방전 가역성을 지니고 있다. 이론 에너지밀도는 1,070 wh/kg이며 평균 작동전압은 3.9V의 비교적 높은 값을 가지는 우수한 전기화학적 특성을 지녔다. $LiCoO_2$를 양극재료로 사용할 경우 비교적 평탄한 충전곡선을 가지며, 전도도가 크므로 (실온에서 10^{-2}~1 S/㎝) 도전재인 탄소의 함량이 적어도 되고, 고용량, 고에너지밀도, 뛰어난 충 · 방전 가역성 등의 특성을 가지고 있다. 가장 기초적인 분말 제조법인 고상반응법만으로도 충분히 뛰어난 특성의 양극 재료용 $LiCoO_2$를 제조할 수 있었으므로 1세대 리튬이온전지 개발 초반에 가장 많은 연구가 이루어진 물질이다.

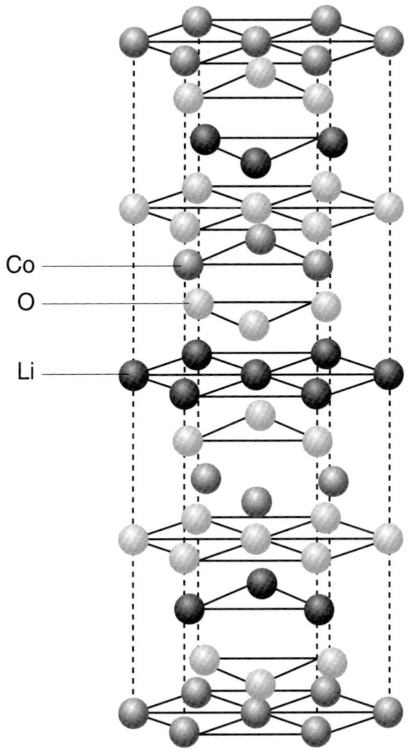

그림 4-23 층상 $LiMO_2$ (M=Co, Ni 등)의 결정구조

$LiNiO_2$는 $LiCoO_2$와 같은 결정구조를 가지며 거의 같은 이론 용량을 갖지만 실제 용량이 190mAh/g 이상으로 높은 용량을 보여주고 있다. 뿐만 아니라 작동 전압이 3.5V 정도로 적절한 영역을 가지고 있어 다양한 전해질의 선택이 가능하고 Co에 비해 한계 매장량이 크며 가격도 저렴한 장점을 가지고 있다. 일본 Fuji Chemical사는 단분산 구형의 $LiNiO_2$계를 분무 열분해법으로 개발 중에 있다. 분무열분해법을 이용하여 분말을 제조할 때에는 소결 시 중공구조 (Hollow structure)

가 자주 발견된다. 이런 중공의 생성에 가장 큰 영향을 주는 실험변수는 사용되는 원료염의 용해도와 열분해 특성이며, 원료물질로 무기염을 사용한 경우는 거의가 중공 구조를 가지나 알콕사이드 혹은 염화물의 일부로부터 제조된 분말은 중공이 없는 내부 구조를 가지는 것으로 보고되고 있다. 또한 원료 용액의 농도, 반응온도, 수송 가스의 유량, 용매의 종류 등이 생성 분말의 모양, 크기, 입도분포, 구형 2차 입자의 내부구조 등에 영향을 미친다. 그러나 초기 $LiNiO_2$의 연구에서 알려진 바와 같이 구조의 불안정성이 크기 때문에 리튬의 휘발이 발생하여 과전압이 크고, 방전 용량이 불충분하게 나타나는 단점이 제기되었으며 이러한 이유로 $LiNiO_2$는 제조가 어렵다는 단점이 있다. 또한 $LiCoO_2$의 단점으로 제기되고 있는 열적안정성이 낮다는 것은 같은 결정구조를 가지는 $LiNiO_2$에도 그대로 적용된다. 이러한 열적 안정성의 낮음은 다양한 보호 회로를 요구하며 이로 인한 비용의 증대를 초래하고 있다.

전술한 바와 같이 $LiCoO_2$는 전극 특성은 우수하나 원재료의 가격이 비싸고 $LiNiO_2$는 재료의 합성에 어려움이 있다. 이러한 단점을 극복하기 위해서 상술한 두 가지 산화물에 제2의 전이 금속이온을 도핑(doping)한 고용체 재료들이 새롭게 등장했다. $LiMM'O_2$ (MM' = Co, Mn, Ni, Cr, V, Fe, W, Ta, Ti, Nb, etc)중에서 가장 잘 알려져 있는 재료는 $LiNi_{0.5}Co_{0.5}O_2$ (space group=R 3m, a=284 Å, c=145 Å)로서 Co와 Ni의 장점을 취합하여 $LiCoO_2$의 가격 문제와 $LiNiO_2$ 합성 조건의 문제를 동시에 해결한 재료로 부각되고 있다. 이 물질은 위의 두 물질과 같이 층상 구조를 가지며 $LiNiO_2$보다 합성하기가 쉽고 작동 전압이 낮아 전해질의 분해를 최소화할 수 있다는 장점이 있다. $LiCoO_2$나 $LiNiO_2$와는 달리, 충전 시 기울기를 가지는 직선형의 충전 곡선을 보이는 것으로 보아 상변이가 없는 단일상에 의한 충전이 일어나는 것으로 알려져 있다. $LiCo_xNi_{1-x}O_2$ 화합물 중 x = 0.5 일 때 가장 낮은 작동 전압을 보이며, x 값에 따라 전기화학적 성질뿐만 아니라 전지의 성능에도 차이가 있다.

$LiCoO_2$ 대체 재료로 지금까지 연구되어 온 재료로는 $LiNiO_2$,

$LiCo_xNi_{1-x}O_2$, $LiMn_2O_4$ 등의 전이 금속 산화물 등이며, $LiNiO_2$의 경우 $LiCoO_2$와 같은 층상암염구조(R3m)를 가지면서 cobalt에 비해 가격이 저렴하고 독성이 적은 장점이 있다. 그러나 니켈의 작은 이온 반경과 혼합 원자가 상태의 유동성 등으로 구조내의 결점(defect), structural disorder 및 양이온 혼합(cation mixing)에 의한 이유로 재료 합성에 어려움이 있고, 또한 열적 불안정성이 있다. 이에 반해 기본 물질로의 망간을 사용하는 스피넬 구조와 층상 구조의 망간산화물에 대한 연구가 활발히 진행 중에 있다. 기본 물질로의 망간의 사용은 다른 금속재료에 비해 값이 저렴하고 우수한 열적 안전성을 갖는 장점을 지니고 있다. 또한 망간산화물은 일차전지 재료로 오랜 세월 사용된 실적이 있고 인체에 대한 독성이 작기 때문에 환경적 측면에서도 장점을 가지고 있기 때문에 활발하게 연구되어 왔다. 스피넬 구조를 갖는 $LiMn_2O_4$는 다른 재료에 비해 값이 저렴하고, 합성이 쉬우며, 우수한 열적 안정성을 갖는 장점을 지니고 있다. 그러나, 사용 용량이 110-120mAh/g(이론 용량이 148mAh/g) 정도로 다른 산화물에 비해서 작고, 3차원 터널 구조를 갖기 때문에 리튬이온의 삽입 · 탈리 시 확산 저항이 커서 확산 계수가 2차원 구조를 갖는 $LiCoO_2$와 $LiNiO_2$에 비해 낮으며, Jahn-Teller distortion 때문에 사이클에 따른 그 방전 특성이 좋지 않다. 특히, 55℃의 고온 특성이 $LiCoO_2$에 비해 열악하여 실제 전지에 널리 사용되지 못하고 있으나 일본 Moli energy사는 저가격을 앞세워 니켈-수소전지 시장에 사용하고 있다.

이러한 문제점을 극복하기 위하여 망간산화물로써 스피넬 구조를 가지는 5V급 양극 활물질에 대한 연구가 최근 진행되고 있다. 이 $LiM_xMn_{1.5-x}O_4$ 양극 재료는 일본 대학교들에서 주로 연구되고 있는데 700~900℃의 고온에서 소성하기 때문에 Mn의 산화수를 +4로 만들기가 어렵기 때문에 x의 최대값인 0.5까지 단일 고용상 합성이 불가능하다. 따라서 망간 재료가 갖는 장점인 저가격과 친환경적인 장점을 살리고 고용량 특성을 갖는 재료로 층상 구조의 이산화망간에 관한 연구가 진행되어 왔다. 층상 결정구조를 갖는 이산화망간은 Mn에 대해서 Li이 이론적으로 1당량 만큼 충 · 방전 될 수 있으므로 스피넬형 이산화망간에 비해서 대략 2배의 이론 용량(285mAh/g)을 갖고, 2차원적인 층간 공간을 통한 Li^+ 이온의 확산이므로 높은 전류 밀도를 낼 수 있는 전극 재료로 활용될 수 있을 것으로 기대된다.

층상 구조를 가지는 망간 산화물은 J. P. Parant 등에 의해 1971년 Na_xMnO_2 형태로 최초 제안된 이후, P. G. Bruce는 이온교환에 의해 $LiMnO_2$ 형태의 층상망간산화물로 1996년 Nature에 보고 된 이후, 코발트가 부분 도핑된 $Li(Mn_{1-y}Co_y)O_2$ 형태로 200mAh/g 이상의 고용량 특성을 보고하였다. 또한 최근 J.R. Dhan은 등에 의해 O2 구조의 $Li_{2/3}[Ni_{1/3}Mn_{2/3}]O_2$ 와 T2 구조의 $Li_{2/3}[Co_xNi_{1/3-x}Mn_{2/3}]O_2$, 활물질을 보고하고 있다. 그러나 이러한 합성법은 먼저 Na_xMnO_2을 합성한 후에 리튬이온교환법에 의해 Na을 Li으로 이온교환하여 합성하는 방법으로 제조 공정이 복잡하여 대량 생산에는 한계성을 보이고 있다. 이와 같은 문제점을 해결하기 위해 직접 합성법에 의한 층상망간 합성이 시도되고 있는데, 최근에는 J. R. Dhan 등에 의해 전이 금속 자리인 3a 자리에 리튬이 부분 치환된 리튬 과량형, $Li[Ni_xLi_{(1/3-2x/3)}Mn_{(2/3-x/3)}]O_2$ 형태의 양극 활물질을 “mixed hydroxide method"라는 공침 소결법을 이용하여 합성한 보고가 있다. 이러한 형태의 양극 활물질은 이온 교환이라는 공정을 제외시키면서 층상의 망간산화물을 합성할 수 있는 장점은 있지만, $M(OH)_2$ (M = Ni, Mn) 등의 침전물을 먼저 합성한 후에 이를 다시 리튬염과 반응시키는 공정으로 그 제조 과정이 복잡하다.

일본의 Ohzuku 교수는 $LiNiO_2$ 와 $LiMnO_2$가 1 : 1, $LiNiO_2$, $LiMnO_2$와 $LiCoO_2$가 1 : 1 : 1로 혼합된 소위 화학양론비적 층상계인 $Li[Ni_{1/2}Mn_{1/2}]O_2$와 $Li[Ni_{1/3}Co_{1/3}Mn_{1/3}]O_2$를 공침 소결법으로 제조하였다. 일본 전지 제조들은 이 재료가 $LiCoO_2$를 대체할 수 있는 재료로 기대하고 개발에 박차를 가하고 있다. $LiMn_2O_4$는 스피넬(spinel) 구조를 가지고 있으며, 가장 높은 작동 전압을 가지고 있다. AB_2O_4의 스피넬 구조에서는 O가 ccp 구조를 이루고, A 이온이 사면체 자리 (tetrahedral sites, 8a)에 있고 B 이온이 팔면체 자리 (octahedral sites, 16d)에 위치하게 된다. 이 구조에서는 8a 사면체 (tetrahedron)

와 16c 팔면체(octahedron)가 면을 공유하면서 3차원적인 통로를 형성하여 리튬이온이 이동할 수 있는 공간을 제공해 준다.

이 물질은 위에서 언급한 물질들에 비해 여러 가지 장점이 있다. 망간을 기본적인 전이 금속으로 사용하기 때문에 다른 양극 재료보다 가격이 싸며, 환경문제를 덜 유발시키고 합성하기가 용이할 뿐만 아니라, 일차전지에서 이미 망간을 사용하여 왔으므로 망간의 재사용(recycling)에 대해 많은 정보가 알려져 있다. 스피넬구조는 금속이온의 75%가 산소이온층사이에 교대로 위치하고, 나머지 25%의 이온이 또 다른 층에 존재하여 구조에 큰 결합에너지를 제공하여 주므로 Lithiation 도중 산소이온의 ccp 배열이 유지될 수 있다. 따라서, 4V 리튬전지의 양극 재료로 사용할 경우, Li 이온의 intercalation/deintercalation 도중 입방체를 유지하면서 등방성(anisotropic) 부피 변화를 하는 $LiCoO_2$나 $LiNiO_2$ 같은 층상 구조보다 더 안정하게 된다. $LiMn_2O_4$ 스피넬에서 망간의 평균 산화수가 3.5 이하가 되면 CFSE(crystal field stabilization energy)에 의해 팔면체 구조를 이루던 MnO_6가 z축 방향으로 팽창하여 정방 구조(tetragonal structure)로 전이하게 되는데 이를 Jahn-Teller distortion 이라한다. 이러한 상전이는 열역학적으로는 안정한 상을 만들지만 20%에 달하는 부피 팽창이 동반되기 때문에 양극 재료의 가역성을 저해시키는 요인으로 작용한다. 이 중 합성이 용이하고 전위 변화가 완만하며 전도성이 우수한 $LiCoO_2$가 리튬이차전지의 양극 재료로 주로 사용되고 있다. 표 4-6에는 대표적인 리튬 이차전지용 양극 활물질의 특성을 비교하였다.

가장 먼저 상용화에 성공한 양극 활물질인 $LiCoO_2$는 산소이온이 육방 밀집쌓기를 하고 이층의 위와 아래 틈새를 Co와 Li 이온이 점유하는 층상 구조를 가지고 있다. 이론 용량은 274mAh/g이지만 실제 중량당 용량은 140mAh/g 정도를 나타내며 우수한 충·방전 가역성을 지니고 있다. 이론 에너지밀도는 1070wh/kg이며, 평균 작동 전압은 3.9V의 비교적 높은 값을 가지는 우수한 전기화학적 특성을 지녔다. $LiNiO_2$의 경우 $LiCoO_2$와 같은 층상 구조를 가지며 약 180mAh/g의 고용량 특성을 가지나, Ni의 작은 이온 반경과 혼합 원자가 상태의 유동

표 4-6 리튬이차전지용 양극 활물질의 특성 비교

화학조성식 및 주 용 도	구조	이론용량 (실용량) (mAh/g)	작동전압 (V)	장점	단점
LCO : $LiCoO_2$ 중소형 모바일기기	층상	274 (155)	3.7	고전도성 합성 용이 상업화	고가 유해성
$LiNiO_2$	층상	275 (180)	3.7	고전도성 고용량 전해액 안정성	합성 곤란 구조 불안정
LMO : $LiMn_2O_4$ 중대형 전지/HEV	스피넬	148 (115)	3.8	저가 인체 무해 환경 친화적	저도전성 전해액 반응성
$LiNi_{0.5}Mn_{1.5}O_4$	스피넬	148 (130)	4.72	고전압 저가 열 안정성	저전도성 전해액 반응성 저용량
$LiMnO_2$	층상	275 (150)	3.3	고용량 저가 환경 친화적	합성 곤란 구조 불안정
NMC : $Li(Ni_{1/3}Mn_{1/3}Co_{1/3})O_2$ LCO 대체용	층상	285 (180)	3.7	고용량, 저가 LCO 대체용 열적 안정성	비교적 합성곤란
$Li(Ni_{1/2}Mn_{1/2})O_2$	층상	285 (180)	3.7	고용량, 저가 환경 친화적	합성 곤란 저도전성
LFP : $LiFePO_4$ 고출력, 고안정성전지 /PHEV	올리빈	170 (160)	3.45	저가 환경 친화적 열적 안정성	저전도성 합성 곤란 (N_2 Gas)

성 등으로 구조 내의 결점(defect), structural disorder 및 양이온 혼합(cation mixing)으로 인해 재료 합성에 어려움이 있고, 또한 열적 불안정성 때문에 상품화되지 못하고 있는 실정이다.

스피넬 구조를 갖는 $LiMn_2O_4$는 저가격이며 열적 특성이 우수한 재료이다. 그러나 이론 용량이 148mAh/g 정도로 다른 재료에 비해 작고, 3차원 터널 구조를 갖기 때문에 리튬 이온의 삽입 · 탈리 시 확산 저항이 커서 확산 계수가 2차원 구조를 갖는 층상 재료 ($LiCoO_2$, $LiNiO_2$, $Li[Ni_{1/3}Co_{1/3}Mn_{1/3}]O_2$, $Li[Ni_{1/2}Mn_{1/2}]O_2$)에 비해 낮으며, 얀-텔

러 효과(Jahn-Teller effect) 때문에 사이클 특성이 좋지 않다. 특히 55℃의 고온 특성이 $LiCoO_2$에 비해 열악하여 실제 전지에 널리 사용되지 못하고 있는 실정이다. 일본의 Moli-Energy사가 에너지 밀도가 낮은 전지에 적용하고 있으나, 낮은 에너지 밀도와 단수명 때문에 널리 상업화되지 못하고 있는 실정이다.

Layered Ni-Mn 복합계와 Ni-Mn-Co 복합계 양극 재료는 이러한 두 재료의 장점만을 충분히 살릴 수 있는 재료로써 최근 각광받는 대체 재료로는 $Li[Ni_{1/2}Mn_{1/2}]O_2$와 $Li[Ni_{1/3}Co_{1/3}Mn_{1/3}]O_2$를 들 수 있다. 층상계 화합물인 $Li[Ni_{1/3}Co_{1/3}Mn_{1/3}]O_2$와 $Li[Ni_{1/2}Mn_{1/2}]O_2$는 공침법으로 제조된 복합금속 수산화기를 원료로 하여 양극 활물질을 제조하며, 이 층상계 화합물 중의 Mn은 4+ 산화상태를 가져 전기화학반응에는 활성이 없으나 결정구조의 안정성에 기여하며, 전기화학적 활성은 Ni^{2+}에서 Ni^{4+}로, 그리고 Co^{3+}에서 Co^{4+}로의 산화반응에 의해 나타난다. 이 층상 구조 내에 존재하는 Mn은 4+ 상태로 고정되어 있으므로 기존의 Mn^{3+} 존재로 인한 얀-텔러가 발생치 않아 결정구조가 안정화 되어 용량이 감소하지 않는다. 그러나 이것은 이상적인 모델로서 제조 과정 중에 발생하는 불순물상으로 인한 Mn^{3+} 존재하여 반응활성 원동력인 Ni과 Co의 산화수를 증대시켜 성능을 감소시킬 뿐만 아니라 결정구조의 불안정성으로 스피넬로의 상전이를 유발시킨다. 따라서 화합물 중에 존재하는 Mn^{3+}를 최소화 하여야 하는데, 이는 수산화물 전구체 중의 Mn의 산화수와 밀접한 관련이 있다. Mn은 다양한 종류의 산화수를 가지며 주위 환경에 따라 산화수가 쉽게 변하기 때문에 여러 가지 종류의 불순물상을 생성한다. 따라서 수산화물 전구체 중의 Mn의 산화수를 2^+로 제어하는 기술이 공침법에서는 가장 중요한 기술이라고 할 수 있다. 여기서 가장 중요한 기술은 층상 구조를 갖는 $LiCoO_2$, $LiNiO_2$ 및 $LiMnO_2$를 1 : 1 (one-to-one)의 고용체를 만드는 것이다. 또한 미국 Argonne National Labortory의 Amine 박사 그룹 역시 다양한 종류의 층상 망간화합물을 공침법에 의해 개발 중에 있다.

층상 구조를 가지는 망간 산화물은 J. P. Parant 등에 의해 1971년

Na_xMnO_2 형태로 최초 제안된 이후, P. G. Bruce는 이온교환에 의해 $LiMnO_2$ 형태의 층상망간산화물로 1996년 Nature에 보고 된 이후, 코발트가 부분 도핑된 $Li(Mn_{1-y}Co_y)O_2$ 형태로 200mAh/g 이상의 고용량 특성을 보고하였다. 또한 최근 J.R. Dhan은 등에 의해 O2 구조의 $Li_{2/3}[Ni_{1/3}Mn_{2/3}]O_2$ 와 T2 구조의 $Li_{2/3}[Co_xNi_{1/3-x}Mn_{2/3}]O_2$, 활물질을 보고하고 있다. 그 밖에도 전기화학적으로 비활성(inactive)인 Li_5FeO_4, 사면체(tetragonal) $LiFeO_2$, 스피넬 구조의 $LiFe_2O_4$ 등 수많은 구조들이 존재하고 있다.

철(Fe)을 기본 물질로 사용하는 $LiFeO_2$는 Fe^{2+}/Fe^{3+}로의 산화 환원 반응에 기인한 전압 평탄 영역을 가지며, 282mAh/g의 높은 이론 용량을 가지고 있어 향후 대표적인 차세대 양극 활물질로 기대되고 있다. 그러나 시작 물질인 철(Fe)은 다양한 산화수(2^+, 3^+, 6^+)와 형태(α, β, γ-form)를 가지고 있기 때문에 수많은 결정구조를 가진다. 예를 들면, $NaFeO_2$의 이온교환(ion-exchange reaction)으로 통해 얻어진 층상 구조의 layered $LiFeO_2$를 가지며, γ-FeOOH의 이온교환을 통하여 얻어진 $LiFeO_2$가 있다. 그리고 수열반응(hydrothermal method)을 이용하여 얻어진 Cubic 구조의 α-$LiFeO_2$가 있으며, Li^+와 Fe^{3+}가 불규칙하게 존재하는 스피넬 구조의 $LiFe_5O_8$과 Li^+과 Fe^{3+} 이온이 팔면체 사이(octahedral interstice)에 1 : 3의 비율로 존재하는 $[Fe_2]_{tet}[LiFe_3]_{oct}O_8$가 있다. 그 밖에도 전기화학적으로 비활성(inactive)인 Li_5FeO_4, 사면체(tetragonal) $LiFeO_2$, 스피넬 구조의 $LiFe_2O_4$ 등 수많은 구조들이 존재하고 있다.

리튬 이차전지용 $LiFeO_2$의 양극 활물질을 합성하기 위하여 일본의 Yamaki는 $NaFeO_2$의 Na^+ 이온을 Li^+ 으로의 이온교환을 통하여 얻어진 층상 구조의 $LiFeO_2$를 보고하였다. 또한 Sakurai는 FeOOH와 LiOH의 시작 물질로 사용하여 Orthorhombic 구조의 $LiFeO_2$를 제조하였다. 그러나 Yamaki와 Sakurai 등이 보고한 $LiFeO_2$는 초기 용량 140mAh/g의 작은 초기 용량과 사이클이 진행될수록 심각한 용량 감소를 보이는 문제점을 보이고 있으며, 이온교환이라는 습식법의 복잡한 반복적인 합성법을 채택함으로써 상업화에 큰 걸림

돌이 되고 있다. 또한 이러한 이온교환의 복잡한 제조 공정을 수열 반응 (hydrothermal method)을 통하여 한 단계(one-step) 공정으로 α-$LiFeO_2$를 제조하는 데는 성공하였으나, 매우 낮은 10mAh/g 의 초기 용량을 보고하고 있다.

이렇듯 철(Fe)계 산화물은 합성 방법에 따라 여러 구조가 존재하므로, 단일상을 형성하기 어려우며, 전기화학적인 특성 또한 제어의 큰 어려움을 가지고 있기 때문에 철의 리튬이차전지용 양극 활물질 적용에 관한 연구는 아직 기초적인 단계에 머물러 있다. 리튬 이차전지용 $LiFeO_2$의 양극 활물질을 합성하기 위하여 일본의 J. Yamaki는 $NaFeO_2$의 Na^+ 이온을 Li^+으로의 이온교환을 통하여 얻어진 층상 구조의 $LiFeO_2$를 보고하였다. 또한, Y. Sakurai는 FeOOH와 LiOH의 시작 물질로 사용하여 Orthorhombic 구조의 $LiFeO_2$를 제조하였다. 그러나 Yamaki와 Sakurai 등이 보고한 $LiFeO_2$는 초기 용량 140mAh/g의 작은 초기 용량과 사이클이 진행될수록 심각한 용량 감소를 보이는 문제점을 보이고 있으며, 이온교환이라는 습식법의 복잡한고 반복적인 합성법을 채택함으로써 상업화에 큰 걸림돌이 되고 있다.

Ni과 Mn 만으로 구성된 $Li[Ni_{1/2}Mn_{1/2}]O_2$는 망간 재료가 갖는 장점인 저가 및 친환경의 장점과 함께 170mAh/g 이상의 고용량 특성을 갖는 재료이다. 망간량의 증가에 따라 $Li[Ni_{1/3}Co_{1/3}Mn_{1/3}]O_2$ 보다 우수한 열적 안정성이 보고되고 있다. $Li[Ni_{1/3}Co_{1/3}Mn_{1/3}]O_2$는 $LiCoO_2$를 대체할 수 있는 가장 근접한 재료로 170mAh/g 이상의 고용량 특성을 보인다. 또한 Mn의 첨가로 인해 만충전 시에도 열적 안정성이 우수하다.

최근에 고용량 재료인 5V급 스피넬인 $LiM_xMn_{2-x}O_4$ (M=Ni, Co, Cr, Fe, Cu)에 관한 연구가 활발히 진행 중이다. 이 재료는 $LiCoO_2$와 같은 정도의 용량을 얻을 수 있을 뿐만 아니라 격자 산소의 분해 온도가 350℃ 이상이어서 열적 안정성이 아주 우수하다. 이 스피넬 화합물에서 Mn은 4+의 산화 상태를 가져 전기화학 반응에는 활성이 없으나 결정구조의 안정성에 기여하며, 5 V 특성은 Ni^{2+}에서 Ni^{4+} 로의 산화 반응에 의해 나타난다. 이 스피넬 구조 내에 존재하는 Mn은 4+ 상태이므로 4 V 급에서 나타나는 Mn^{3+} 존재로 불산에 대한 Mn^{2+} 용해 문제($Mn^{3+} \leftrightarrow Mn^{4+} + Mn^{2+}$) 때문에 나타나는 용량 감소가 발생치 않는 장점이 있다. 이 5V급 스피넬은 치환되는 금속(M)의 종류나 양에 따라 상이한 전기화학적 특성을 보이고 있으며, 지금까지 알려진 가장 우수한 재료는 $LiNi_{0.5}Mn_{1.5}O_4$ 이다.

이 5V급 스피넬 $LiNi_{0.5}Mn_{1.5}O_4$는 평균 방전 전압이 4.7 V로 다른 재료에 비해 약 1.0 V 더 높은 고전압을 나타낸다. 에너지 밀도 측면에서 보면 높은 에너지 밀도를 갖는 $LiNiO_2$ 보다 약 20 Wh/kg 더 많은 696 Wh/kg의 에너지 밀도를 갖는다.

$LiNi_{0.5}Mn_{1.5}O_4$는 현재 시장은 형성되어 있지 않지만 고에너지 밀도와 우수한 수명 특성으로 인해 일부 상업화가 되어 있다. Layered Solid solution계의 활물질은 전기화학적으로 활성인 상과 비활성인 상을 복합하여 제조하는 것으로 비활성인 상은 활성인 상의 충방전 거동 시에 발생하는 응력이나 구조적 불안정성을 보완하는 역할을 하여 고용량과 동시에 cycle 특성, 안전성을 모두 확보할 수 있는 물질로 평가받고 있다. 대표적인 것은 $Li[Li_xNi_{(1-3x)/2}Mn_{(1+x)/2}]O_2$를 들 수 있는데, 이것은 Li_2MnO_3-$LiNiO_2$-$LiMnO_2$의 고용체 형태를 이루고 있으며 전이 금속 자리에 리튬이 삽입되어 있기 때문에 그 방전 용량이 200mAh/g 이상의 매우 높은 방전 용량 특성을 보인다. 또한 망간 재료의 장점인 열적 특성이 아주 우수한 장점에 비해 전자 전도도가 낮은 단점이 있다. $Li[Li_xNi_{(1-3x)/2}Mn_{(1+x)/2}]O_2$는 주로 미국 회사들이 관심을 많이 갖는 재료로 $Li[Ni_{1/3}Co_{1/3}Mn_{1/3}]O_2$와 $Li[Ni_{1/2}Mn_{1/2}]O_2$에 이어 상품화가 진행 중이다. 이러한 고성능 양극 재료인 Ni-Mn, Ni-Mn-Co복합계, Solid solution계 활물질들은 $LiCoO_2$ 와는 달리 고상법으로는 합성이 어렵다. 이러한 재료들은 전이 금속들을 원자 레벨로 혼합하여야만 고용화(solid solution)가 가능하기 때문에 공침법이나 분무 열분해법 등의 습식법에 의해 분말 제조가 가능하다. 따라서 습식법을 이용한 대량 생산법의 적극적인 개발과 물질 자체의 도전성이 떨어지는 것도 큰 문제점으로 지적되고 있으므로 이를 극복할 수 있는 방법이 개발되어야 한다.

$LiFePO_4$은 Fe^{3+}/Fe^{2+}로의 산화-환원 반응에 기인한 3.45V의 전압 평탄 영역을 가지며, 170mAh/g의 이론 용량을 가지고 있다. 한편 $LiFePO_4$은 결정학적으로 올리빈 구조로서 PO_4의 결합력이 강하여 리튬이온의 층간 삽입 및 층간 추출 시 **그림** 4-24처럼 결정구조가 매우 안정적이다. 또한 540 Wh/kg의 에너지밀도를 가지고 있어 기존의 상용화되어 사용되고 있는 $LiCoO_2$ (500Wh/kg)보다 높다. $LiFePO_4$는 철(Fe)을 중심 금속으로 사용하기 때문에 가격이 저렴하고, 독성과 흡수성이 없는 친환경 재료이나, $LiCoO_2$, $LINiO_2$, $LiMn_2O_4$의 전기전도도 범위인 10^{-3}~10^{-5}보다 전기전도성이 낮은 단점 ($LiFePO_4$: 10^{-8}~10^{-9})이 있다.

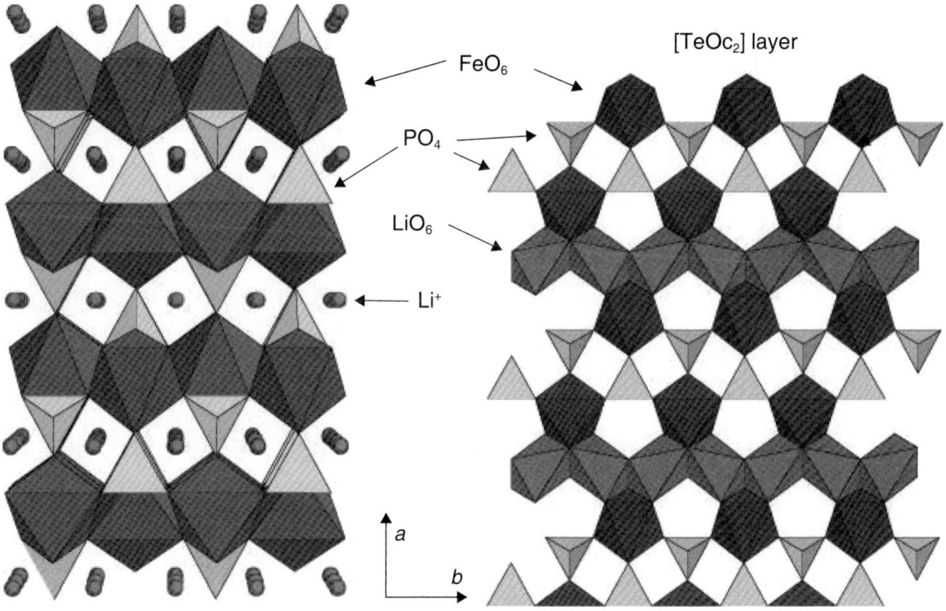

그림 4-24 $LiFePO_4$의 안정적 결정구조

따라서 전기전도도가 낮은 양극 활물질의 출력 특성 개량을 위하여 **그림** 4-25처럼 탄소섬유 또는 미세한 탄소분말로 양극 활물질을 둘러싸는 공법에 대한 연구가 활발하다. 이러한 탄소 코팅 공정 외에도 충방전 특성 개량을 위해 super valance 이온을 리튬자리에 도핑하여 전자전도도를 향상시키고, 양극 활물질을 나노화하여 비표면적을 증

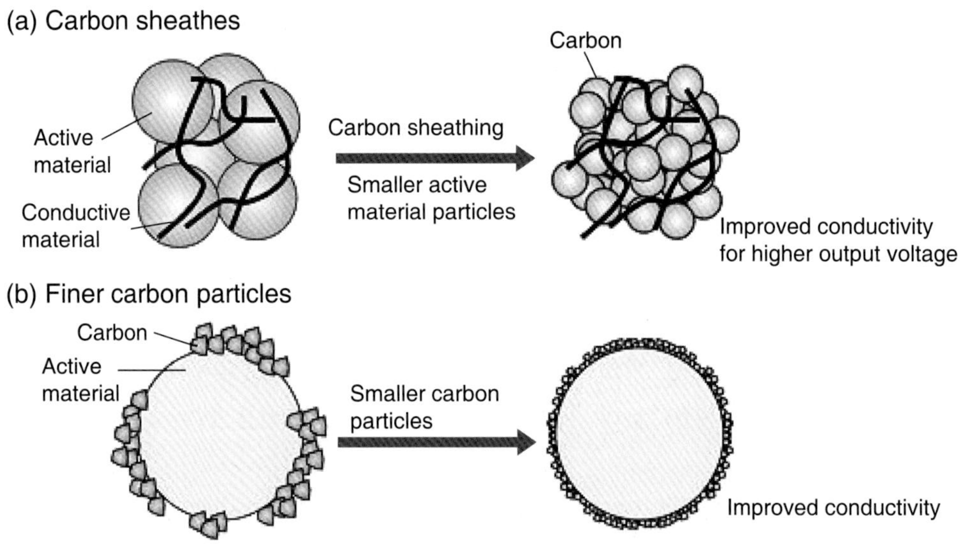

그림 4-25 양극 활물질의 전기전도성 향상 방안

가시키며, 천이금속을 도핑시켜 이온 이동도 및 확산 계수를 증가시키려는 연구가 진행되고 있다.

최근에 망간 재료가 갖는 장점인 저가격과 친환경적인 장점을 살리고 고용량 특성을 갖는 재료로서 층상 결정구조의 이산화망간에 관한 연구가 진행되어 왔다. 층상 결정구조를 갖는 이산화망간은 Mn에 대해서 Li이 이론적으로 1당량만큼 충 · 방전 될 수 있으므로 스피넬형 이산화망간에 비해서 대략 2배의 이론 용량(285mAh/g)을 갖고, 2차원적인 층간 공간을 통한 Li^+ 이온의 확산이므로 높은 전류밀도를 낼 수 있으므로 향후 전기자동차용 리튬 이차전지 전극 재료로 활용될 수 있을 것으로 기대되고 있다. 그러나 층상 구조를 갖는 망간산화물은 스피넬과의 그 구조 유사성으로 인해, 1번째 방전 싸이클부터 스피넬로의 상전이가 발생하여, 용량이 급격히 감소하는 단점이 있었다. 최근 각광받는 대체 재료로는 $Li[Ni_{1/3}Co_{1/3}Mn_{1/3}]O_2$와 $Li[Ni_{1/2}Mn_{1/2}]O_2$을 들 수 있으며, $Li[Ni_{1/3}Co_{1/3}Mn_{1/3}]O_2$는 $LiCoO_2$를 대체할 수 있는 가장 근접한 재료로 200mAh/g 이상의 고용량 특성을 보이고 있으며 또한 만충전 후 Mn의 첨가로 인해 우수한 그 열적 안정성이 보고되고 있다. Ni과 Mn만으로 구성된 $Li[Ni_{1/2}Mn_{1/2}]O_2$는 고용량, 고성능 재료로 향후 가장 기대되는 재료로써 이러한 고성능 양극 재료는 $LiCoO_2$와는 달리 습식법에 의한 분말 제조가 이루어지고 있다. 지금까지 검토된 대표적인 양극 활물질별 방전 전위를 **그림** 4-26에 나타내었다.

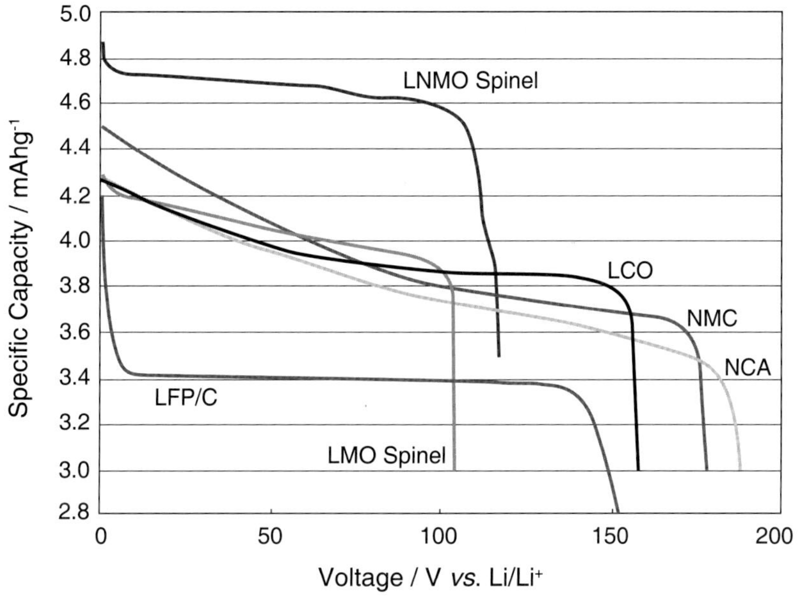

그림 4-26 양극 활물질별 방전 전위

기존의 양극 재료인 $LiCoO_2$ 재료는 저용량, 고가격, 환경문제 등이 지적되고 있으나, 현재까지는 가장 용이하게 제조할 수 있는 재료이다. 최근 연구 동향을 보면 고용량, 저가격, 환경친화적인 양극 활물질로 $LiFePO_4$가 유력하며, 이들 재료의 율속 특성 개량을 위해 카본과 천이금속의 도핑이 필요하다. 또한 입자의 크기를 나노화 하는 기술이 필요하며, 공침법, 분무열분해법, 솔-젤법 등 다양한 제조 공법에 대한 연구가 필요하다. $LiFePO_4$ 양극 활물질 특성의 장단점을 기존의 전극 물질과 비교하여 **그림** 4-27에 표기하였다.

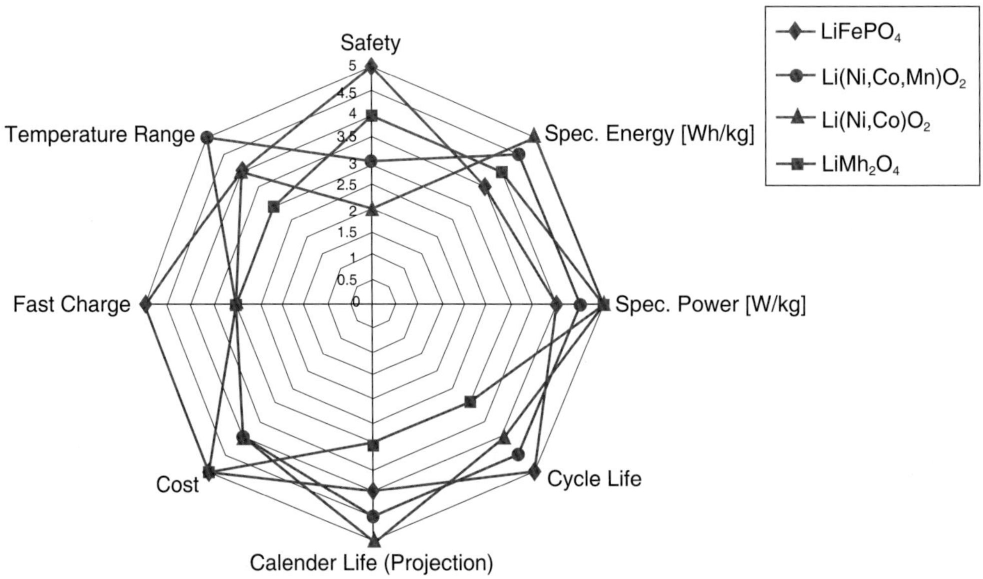

그림 4-27 $LiFePO_4$ 양극 활물질 특성의 장단점

4-3. 음극 활물질 소재

이차전지에서 리튬이온의 층간 삽입 및 층간 추출 기구 모식도를 **그림** 4-28에 나타내었다. 초기 연구의 리튬일차전지의 음극은 금속리튬을 사용하였고 또한 제품화되기도 하였다. 그러나 리튬금속을 이차전지의 음극으로 사용할 때는 여러 가지 문제점이 나타난다. 그 중 하나는 리튬금속의 가역성이 떨어진다는 것이다. 충전 과정을 통해 전해질에 있는 리튬이온이 음극인 리튬금속에 전착된 후, 방전 과정을 통해 이 중 일부만이 다시 전해질로 용해되게 된다.

즉, 충전 과정을 통해 전착된 리튬 중 일부만 이 방전 과정에 다시 사용될 수 있기 때문에 용량 감소를 막기 위해서는 상대적으로 많은 양의 리튬이 필요하였다. 안정성에 대한 문제도 빼놓을 수 없는데 리튬은 충전 시 수지상 또는 침상의 표면 구조로 리튬금속 표면에 전착되게 된다. 과거 리튬 이차전지용 음극 활물질로 Lithium foil, Li-Al 합금 등이 사용되었지만, 리튬금속은 충 · 방전 사이클에 따른 체적 변

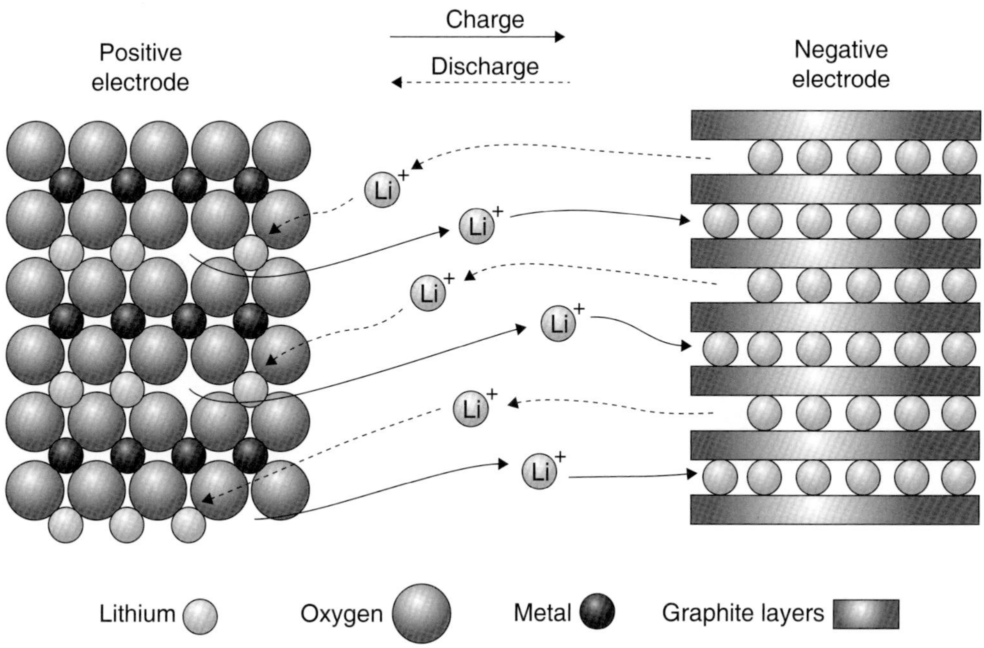

그림 4-28 이차전지에서 리튬이온의 층간 삽입 · 층간 추출 기구 모식도

화로 인하여 Lithium dendrite를 발생시켜 전지 수명이 단축되는 원인이 되었다. 즉, 수지상으로 성장한 리튬은 분리막을 뚫고 양극과 접촉하여 내부의 단락이 발생되고, 이러한 단락은 급격한 반응을 유발시켜 전지의 폭발을 초래할 수도 있다. 수지상 성장은 전류밀도가 클수록 활발해지므로 고속 충전이 필요한 전지에서는 리튬금속을 사용할 수 없다는 단점이 있다. 이러한 리튬금속의 수지상 성장 모형을 **그림** 4-29에 나타내었다.

리튬이차전지의 가장 큰 문제점은 안정성이 취약하다는 것이므로, 전지의 안정성을 증대하기 위한 다양한 방법이 시도되었는데, 그 중

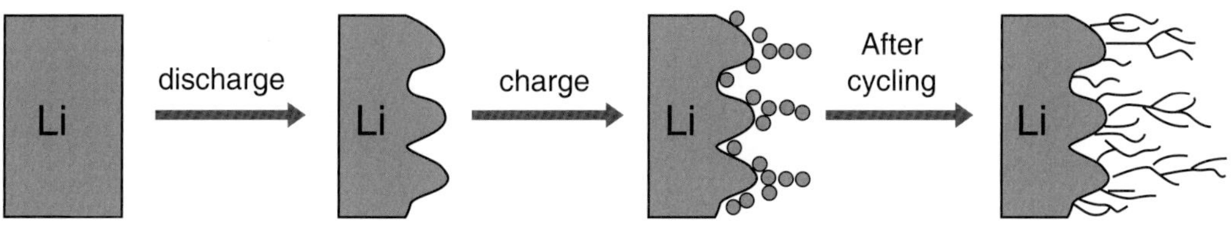

그림 4-29 음극으로 사용된 리튬금속의 수지상 성장 모형

의 하나가 음극을 양극 재료와 같이 리튬을 원소로 한 층간 삽입 · 층간 추출 (intercalation/deintercalation) 물질을 사용하는 방법이다. 리튬이차전지의 음극으로 사용될 물질이 가져야 할 요건들은 다음과 같다.

1) 리튬금속의 표준 전극 전위에 근접한 전위를 가져야 하고,
2) 부피당, 무게당 에너지밀도가 높아야 하며
3) 뛰어난 사이클 안정성(높은 쿨롱 효율)을 보여야 하고,
4) 고속충 · 방전(rate capability)에 견딜 수 있어야 하며,
5) 안정성을 보장해야 한다.

이러한 요건들을 모두 충족시킬 수 있는 재료가 가장 좋은 것이라 할 수 있겠지만 현실적으로는 안정성과 고속충 · 방전 성능이 음극 재료를 선택하는데 있어서 가장 중요한 요건이라 할 수 있다. 이러한 조건에 가장 잘 부합되는 재료가 바로 **그림** 4-30과 같은 탄소질 재료이다. 탄소질 재료는 부피변화가 적고 가역성이 뛰어나며 가격 면에서 유리한 점이 많아 적합한 물질로 선정되었다. 음극으로 사용되는 탄소질 재료로는 graphite (natural, synthetic), coke, fiber, pitch,

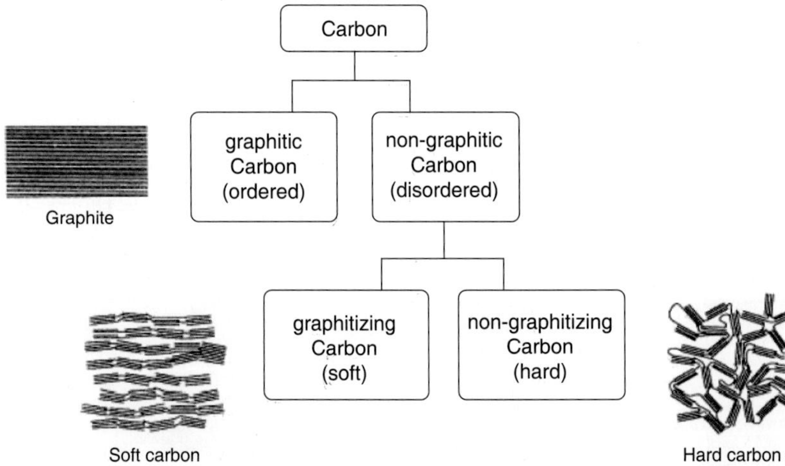

그림 4-30 탄소의 분류

meso carbon 등이 있다. 탄소에서 일어나는 리튬의 intercalation/deintercalation 반응은 다음과 같고, 리튬과 탄소의 층간 삽입 화합물의 구조를 **그림** 4-31에 나타내었다.

$$xLi^+ + xe^- + 6C \leftrightarrow Li_xC_6$$

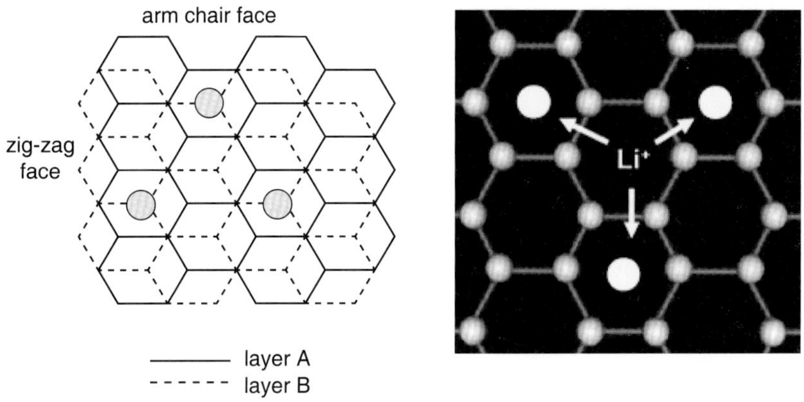

그림 4-31 리튬과 탄소의 층간 삽입 화합물의 구조

음극을 리튬금속이 아닌 탄소계 물질을 사용하면 용량 면에서는 손실이 있지만, 안정성과 가역성에서 많은 이점이 있게 된다. 음극으로 구조가 잘 발달된 흑연을 사용하면 370mAh/g의 용량을 보여주며, 리튬에 대해 낮은 분극을 가진다. 비정질 탄소인 coke를 음극으로 사용하면 용량은 흑연에 비해 떨어지지만 다양한 전해질을 사용할 수 있다는 이점이 있어 전류를 크게 할 수 있다는 장점이 있다.

탄소의 경우 리튬을 함유할 수 있는 양을 나타내는 방법으로 Li_xC_6 $(0 < x < 1)$에서 x 값을 이용하는데, 이 값은 탄소의 처리 조건에 따라 다른 값을 나타낸다. 대체적으로 가역적으로 리튬이온이 탄소에 출입할 수 있는 양은 x의 값이 0에서 0.7까지로 알려져 있으며, 탄소의 용량에 영향을 주는 인자로는 입자의 표면구조, 결정구조, 열처리 조건 등이 있다. **표** 4-7에는 리튬 이차전지에서 사용하는 대표적인 음극용 활물질 주요 특성을 정리한 것이며 음극 활물질별 방전 전위는

그림 4-32에 나타내었다.

표 4-7 대표적인 음극용 활물질의 주요 특성

	인조흑연	천연흑연	저온탄소	LTO $Li_4Ti_5O_{12}$	금속복합계 Si, Sn 등
가역 용량	360 mAh/g 553 mAh/cc	365 mAh/g 560 mAh/cc	235 mAh/g 315 mAh/cc	160 mAh/g 230 mAh/cc	>500 mAh/g >600 mAh/cc
가격	High	Low	High	Very high	-
안정성	Poor	Poor	Good	Excellent	Poor
비고	가격부담으로 인해 저가의 천연흑연과 혼합하여 사용	Mobile IT에 주로 사용	전동공구, HEV에 주로 사용	출력특성이 좋음 LEV, 전력저장용으로 검토중	고용량 전지용으로 개발중

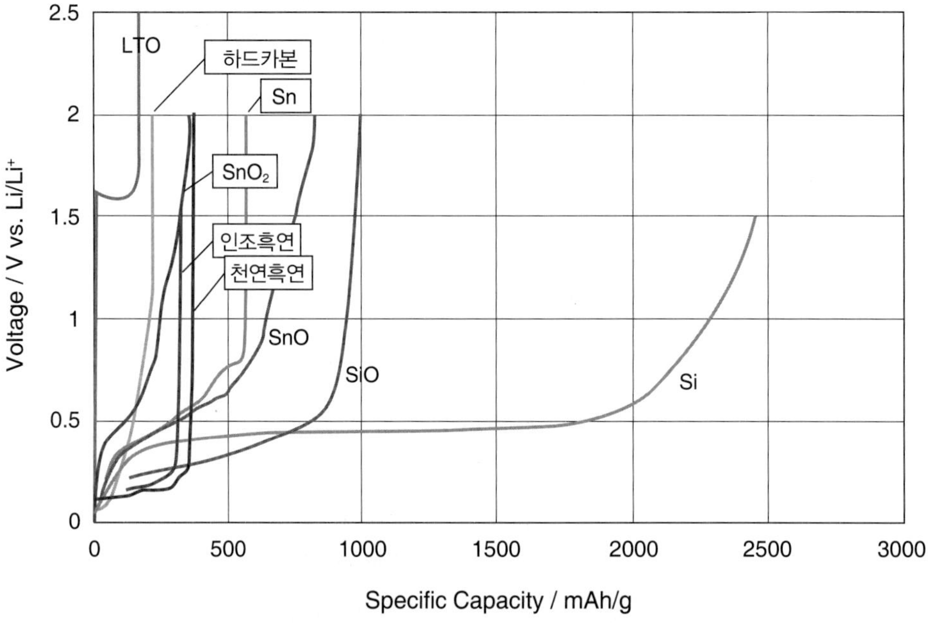

그림 4-32 음극 활물질별 방전 전위

현재 탄소를 사용하는 음극 재료로 Li_xC_6의 이론 에너지밀도는 리튬이온의 층간 삽입 격자의 제한으로 인해 372mAh/g이 최대치이다. 따라서 에너지밀도가 높은 재료를 새로이 합성할 필요가 대두되었다. Fuji 전기에 의해 1997년 최초로 SnO_2 음극물질의 우수성이 발견된 이후로 다양한 소재가 연구 개발 중에 있는데, 주로 연구되고 있는 소재는 3가지 종류로 대별할 수 있다. 즉, 리튬의 금속합금, 질화물 및 산화물 계열로 구분할 수 있으며, 이들 재료의 종류 및 에너지 밀도는 **표** 4-8에 정리하였다. 리튬의 금속합금, 모재로서 주로 Tin (Sn)과 Silicon (Si)이 연구되고 있는데 이들의 충방전 가역 용량은 매우 높으나, 충방전 싸이클 및 안정성 특성이 매우 약하다는 것이다. 이와 같은 이유는 리튬이온과 합금화 과정에서 부피 팽창이 약 200~470%에 달하여 구조적으로 파괴되면서, 파괴된 계면에서는 전극과 전해액의 화학반응으로 전극/전해질 계면층 (SEI layer : Solid Electrolyte Interface Layer)이 형성되어 **그림** 4-33과 같이 안정성을 저해하게 되며, **그림** 4-34는 충방전 회수에 따는 용량 감소를 나타낸 것이다.

표 4-8 고용량 음극 소재 물질 후보

	Gravimetric capacity (mAh/g)	Volumetric capacity (mAh/cm^3)
Sn or Si alloys	Sn (931), CuSn (647) Sn_2Fe (800), SnSb (764.1) Si (4200)	Sn (2200) Si (9786)
Nitrides	$Li_{2.6}Co_{0.4}N$ (900), Li_7MnN_4 (250)	$Li_{2.6}Co_{0.4}N$ (1611)
Oxides	CuO (400), CoO (600), NiO (600), Co_3O_4 (700), SnO (875), SnO_2 (711), TCO (〉600)	CoO (3840) Co_3O_4 (4277) TCO (2200)

따라서 리튬이온의 합금화를 위해서는 이러한 구조적 한계를 극복하기 위하여 흑연물질과의 복합재료화 또는 $Li[Li_{0.33}Ti_{1.66}]O_4$ 같은 리튬침투형 합금에 대한 연구가 시도되고 있다. 그러나 현재로서는 충방전 가역 용량의 감소는 피할 수 없는 것으로 보인다.

한편, 산화물 음극 재료에 대한 연구로는 SnO_2와 TiO_2 혼합전극(ST전극)의 사용으로 리튬이온 intercalations에 의한 부피 팽창으

나타낸 것이다.

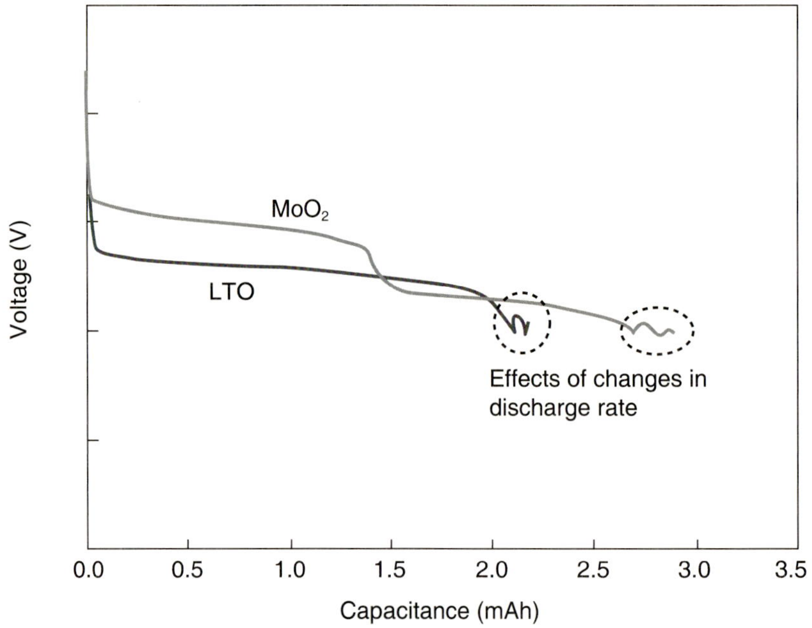

그림 4-35 LTO와 MoO_2 전위와 용량특성 비교

4-4. 분리막 소재

이차전지는 산화제인 양극 활물질과 환원제인 음극 활물질을 갖고 있다. 이들 사이에 이온전도에 의해 산화반응과 환원반응을 가능케 하는 전해질이 담겨있고 또한 양극과 음극이 직접 접촉하는 것을 막는 분리막이 있다. 분리막이란 서로 다른 두 물질사이에 존재하는 선택적 장애물로 어떤 물질을 선택적으로 통과시키거나 배제시키는 역할을 하는 소재를 말한다. 다시 말하면 전지의 기전 물질인 산화제와 환원제가 직접 접촉하면 자가방전을 일으켜 급격한 반응이 진행되므로 위험하기 때문에 분리막은 양극과 음극사이에 있으면서 양자의 접촉을 막아주는 역할을 하는 것이다. 이차전지의 분리막 재료는 **표 4-9** 처럼 이차전지의 종류에 따라 조금씩 다르게 사용되고 있다. 납축전

지는 폴리에틸렌 부식포와 글래스매트 등이 사용되고 있고 소형밀폐 납축전지는 글래스매트를 사용한다. 니켈카드뮴전지와 니켈수소전지는 폴리아미드 부식포와 폴리프로필렌 부식포를 사용하며 리튬이온전지는 폴리프로필렌 미세 다공막을 바나듐리튬전지, 망간리튬전지, 바나듐니오브 리튬전지는 폴리프로필렌 미세 다공막과 폴리프로필렌 부식포를 사용하고 있다.

표 4-9 이차전지 종류별 분리막 재료

구 분	분리막 재료
납축전지	폴리에틸렌 부식포, 글래스매트
소형밀폐납축전지	글래스매트
니켈카드뮴전지	폴리아미드 부식포, 폴리프로필렌 부식포
니켈수소전지	폴리아미드 부식포, 폴리프로필렌 부식포
리튬이온전지	폴리프로필렌 미세다공막
바나듐리튬전지	폴리프로필렌 미세다공막, 폴리프로필렌부식포
망간리튬전지	폴리프로필렌 미세다공막, 폴리프로필렌부식포
바나듐니오브리튬전지	폴리프로필렌 미세다공막, 폴리프로필렌부식포

이차전지에 사용되는 분리막의 제조법은 일반적으로 습식법과 건식법으로 분류할 수 있으며, 습식법은 2성분법과 3성분법으로 분류되고 있다. **그림** 4-36은 습식법의 제조 공정도를 나타낸 것이다.

리튬이차전지의 분리막은 단순히 정극과 부극을 분리하는 것만 아니라 수용액 전해액 전지의 분리막에 비해 보다 중요한 역할을 하고 있다. 예를 들면, 리튬이차전지는 금속리튬을 사용하지 않아 안전성은 높으나 구성 재료에 많은 가연성 물질이 사용되고 있어 큰 사고를 일으킬 수 있기 때문에, 이와 같은 물질들이 잘못 사용되어도 발화 등의 사고가 일어나지 않도록 하는 부가적 역할을 가지고 있다. 1000mAh 정도의 소형 전지에서도 쇼트되면, 수십A에 달하는 큰 쇼트 전류가 순간적으로 흘러 주울 열에 의해 전지 온도가 급상승한다.

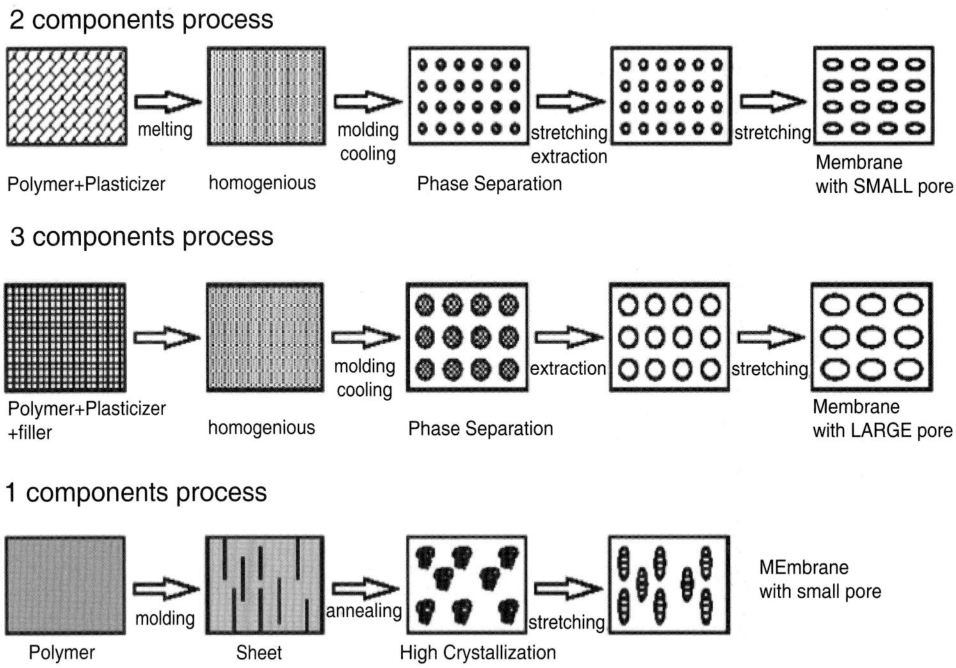

그림 4-36 습식법의 제조 공정도

이때, 적절한 대책이 주어지지 않으면 온도가 계속 상승하여 전지 내압의 상승에 의한 전지 파열이나 최악의 경우에는 전지가 발화할 가능성도 있다. 따라서 이차전지 분리막은 전지의 안전성을 보완할 수 있는 재료 개발에 박차를 가하고 있다.

리튬이차전지용 분리막의 재료로는 폴리에틸렌(PE), 폴리프로필렌(PP)이 주로 사용되고 있으며 구조에 따라 다공질 필름 및 PE, PP 2중막, PP/PE/PP의 3중막이 사용되고 있다. 이에 따라, PE 분리막의 경우 120~130℃에서 분리막의 기공이 녹아서 막히는 Shut-down 현상이 일어나며 PP계 분리막의 경우 약 170°C에서 Shut-down 현상이 일어난다. 최근에는 PE나 PP 같은 Polyolefin계 이 외에 보다 열안정성이 뛰어난 재료를 사용하는 분리막의 개발도 시도되고 있으나, 성능 확보 및 가격 등의 문제로 아직 실용화되지 않고 있다.

분리막의 소재는 고분자 전해질과 상당히 밀접한 관계가 있는데, 고분자전해질의 이온 전도도는 과거 10^{-7}S/cm에서 최근 10^{-5}~10^{-4}S/cm

정도로 향상되고 있으나 실용화하기 위한 값인 10^{-3}S/cm에는 못 미치고 있는 실정이다. 이를 개선하기 위해 전지관련 기업들은 전해액을 고분자에 함침된 상태에서 전지를 구동하는 젤형 리튬폴리머전지를 개발하는 데 주력하는 추세를 나타내고 있다. 젤형 리튬폴리머 전지의 고분자 전해질의 장점은 향상된 이온전도도 외에 우수한 전극과의 접합성, 기계적 물성, 그리고 제조의 용이함 등을 들 수 있다. 대표적인 젤형 고분자로는 poly(ethylene oxide) (PEO), poly(acrylonitrile) (PAN), poly(methylmethacrylate) (PMMA), poly(vinylidnefluoride) (PVDF) 등이 있다. Bellcore사의 PVDF계 전해질은 vinylidene fluoride(VDF)와 hexafluoroethylne(HFP)의 공중합체와 가소제, 그리고 무기첨가제를 혼합하여 필름 성형후 전해액을 함침, 겔화시켜 만드는 추세이다.

분리막 기술은 주로 고분자전해질 기술과 함께 발달되어져 왔다. 실제로 "제 1세대" 고분자전해질 기술은 1980년대 초에 사용되던 기술로, 분리막으로서의 polyethylene oxide, polypropylene oxide, polyethyleneimine, polyethersulfone, poly(vinylacylate)과 같은 linear polymer에, 직접 $LiClO_4$, $LiCF_3SO_3$, $LiBF_4$와 같은 리튬염을 도입시킨 형태로, 고분자물질은 분리막이면서 동시에 전해질의 역할을 수행한다. 이때, 리튬염은 고분자 모체와 약한 공유결합을 가지며, 고분자사슬의 local segmental motion에 의해 리튬이온이 전달된다. 제 1세대 고분자전해질은 상온에서 10^{-6} S/cm 이하의 낮은 이온전도도 및 분리막-전해질의 기능을 수행하는 고분자 물질과 전극 간에 높은 계면 저항을 가지며, 이를 해결키 위해 무정형 고분자가 요구되는 단점을 가지고 있지만, 염에 대한 우수한 해리능과 유기용매를 사용하지 않는 형태라는 점에서 장점을 갖는다. 또한, 높은 화학적, 전기화학적 안정성과 높은 기계적 물성을 가지며, 음극에서의 리튬 추출을 최소화할 수 있다.

"제 2세대" 고분자 전해질 및 분리막 기술은 1980년대 말 이래 사용되고 있는 기술로, 주로 PEO에 기초한 그래프트 고분자(또는 comb-type polymer)나 가교고분자, 그 밖에 랜덤 또는 블록 공중합체와 같은 변형된 고분자에, 리튬염이 도입된 형태이다. 여기서, ethylene oxide (EO) 단위체 (-CH_2CH_2-O-)는 리튬염의 해리에 대해 적합한 환경을 제공하지만 semicrystalline 구조를 가지므로 복합체의 용융 온도(대략 60℃) 이하에서는 낮은 이온전도도를 가지나 용융 온도 이상에서는 비교적 높은 이온전도도를 나타낸다. 그러나 고온에서는 결정화도가 감소하게 되어 낮은 치수안정성 및 물성을 나타내게 된다. 이러한 면에서 고분자 기질의 가교는 물리적 안정성을 유지함과 동시에 고분자 사슬의 결정화를 방해하여 이온전도도를 확보하기 위한 일반적인 방법이다. 이 경우, 가교도에 따라 물리적 강도는 상승하지만, 고분자사슬의 mobility의 감소로 인해 전도도가 감소하게 된다.

이러한 전도도의 감소를 극복하기 위해서 무기 비전도성 첨가제를 첨가하는 방법들이 연구되었고, 그 결과 용융점 이하에서 상당한 이온전도도 향상과 lithium transference number의 상승이 관찰된다. 제 2세대 고분자전해질에 사용되는 리튬염으로는 $LiClO_4$, $LiCF_3SO_3$, $LiBF_4$, $LiN(CF_3SO_2)_2$ 등이 있으며, 제 1세대 고분자 전해질에 비해 상온전도도가 비교적 높으며 ($>10^{-5}$ S/cm), 역시 유기 용매를 사용하지 않는다는 특징을 갖는다. 그러나 용매가 함유되지 않은 고분자 전해질은 리튬이온이 EO 단위에 있는 에테르기의 산소에 강하게 구속되어 다소 낮은 전도도를 나타내게 된다.

1990년대 초부터 개발된 "제 3세대" 고분자 전해질은 주로 고분자 기질에 리튬염과 함께 유기용매가 도입된 일종의 겔(리튬폴리머전지 LIPB)이나 용액 형태(리튬이온전지 LIB)로, 이온전도도가 현저히 개선되었다 ($>10^{-5}$ S/cm). 제 3세대에는 기존의 사용되어져 왔던 PEO계 고분자 대신 PE 및 PP를 포함하는 **그림** 4-37과 같은 전해질과 분리막의 역할을 동시 수행하는 다양한 고분자 분리막이 사용되었다.

그러나 실제 응용에 있어서는 전해액으로 유기용매를 사용하므로, 유기용매와의 반응성이 낮은 저가의 PE 또는 PP계 수지가 이용되는 것이 많으며, 이외의 재질에 대해서는 리튬이온전지용 분리막으로 현 시점까지는 아직 실용화에 이르지 못하였다.

앞서 언급한 고분자 분리막에 ethylene carbonate (EC)와 propylene

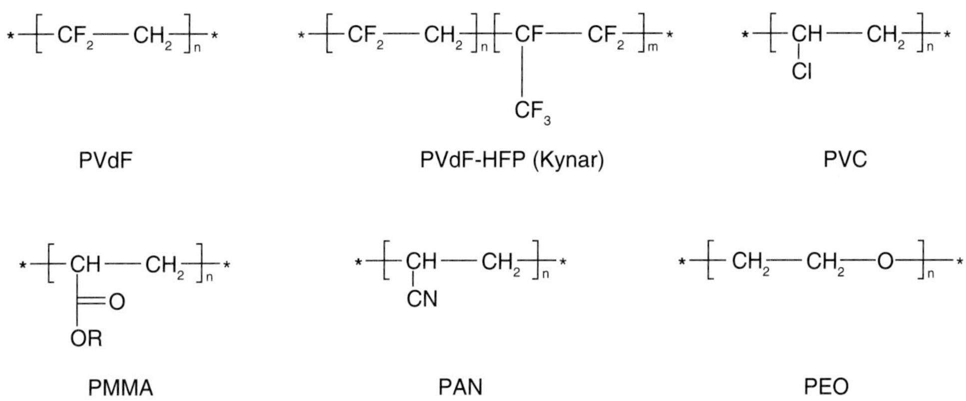

그림 4-37 겔화된 고분자 전해질

carbonate (PC)와 같은 주로 carbonate계 용매나 tetrahydrofuran (THF), dimethyl ether(DME) 등의 유기용매의 도입은 상온전도도의 향상을 가져왔지만, 그로 인한 기계적 물성은 다소 약해졌으며, 전극 부식 및 안정성의 문제가 발생했다. 제 3세대 고분자 전해질에 사용되는 리튬염으로는 $LiClO_4$, $LiPF_6$, $LiAsF_6$, $LiN(CF_3SO_2)_2$ 등이 있다.

이차전지에서 요구되는 분리막의 특성들은 다음과 같다.

1) 작동 온도에서의 높은 이온투과도 및 낮은 전기적 저항 (>10^{-3}~10^{-4} S/cm)
2) 다량의 전해질 용액 담지능 및 전해액에 대한 젖음성
3) 양극과 음극에 대한 전기적인 절연체
4) 전해질 용액에 대한 화학적인 안정성
5) 기화학적 안정성(electrochemical window > 4.5 V vs. Li)
6) 전지 조립 및 사용 시 충분한 물리적, 기계적 강도
7) 전극과의 친화성
8) 높은 가공도
9) 고용량화를 위해 고밀도 충진이 가능하기 위한 얇은 막 두께
10) Shutdown 특성 (또는 meltdown 특성)

높은 리튬이온에 대한 투과도 및 전도도 확보를 위해서 분리막은 대개 일정한 기공크기를 갖는 다공질로 구성된다. Shutdown 특성이란, 충전된 전지의 단락 시, 양극과 음극의 전위차가 급격히 좁혀져 발열반응이 일어나며 전해액이 분해되며 메탄, 수소, 이산화탄소 등의 가스가 발생하며 폭발이 일어날 가능성이 있다. 이 경우 분리막이 용융되어 다공성 기공을 막아 전류의 흐름을 지연시키고 전지반응 및 발열반응을 중지시킴으로써 안정성을 확보하는 특성을 말한다. 리튬이차전지에서 분리막은 고분자 재질의 미세 다공성 평막으로, 다양한 금속산화물이나 금속황화물을 포함하는 양극 활물질 상에서 화학적 및 전기화학적으로 안정적이어야 한다. 미세 다공성막의 이온전도도는 분리막의 기공에 충진된 전해질의 저항을 의미하며, 분리막으로 사용되는 고분자막의 기공도(porosity), 기공의 굴곡도(tortuosity), 전해질의 고유저항, 고분자막의 두께 및 전해질에 의한 젖음도 등에 의해 변화될 수 있다. 전해질의 고유 저항에 대한 분리막 고분자막의 저항의 비는 McMullin Number (NM)이라 하며, 전지에서 이온성 물질 전달이나 분리막을 가로지르는 IR drop에 의한 전압 감소와 같은 전지 성능에 대한 분리막의 영향을 예측하는 데 사용된다. 리튬이차전지용 분리막은 그 미세 기공의 크기가 충분히 작아서 dendritic 리튬의 투과를 막을 수 있어야 한다. 반면에 불균일한 전류분포로 인해 낮은 기공도는 dendrite 형성을 야기하는 요소가 될 수 있다. 분리막의 저항은 기공의 굴곡도가 증가함에 따라 증가하는 반면에, 분리막을 통한 dendritic 리튬의 성장은 상대적으로 높은 굴곡도에 의해 해결될 수 있다.

분리막은 리튬이온전지의 중요한 요소 기술 중의 하나로, 분리막을 통한 이온의 기동성(mobility)이 전체 전지의 성능을 좌우할 수 있다. 분리막은 사용 목적에 따라 대개 10~30㎛의 두께와 0.1~1㎛의 기공크기를 갖는 폴리올레핀계 고분자로 구성된다. 기공은 각각 서로 연결되어 있으며, 전해액으로 채워져 있어, 전하를 띤 이온 입자에 대한 전도성이 부여된다. 이때 기공 구조가 복잡하게 얽힌 경로라 할지라도 높은 이온 기동성을 갖는 경우, 높은 전지 성능이 관찰된다. 따라서 기공 구조 내에서 높은 확산도를 확보하기 위해서는 많은 전해액을 채울 수 있는 높은 기공도, 전하를 띤 이온 입자(즉, 리튬이온)의 이동에 용이한 연속된 기공 구조 그리고 일정한 리튬이온 확산계수를 나타내는 균일한 기공 크기 분포와 같은 물리적 인자들을 최적화시켜야 한다. 기공도 및 연속된 기공 구조는 때론 전도도의 향상 과정과 모순되는 전하 전달 반응을 억제하는 것과 관련된 리튬이온전지의 안정성과 관계하여 고려되어야 한다. 기하학적인 균일성은 전지의 충·방전 반응의 사이클 특성과 관계한다. 미세 다공성 분리막의 성능을 평가하는 방법으로는 리튬이온에 대한 전기화학적 전도도 측정 및 리튬이온의 확산 거동을 관찰하기 위한 NMR spin-echo signal decay을 통한 carrier migration, 가스 흡착이나 가스 투과에 기초한 기공도 및 기공 크기 분포에 의한 기공 기하학이 있다.

리튬이차전지의 고성능 리튬이온 전지용 분리막의 연구는 수 Å에서 수 ㎛범위의 기공 크기를 갖는 미세 다공성 고분자 박막을 제조하는 데 초점을 맞추고 있다. 이러한 미세 다공성막을 제조하기 위한 기술로는 solvent precipitation, coagulation, oil-in-water/water-in-oil emulsion, phase separation, air나 liquid를 포함하는 microcapsules의 addition 등의 습식법과 고온 연신에 의한 건식법을 들 수 있다. 이 중 solvent precipitation 방법은 얇은 박막에 미세 기공을 도입시키기 위해 일반적으로 사용되는 방법으로, 분리막으로 사용될 열가소성 및 열경화성 고분자를 용매에 녹인 후, 용매에 비해 덜 휘발성이 갖는 일정량의 난용매와 혼합한 후, 박막을 형성하고, 이후 용매를 즉시 증발시켜, 난용매에 의해 미세 기공을 형성하거나, 고분자 용액을 이용하여 박막을 형성한 후, 난용매에 노출시켜 용매의 농도를 희석하고 용매 교환시켜 상전이 시키는 방법을 통해 기공을 형성시킨다.

표 4-10에서는 습식법으로 제조된 미세 기공을 갖는 고분자와 미세 기공을 갖지 않는 고분자 및 다른 엔지니어링 플리스틱에 대한 물성을 비교하였다. 이후, 제조된 미세 다공성 고분자막을 리튬염이 포함된 유기용매에 투입시키므로 전해질이 제조된다. 건식법은 습식법과 마찬가지로, PE나 PP와 같은 폴리올레핀계 고분자를 용융하고, 결정

성 고분자 물질을 용융 압출하여 flow 성형 분리막 필름을 제조하고, 결정화 열처리하여, 저온에서 연신에 의해 미세 기공의 초기 시트를 형성하고, 계속 당겨 고온에서 연신에 의해 미세 기공을 형성한다.

표 4-10 열가소성 필름 특성

	Cellular film	Non-cellular film		
	PPA-M	PPA-M	PC	PSF
Density (g/cm^3)	0.5-1.0	1345	1.2	1.25
Tensile strength (psi)	5,000-10,000	14,000	8,600	9,500
Elongation (%)	100-150	50-100	85-105	64-100
Tearing strength (g/mil)	8-15	6-10	20-25	9-12
Dielectric constant	1.5-2.8	3.4	3.0	3.1
Dielectric strength (KV/mil)	0.5-3.0	3-5	1.5	2.5-7.5
Heat resistance (°F)	525	525	270	350

건식법에 의해 결정성을 지닌 폴리올레핀 고분자라면 어떤 종류에도 적용 가능하다. 건식법은 용융압출 공정에서 폭 넓은 원판을 제조하는 것이 가능하고, 이후 결정화 열처리, 연신 공정도 연속화에 의해 양산이 가능하기에, 화학처리를 하지 않는 건식법의 최대 특징과 함께 대량 생산이 가능하다. 또한 공정이 습식법에 비해 간단하고, 원료에 대한 제품의 비율이 좋다는 장점을 가지고 있다. 건식법으로 제조된 상용화된 분리막의 대표적인 소재 특성을 표 4-11에 기술하였다.

분리막에 요구되는 기본 물성을 물리적 변수로 기술하면, 두께, 통기도 (Gurley), 전기적 특성, 기계적 강도 등을 들 수 있다. 우선 두께 면에서 현재 요구되는 분리막의 두께는 약 25㎛가 일반적이고, 전지의 용도, 제조 공정 상의 요구에 의해 약간 두꺼운 것도 요구되는 경우도 있다. 단층 분리막으로 제조 가능한 두께는 대략 7~40㎛이며, 이것을 초과하는 두께는 다층으로 중첩되지만, 부직포를 적층하여 사용한다. 이때 분리막의 두께는 puncture strength와 같은 기계적 강도 및 전지 성능에 영향을 미친다.

표 4-11 대표적인 Celgard 분리막

	Celgard #2400		Celgard #2402	Celgard #2300
Structure	single layer PP	single layer PE	PE/PP bi layer	PP/PE/PP triple layer
Thickness (mm)	25	25	25	25
Porosity (%)	38	38	38	38
Gurley (sec-in^2)	35	37	17	25
Puncture strength (g)	380	310	490(PP), 300(PE)	480

분리막의 통기도의 경우, 일정 압력, 측정 면적과 같은 일정 조건하에서 임으로 규정된 공기량의 통과시간을 나타내는 것으로, Gurley 값으로 명시한다. 전지 성능에 영향을 미치는 분리막의 특성으로는 분리막의 두께, 막의 구조, 기공도, 기공의 크기 등이 있지만, 통기도는 쉽게 측정 가능하며, 전지 성능과 비교적 연결되기 쉽기 때문에 자주 사용되는 변수이다. 표준값으로는 ASTM 측정법으로 30초 전후 정도이며, JIS 방법으로는 750초가 이용되고 있다. 분리막의 전기적 특성은 기본적으로 절연체이며, 전해액이 함침된 상태에서 전기 저항이 가능한 작은 것이 바람직하다. 전기 저항이 높으면 방전 용량 등 전지 특성에 영향을 미친다. 전기 저항의 측정은 전해액에 의해 변하지만, 리튬염을 함유한 PC/DME 용매상에서 수 μL/㎠ 정도이다.

전지 제조 공정에 큰 영향을 미치는 분리막의 기계적 물성은 길이 방향 및 직각 방향의 인장 강도와 두께 방향의 puncture strength의 두 가지 강도로 측정된다. 특히 분리막은 습식법과 건식법으로 연신한 후에 미세 기공을 형성하기 때문에 연신 방향의 강도는 매우 높다. 즉, 25㎛ 두께의 분리막이 갖는 길이 방향 인장 강도는 1,000kg/㎠ 이상이 된다. 1축 연신의 경우 직각 방향의 강도가 작고, 길이 방향의 1/10 정도로 되지만, 2축 연신한 경우 직각 방향에서도 길이 방향과 같은 강도가 얻어진다. 상당한 충격적인 하중이 가해지지 않는 한, 현재 상용화된 올레핀계 분리막의 인장 강도는 전지 제조에 충분한 인장 강도를 갖는다. puncture strength는 전극 형성 시, 양극과 음극의 표면 상태에 따라 분리막에 미세한 입자가 잠식되어 불량이 발생하게 되므로 새롭게 요구되는 특성이다. Puncture strength는 통상 인장 시험기에 송곳을 장착하고, 볼트에 느슨하기 않도록 당긴 분리막에 일정 속도로 떨어지도록 한다. 이때 stress-strain curve를 기록하고, 최대값을 puncture strength로 하고, 곡선의 면적을 변형 에너지로 평가한다. puncture strength는 전극판의 표면 거칠기와 관련 있고, 전극이 어떤 재료를 이용하는가에 따라 요구되는 값이 크게 달라진다. 예를 들어 탄소 재료가 입자가 작고 각이 없으면 puncture strength는 낮은 값으로 충분한 반면, 입자가 크고 각이 날카로운 재료는 높은 강도가 요구된다. 이 값이 높을 수록 분리막이 원인이 되는 내부 단락 불량률을 억제하는 것이 가능하다.

리튬이차전지에 요구되는 안정성은 매우 엄격하여, 몇 개의 안전 장치가 구비되어야 한다. 이 중 분리막은 전극 재료를 격리시키는 본래의 기능 이외에 외부 단락으로 대전류가 흐를 때 미세 기공을 막아 전지 회로를 차단하는 안전 장치로서의 중요한 기능을 수행한다. 이 미세 다공을 막아 회로를 차단하는 기능인 shutdown 특성은 수많은 분리막에 대한 요구 항목 중 중요한 위치를 차지하고 있다. shutdown 특성에 영향을 미치는 변수 중 가장 중요한 것은 재질의 선택이다. 즉, 용융점이 약 125℃인 PE와 약 158℃인 PP는 외부 단락으로 대전류가 흐를 때 발생하는 열로 미세 다공성막이 녹아서 닫히는 온도(peak temperature)가 다르다. shutdown이 조기에 일어나는 쪽이 미세 기공을 폐쇄하여 전지 내 온도 상승을 억제하기 때문에, 현재 리튬이온전지의 분리막 소재는 주로 PE를 이용하는 것이 많다. 또 전지 설계에 따라 PE와 PP를 음극 및 양극용 분리막 소재로 각각 사용하기도 한다. 기공 크기 및 기공도, 기공 구조 등도 shutdown 특성에 영향을 미치지만, 아직까지 그 영향을 정량화한 자료는 발표되지 않고 있다.

외부 단락에 대한 안정성에 대해서 분리막의 shutdown 특성과 함께 shutdown 후에 온도가 상승할 때 분리막의 형상 유지력도 중요한 분리막의 항목이다. shutdown이 완벽하게 일어나면 이후 잔류 전류는 0A가 되지만, 이것은 매우 어려우며 온도가 일반적으로 overshoot 한다. 특히 외부 단락 현상에서 이 반응은 단시간 내에 일어나므로 내부의 온도 상승이 상당히 진전된다. 용융 이상의 온도에서 막 형태를 유지하는 것은 이런 의미에서 매우 중요하며, 매우 빨리 막 형상이 손실될 경우 전극의 직접 접촉을 유발하기 때문에 위험한 상태가 된다. 이러한 문제점을 해결하기 위해 PE와 PP를 중첩하여 각각의 특성을 잘 발휘토록 한 분리막이 개발되었고, 최근 박막화 기술 문제를 해결하여 상품화되었다. 이러한 다층 분리막은 PE를 PP로 감싼 3층 샌드위치 구조이며, shutdown 특성, 형상 유지력 및 puncture strength도 개선되었다. 이러한 중첩된 세퍼레이터 외에도 PP 필름에 PE를 분산시키거나 HDPE와 UHMWPE를 상품화시킨 분리막도 개발되었으며, 최근 분리막 성능의 진보는 괄목할 만하다.

분리막의 shutdown 특성을 측정하는 방법으로는, 온도 상승 시 저항값 및 통기도를 측정하는 볼트셀법과 실제 전지 조합 시 외부 단락이나 외부로부터의 강제적인 전압 인가에 의한 전류 및 온도 변화를 측정하는 방법인 단락 시뮬레이션 방법들이 있다. 볼트셀법이란 분리막을 전극 사이에 끼워 간단한 셀을 구성한 후, 승온하여 그에 따른 분리막의 저항값을 측정하는 방법으로, 전극 재료로는 니켈판 또는 백금 판들이 사용된다. 또한 전기적 저항을 측정하는 방법 외에 통기도 측정 및 시차주사열량분석(Differential Scanning Calorimeter, DSC)법으로 측정하는 방법도 사용된다. **그림** 4-38에서는 PE 및 polydopamine modified PE 분리막에 대해 온도별 열 분석 결과를 나타낸 것이다.

열흐름의 급격한 변화는 분리막의 미세 기공이 폐쇄되어 shutdown이 일어나는 것을 나타낸다. 대개 shutdown이 되는 온도 범위는 10℃ 정도이다. 더해서 고분자량을 가질 경우, shutdown 범위가 넓게 분포하게 된다. PP와 PE를 조합한 분리막의 경우, PE의 용융점 부근에서 shutdown이 일어나고, 이후 PP의 형상 유지력이 상실될 때까지, 약 30℃ 이상의 범위에서 평탄 영역이 나타난다. 실제 shutdown이 어떤 온도 범위에서 일어나느냐 하는 것은 이차전지의 안정성 문제에

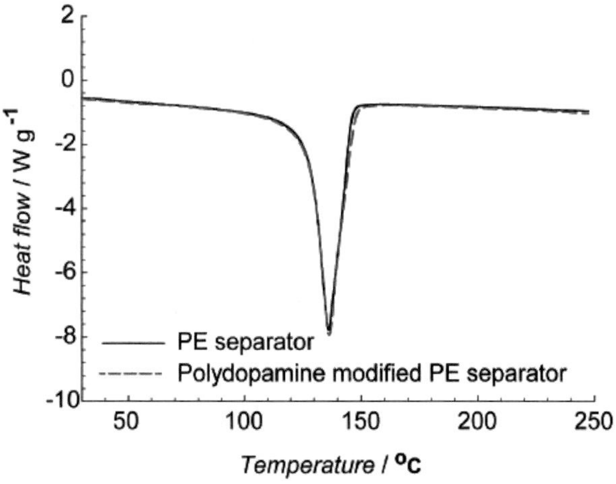

그림 4-38 DSC법에 의한 분리막의 shutdown 특성

있어서 중요한 요구 조건이 된다. 자동차에 직사 광선이 수 시간 입사될 때의 조건을 가정하여 100℃가 최저 조건이기도 하지만, 리튬의 발화 온도인 190℃를 초과하며 높으면 높을수록 유리하다. 이러한 면에서 현재 상용화된 PE/PP와 같은 폴리올레핀계 고분자를 대체할 만한 새로운 소재의 개발이 요구된다. 이 외에 단락 시뮬레이션 방법은 분리막을 실제 전지 캔에 전극과 함께 넣어 외부 단락을 시키거나, 외부에서 전압을 강제적으로 인가하여 단락 상황을 만든다. 이 방법을 이용하여 전류, 전지 캔의 외부 온도, 전지 캔의 내부 압력 상승에 의한 내부 압력 상승을 평가한다.

리튬이온전지의 액상 전해질로부터 비수용액상의 박막형 고분자 전해질로의 전환은 전지 제조에 있어 낮은 제조 단가 및 개선된 성능, 전지 부피와 질량의 경제성, 구조적, 화학적 안정성, 낮은 독성, 분리막의 내구성과 같은 장점을 제공한다. 리튬폴리머전지에 사용되는 전해질은 이온전도도를 향상시킬 목적으로 겔화된 전해질이 사용된다. 이때 전해질은 기계적인 분리막이자 전기적인 절연체이며 동시에 리튬이온에 대한 전도체로 작용한다. 고분자전해질에서는 고분자 기질이 기계적 강도를 제공하며, 또한 상당량의 용매는 이온의 빠른 전달을 통해 10^{-3} S/cm의 높은 전도도를 나타낸다. 기질로 사용되는 고분자로는 PMMA, PAN, PVdF 등이 주로 사용되며, 겔화된 전해질의 액상 성분인 용매로는 주로 ethylene carbonate(EC), propylene carbonate(PC), γ-butyrolactone(gBL), dimethyl carbonate(DMC)와 같은 주로 carbonate계의 용매가 두 종류 이상 혼합되어 사용된다. 따라서 실제 응용에 있어서는 각각의 성분 물질들의 적절한 조합을 이끌어내기 위해서 최적화가 이루어져야 한다. 예를 들어 분리막과 전극간의 계면에서 겔상이 안정하여야 하며, 기질은 높은 용매에 대한 보유력을 지님과 동시에 기질 자체는 이온에 대한 불활성을 가져야 한다.

초기 PMMA에 기초한 전해질의 연구에 있어서도 전해질 내고분자 기질과 다른 구성 성분간의 낮은 상호작용으로 인해 상분리 현상이 관찰되었고, 이는 함유 용매의 누출 현상으로 이어졌다. 이러한 상분리 현상을 극복하기 위해, 불활성 아크릴계 고분자 주쇄에 높은 리튬염과의 상호작용을 갖는 ethylene oxide (EO) 사슬을 그래프팅시켜, 겔화된 전해질의 상대적으로 높은 이온 투과 특성을 유지하고자 하는 시도가 있었다. 이때 EO 곁사슬 길이에 따라 리튬이온과 고분자와의 상호작용이 증가했으며, 짧은 사슬인 경우 리튬이온과 용매와의 상호작용이 증가했다.

리튬이온의 전도도를 향상시키기 위한 고분자 전해질의 설계는 보다 유연한 주쇄와 무정형의 성질을 어떻게 부여시키느냐에 따라 달려있다. 이러한 목적으로 매우 낮은 유리전이온도의 무정형 고분자인 poly [bis(methoxyethoxyethoxy) -phosphazene]이 연구되었으며, $LiSO_3CF_3$를 도핑 시킨 경우, 상온에서 PEO의 전도도 보다 3 order 높은 전도도를 얻었다. 또한, 유사한 성질을 갖는 물질로 높은 자유체적과 낮은 유리전이온도(Tg=-123℃) 및 높은 이온전도도를 갖는 oligo (ethylene glycol)-substituted polysiloxane이 연구되었다. 그러나 상온, 상압에서의 흐름특성을 갖는 낮은 치수 안정성으로 인해 리튬폴리머용 분리막으로 부적합하였다. 이 문제를 해결하기 위해 왕성한 segmental motion을 하는 내부적인 가소화 사슬로서 가지형 oligo (ethylene glycol) 그룹이 가교된 높은 유연성을 갖는 polysiloxane이 연구되었으며, 도핑 정도에 따라 상온 전도도 1.33×10^{-4}S/cm 및 활성화 에너지 4.5kJ/mol을 갖으며 향상된 기계적 강도를 갖는 분리막이 제조되었다.

리튬이차전지에서 분리막은 다른 극성을 갖는 한 쌍의 양극과 음극의 직접적인 접촉을 막음과 동시에, 많은 양의 전해질 담지 부피를 갖고, 리튬이온을 자유롭게 이동시키되, 다른 극성을 갖는 전극의 bridging을 막도록 활성물질의 이동을 막는 역할을 수행 한다. 대부분의 리튬이온전지에서 사용되는 고분자 물질인 분리막은 polyethylene (PE)과 polypropylene (PP)와 같은 single olefin이나 olefin의 복합체나, polyamide (PA), poly(acrylonitrile) (PAN), poly(ethylene oxide) (PEO), poly(propylene oxide) (PPO), poly(ethylene glycol) diacrylate (PEGA), polytetrafluoroethylene (PTFE), polyvinylidene fluoride (PVdF) 및 polyvinylchloride (PVC) 등으로 이루어진 부직포나 고분자막으로 제조된다. 주로 접착이나 hot-welding의 방법으로 제조된 fabrics 물질은 그 재료, 길이 및 직경 및 기타 성질 등에 의해 분리막 성능에 영향을 미치므로 각각의 전지는 최적의 조건을 만족하여야 만 한다. 그러나 불행히도, 고분자 전해질은 형질 전환이 없는 그 자체만으로는 낮은 사이클 특성을 갖으며, 낮은 기계적 물성을 나타낸다. 이 문제는 준 투과성 다공성막을 사용함에 의해 해결될 수 있다. 이를 통해 전지의 기계적 및 전기적 안정성을 상당히 향상시킬 수 있다. 현재 분리막의 경우는 현재 PE계열의 제품이 품질 우수성을 확보하고 있으며 보다 얇고 견고한 분리막 개발을 위한 경쟁이 치

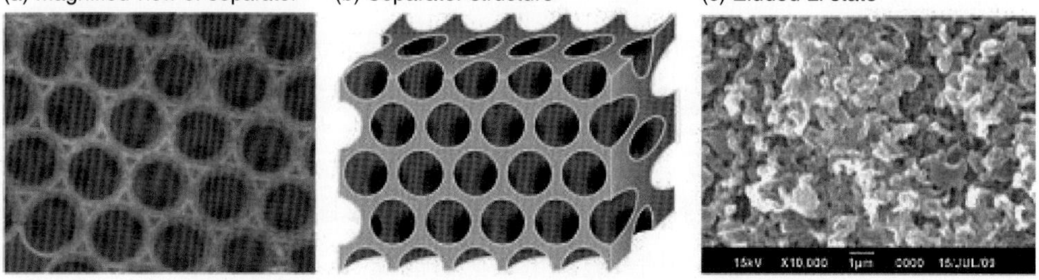

그림 4-39 3차원 배열의 기공을 갖는 분리막

열해지고 있다. 한편 전극과 전해질 계면에서 발생하는 리튬금속의 침상 조직에 의해 분리막이 파손되는 현상을 억제하기 위하여 **그림 4-39**와 같이 균일한 기공을 3차원으로 배열시킨 분리막에 대한 연구가 진행되고 있다. 이와 같은 분리막 내에서는 리튬금속이 침상보다는 입자로 성장하게 되어 분리막의 파손을 억제하게 된다.

그림 4-40은 이차전지를 구성하는 양극, 음극 및 분리막의 구성에 있어서 각 소재간의 기공율 분포가 이온전도도에 미치는 영향을 현재의 기술로 이루어진 기공률 분포와 가장 이상적인 기공율 분포를 비교하여 나타낸 것이다. 결국 분리막과 양극, 음극 소재간의 계면에서의 균일한 접촉과 분리막 소재의 기공도가 이차전지의 충 · 방전 출력 특성에 매우 중요한 요소가 됨을 알 수 있다.

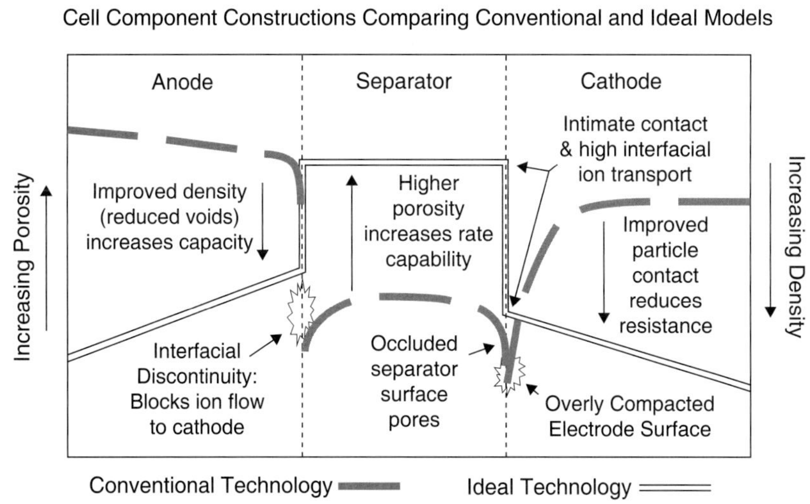

그림 4-40 구성 소재의 기공률 분포가 이온전도도에 미치는 영향

4-5. 전해질 소재

리튬이차전지의 동작 온도 범위는 응용 분야에 따라 다르다. 예를 들면, 미항공우주국에서는 이차전지의 동작 온도 범위를 -60℃에서 +80℃로 규정하고 있으며 군사용에서는 -50℃에서 +80℃를 요

구한다. 하이브리드 전기자동차용은 -30℃에서 +70℃를 동작온도 범위로 규정하고 있다. 일반적으로 Li 이차전지의 전해질은 $LiPF_6$염을 ethylene carbonate (EC) 용매 외에 dimethyl carbonate (DMC), diethy carbonate (DEC), ethylmethyl carbonate (EMC) 등을 첨가한 혼합 용액으로 만들어진다. $LiPF_6$염과 ethylene carbonate (EC) 용매는 전해질의 기본 소재이며 나머지 용매는 전해질 특성 개량용으로 첨가된다. 1M의 $LiPF_6$염과 EC : EMC를 1 : 3으로 한 용액으로 제조된 전해질의 경우 이온전도도는 22℃에서 8.8 mS/cm, -50℃에서는 0.5mS/cm를 나타내지만, 1M의 $LiPF_6$염과 EC : DMC : DEC : EMC를 1 : 1 : 1 : 3으로 한 혼합 용액으로 제조된 전해질의 경우 이온전도도는 22℃에서 10mS/cm, -50℃에서는 0.7mS/cm를 나타내어 혼합 용액을 사용하면 이온전도도 특성이 개선됨을 알 수 있다. 전해질의 특성 중에서 저온에서의 이온전도도 외에도 안정한 SEI (solid electrolyte interface)의 형성과 Li ion의 solvation/desolvation 속도도 전지의 특성에 매우 중요한 요소가 된다. 이차전지는 이온화 경향의 차이가 큰 두 전극의 전해질을 통한 가역적 산화 환원반응에 따른 전자의 이동 현상, 즉 에너지 제조 공정으로 볼 수 있다. 에너지밀도를 높이려면 전극의 이온화 차이 즉 전위가 크면 클수록 좋은데, 전해질이 수용액인 경우 물의 전기분해 전위보다 높일 수 없다. 따라서 충·방전 전위를 높이기 위해서는 내구성과 함께 이온화 경향이 큰 전극의 쌍을 찾는 것 외에 이온의 이동성이 좋고, 유전율이 큰 유기 전해액의 개발이 중요하다.

그림 4-41은 리튬-고분자전지의 대략적인 구조를 도시한 것이다. 리튬이온 폴리머전지의 음극에는 층간 구조를 갖는 탄소 재료를 사용하고, 양극에는 $LiNiO_2$, $LiCoO_2$, $LiMn_2O_4$ 등과 같은 금속산화물을 사용한다.

충전 시에는 양극에서 리튬이온이 빠져나와 전해질을 통해 이동하여 탄소음극 내로 삽입됨으로써 전기에너지가 화학에너지 형태로 저장된다. 이렇게 충전된 에너지는 방전 시에는 역반응이 진행되어 외부 회로에 전기에너지를 공급해 주고 음극에 흡장되어 있던 리튬이온

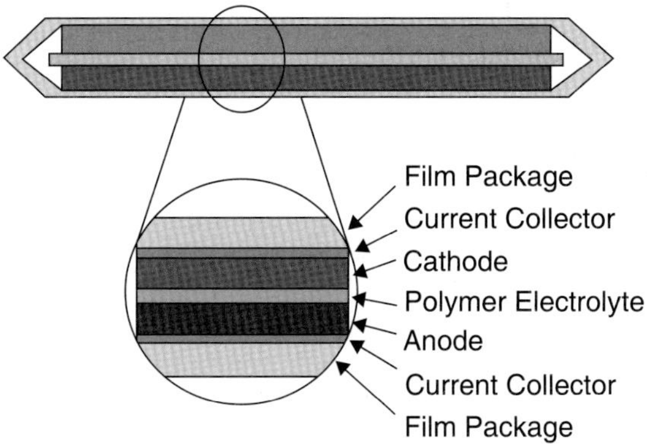

그림 4-41 리튬-고분자전지의 대략적인 구조

은 층 사이에서 빠져 나가 다시 양극으로 이동하게 된다. 이 때 음극 및 양극에서 산화 또는 환원되는 리튬이온을 전지 내부에서 운반해 주는 통로 역할을 해 주는 것이 고분자전해질이다.

리튬금속 폴리머전지는 음극 재료로써 탄소 대신 리튬금속을 사용하고, 전해질로 고체상태의 고분자전해질을 사용하는 전지를 말한다. 이 점이 액체전해액 및 다공성 분리막을 전해질로 사용하는 리튬이온전지와 근본적인 차이라 할 수 있다. 리튬금속을 음극으로 사용하는 경우에는, 리튬의 이론용량 (372mAh/g)에 비해 월등하게 높아, 고에너지밀도의 전지 설계가 가능한 이상적인 전지 시스템이다. 그러나 충방전이 진행됨에 따라 음극에서 리튬이 덴드라이트라는 침상으로 결정이 성장하여 안전성 및 싸이클 특성이 떨어지는 단점이 있다.

이들은 모두 고분자전해질을 사용함으로써 안전성이 높고, 박형의 전지를 제조할 수 있으며, 다양한 크기와 디자인으로 전지의 설계가 가능하다. 그러나 액체 전해액을 사용하는 리튬이온전지에 비해 상대적으로 고분자 전해질의 이온전도도가 낮은 관계로 전지 내부의 저항이 높아 대전류 방전에는 불리하며, 저온에서도 방전 특성이 급격히 떨어지는 단점이 있다. 이러한 리튬 폴리머전지의 낮은 고율 방전 특성 및 저온 특성을 개선하기 위한 시도가 다각적으로 진행되고 있으며, 이와 같은 연구를 바탕으로 현재는 리튬이온전지와 거의 동등한 수준의 고율 및 저온 방전 특성을 확보해 가고 있는 상태이다. 표 4-12

에 리튬 폴리머 이차전지의 고분자 전해질 요구 조건을 나타내었다.

표 4-12 리튬 폴리머 이차전지의 고분자 전해질 요구 조건

전해질 특성	전해질 요구 조건
이온전도도	상온 전도도 : 최소 10^{-3}S/cm 이상 저온(-10°C) 전도도 : 최소 10^{-3}S/cm 이상
전기화학 안정성	양극/음극 전극 반응 영역에서 분해 없이 안정
상용성	양극/고분자 전해질, 음극/고분자 전해질 사이에서 계면 저항 최소화
열 안정성	전지의 전압 범위에서 산화/환원에 대해 열적 안정
기계적 물성	전지 제조 공정에서 적합한 기계적 물성 확보

본질형 고체 고분자전해질로서 1960년대 중반 폴리에틸렌옥사이드(poly(ethylene oxide), PEO)와 같은 고분자는 칼륨염과 같은 알칼리 금속염들과 안정한 착화합물을 형성하는 것이 알려지고 1973년에는 이 착화합물이 고체 상태임에도 불구하고 용액 중에서와 마찬가지로 이온을 이동시키는 능력을 갖는다는 사실이 밝혀지면서 고분자의 이온전도성에 대한 연구가 시작되었다. 고분자 내에 존재하는 극성분자는 알칼리금속 양이온에 배위결합하여 착체를 형성할 수 있기 때문에 이 고분자 내에서 알칼리금속의 염은 용매가 없이도 용해되어 안정한 이온 상태로 존재하게 된다. 또한 이러한 이온은 해리된 상태로 고분자 속을 이동할 수 있게 된다. 전하의 이동은 곧 전기전도성으로 나타나게 되는데 전하 이동체의 성질과 관련하여 이를 이온전도성이라고 한다. 이러한 고분자/염의 복합체는 고체 상태에서도 이온의 이동이 가능하기 때문에 전해질과 같은 역할을 할 수 있다.

젤형 고분자 고체 전해질은 다량의 유기약체 전해질을 고분자에 함침시켜 겔화하여 얻어지는 고분자전해질이다. 젤형 고분자전해질은 **그림** 4-42처럼 크게 물리적 가교에 의해 만들어지는 방법과 화학적 가교에 의해 만들어지는 방법으로 구분된다.

고분자 매트릭스 내 사슬의 상호작용으로 결정성을 유발하게 되고

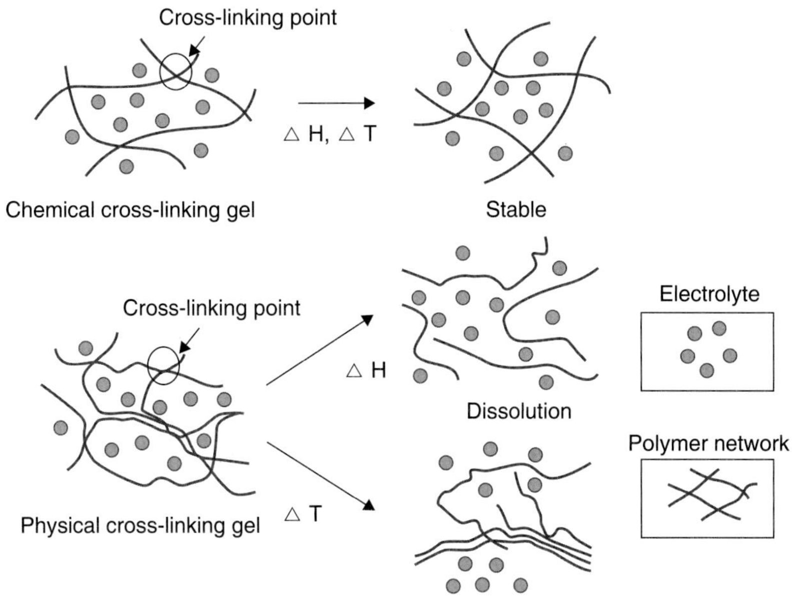

그림 4-42 젤형 고분자 고체 전해질

이러한 부분적인 결정화는 물리적인 가교 역할을 하게 되어 젤형 고분자 전해질의 기계적 물성을 유지할 수 있다. 화학적 가교는 고분자 사슬이 화학적 결합을 통하여 가교된다. 물리적인 가교에 의하여 제조된 고분자 전해질은 열에 의하여 팽윤되거나 용해될 수 있으며, 시간이 지남에 따라 용매가 유출되는 단점을 가지고 있다. 그러나 화학적 가교에 의하여 제조된 젤형 고분자전해질은 열적으로 안정하여 시간에 따른 구조의 변화가 거의 없다. 젤형 고분자 전해질을 제조하는 일반적인 방법에는 전해액과 고분자를 저빙점의 용매에 용해한 조성물을 캐스팅하여 제조하는 방법, 고분자 전구체를 전해액과 혼합한 후 열 또는 광으로 경화하는 방법과 전해액이 없는 고분자 조성물에 전해액을 함침하여 제조하는 방법 등이 있다.

젤형 고분자 고체 전해질에 사용되는 고분자 필름의 대표적인 소재 종류로는 poly(acrylonitrile) (PAN), poly (methylmethacrylate) (PMMA), poly (vinylidene fluoride) (PVdF), poly (vinylidene fluoride-co-hexafluoropropene) (PVdF-HFP), poly (vinyl pyrrolidinone) (PVP), poly (vinyl sulfone) (PVS)이 사용된다. 젤형 고분자 고체 전

해질에 사용되는 용매로는 호스트 고분자를 잘 녹이며, 유전율이 높아 전해질 염을 잘 해리시킬 수 있으며, 비등점이 높아 필름 형태로 만든 후에도 함량의 변화가 작아야 하며 고분자 필름 속에서 가소제의 역할을 할 수 있어야 한다. 가장 대표적으로 사용되는 용매로는 propylene carbonate (PC), ethylenecarbonate (EC), dimethyl carbonate(DMC), -butyrolactone (BL) 등이다.

젤형 고분자 고체 전해질은 기계적물성이 비교적 나쁜 단점이 있다. 최근의 연구 동향은 공중합체를 사용하여 기계적인 물성이나 전도도를 향상시키려는 노력들이 진행되고 있다. PVdF-HFP (Kynar)는 상온에서 전도도가 매우 높고 기계적인 물성이 우수한 고분자 전해질을 보고하였다. 또한 극성 용매에 불용인 poly(p-phenylene terephthalamide)를 사용하여 스폰지 형태의 고분자 필름을 만든 후 극성 용매를 함침시켜 기계적인 강도 및 상온 전도도가 우수한 고분자 고체 전해질을 얻은 예도 보고되었다. Scrosatiti 등은 $LiAlO_2$를 충전제로 중량비로 약 10% 첨가한 결과 전도도가 $1X10^{-3}$ S/cm 로 향상된 필름을 얻을 수 있었다고 보고하였다. 또한 이 필름은 균일하고 기계적 물성이 우수하였으며, 전기화학적으로 리튬이 가역적인 산화/환원반응을 일으키는 것이 보고되었다. 또한 Fedkiw 등은 PEGDME에 octanol로 표면을 개질한 실리카 (fumed silica) 외 DMC와 리튬염을 첨가하여 상온전도도가 1×10^{-3} S/cm 이상인 박막을 얻을 수 있었으며 사용 가능한 전위창(potential window)이 55 V 이상이고 성형가공이 가능한 고분자 전해질을 보고하였다. 이러한 젤형 고분자 고체 전해질은 전도도가 상온에서 10^{-3} S/cm 이상으로 매우 높아 리튬 고분자 전지의 고체 전해질로의 실용화 연구에 널리 응용되고 있다.

Bellcore형 리튬-고분자전지는 미국의 Bellcore사가 개발한 리튬-고분자 전지 시스템으로 고분자로 사용된 고분자 고체 전해질은 PVdF-HFP 공중합체에 액체 전해질 용액을 함침시켜 사용하였다. Bellcore사의 핵심 기술은 **그림** 4-43과 같이 가소제가 첨가된 전해질 박막을 두 전극 사이에 끼워 넣은 후 뜨거운 롤러 사이로 통과시켜 라미네이트된 전극 집합체를 제작한 후 이를 용매에 침적하여 가소제를 제거

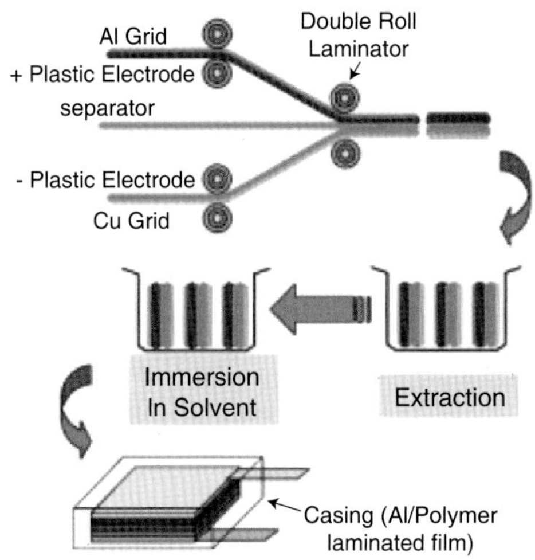

그림 4-43 Bellcore형 리튬-고분자전지 제조 공정도

한다. 진공에서 전해액을 주입하고 밀봉하여 전지를 제조한다.

이 전지 전구체 제조 시에는 수분이 완전히 제거된 분위기가 아니어도 가능한 것으로 보고하고 있어 양산성이 우수하고 양산 단가가 낮은 점 등이 부각되는 기술이다. 그러나 이 기술은 공정이 복잡하고, 가소제의 불완전 제거로 인하여 만들어진 전지의 사이클 특성이 나쁘다는 단점이 있어 이를 개선하는 공정 및 기술이 필요하다.

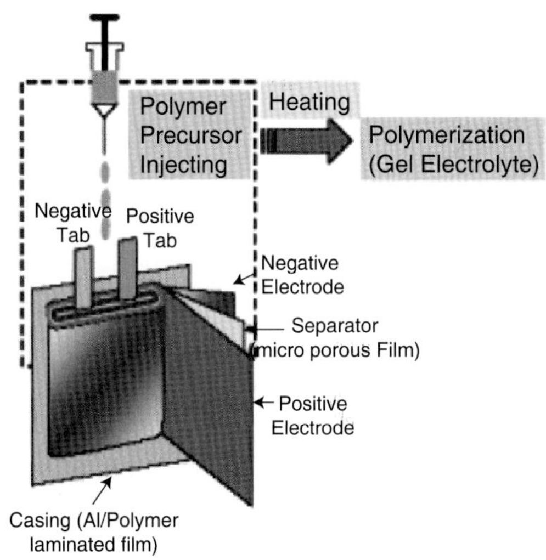

그림 4-44 직접 가교형 리튬-고분자전지 제조 공정도

직접 가교형 리튬-고분자전지는 1999년말 일본의 산요에 의해 개발된 기술로 전극판과 다공성 분리막의 Jelly Roll 혹은 스택을 파우치에 넣은 후 열에 의해 중합 가능한 PEO계 올리고머 가교제와 전해액 조성물을 주입한 수열로 경화시켜 전지를 제조하는 방법으로 **그림** 4-44에 제조 공정도를 나타내었다.

이 전지는 기존의 리튬이온전지의 극판 및 분리막을 그대로 사용하는 장점이 있다. 하지만 올리고머 상태의 가교제가 경화되지 않아 전해질 내에 잔존하는 경우 전지의 특성을 크게 저하시키는 것으로 알려져 있어 가교제를 완전히 경화하는 것이 매우 중요하다. 또한 고분자 전해질이 전극에 균일하게 도포되기 위해서는 전해액과 가교제의 비율이 매우 중요한 것으로 알려져 있다. 즉, 가교제의 함량이 너무 낮을 경우 좋은 필름을 얻기가 어려우며, 가교제의 함량이 너무 높은 경우 점도가 증가하여 균일한 함침이 어려워지는 문제가 있다. 이차전지에서 전해질 소재의 경우, 폴리머 전지에서는 핵심 소재이며 전도성과 전압 특성 등 기본 특성 개발 외에도 화학적 안정성을 갖는 폴리머 전해질의 개발이 활발하게 진행되고 있다.

제 5 장

연료전지 소재

5-1. 연료전지의 종류 및 응용분야

연료전지는 배기가스가 깨끗해 환경과 친밀한 특성을 가지며, 적은 용량으로도 효율이 높고, 더욱 폐열을 효율적으로 이용할 수 있어 에너지 효율의 향상을 도모할 수 있는 새로운 에너지의 하나로써, 위치를 확고히 하고 있으며, 향후 보급 촉진이 기대된다. 3세대 이동전화, 노트북PC, 인터넷 PDA 등과 같은 휴대형 디지털기기에 대한 수요가 증가함에 따라 효율적인 휴대형 에너지원의 개발이 촉진되고 있다. 현재까지 휴대 전화기 및 오락기기 등에는 일반 건전지가 주로 사용되고 있으나 연료전지가 현재 사용 중인 리튬이온전지, 리튬폴리머전지나 아연-공기전지보다 밀도가 더 높은 에너지원이 될 수 있을 것으로 전망하고 있다. 그러나, 연료전지는 몇 가지 기술적 문제 때문에 아직 적극적으로 채용되지 못하고 있다. 연료전지는 방전 수준이 균일하고 직접 메탄올 연료전지의 경우, 에너지밀도가 1,400~1,900Wh/L 정도가 가능하며, 화학 반응물질을 보충하여 계속 사용할 수 있는 등의 장점이 있으나, 메탄올이나 수소를 연료로 사용함으로써 안전성에 문제가 있으며, 또한 귀금속인 백금 촉매를 사용하기 때문에 재료 가격이 높다는 문제점과 함께 시스템의 소형화에도 아직 어려움이 있다.

연료전지는 연료의 연소 과정과 열에너지를 기계적 에너지로 변환시키는 과정이 없어 기존 에너지원보다 효율이 10~20% 정도 높으며, NO_x, SO_x 등의 유해 가스의 배출이 1% 이하로, 대기 환경의 획기적인 개선을 기대할 수 있는 청정 고효율 발전 시스템이다. 연료전지는 연료로써 화석연료를 사용하므로 개질기에 의한 조작이 반드시 필요하며, 이 경우 탈황, 분진 제거를 충분히 할 수 있기 때문에 SOx와 분진은 거의 방출되지 않는다. 또, 종합적인 효율이 높기 때문에 이산화탄소의 발생도 적다. 또한 사용 가능한 연료가 다양하다. 신뢰도가 중요한 특수 목적용으로는 순 수소가 사용되나, 일반 전력 공급용으로는 석탄가스, 천연가스, 매립지 가스, 메탄올, 휘발유 등, 비교적 가격이 저렴한 탄화수소 계열의 연료 모두 사용할 수 있다.

연료전지는 반응 과정에서 발생하는 열을 유효하게 이용하는 것이 가능하고, 전기와 열을 동시에 발생하는 코제너레이션 시스템으로 최적이다. 투입한 도시 가스에너지의 약 40%가 전기로, 약 40%가 온수나 증기로 변환됨으로써, 종합적으로 약 80%가 유효하게 이용될 수 있는 뛰어난 에너지 절약 장치로서 다양한 용량으로 시설물의 건설과 증설이 용이하고 기계적인 구동 부분이 없기 때문에, 가스 공급기 등에 약간의 소음과 진동이 있을 뿐 기계식의 발전기와는 비교도 안 될 정도로 적다. 반면에, 전지 제작이나 발전소 건설비용이 효율에 비해 아직은 비싼 편이며, 완벽한 전력 원으로 사용하기 위한 기술 개발이 더욱 필요하다.

연료전지의 전력 생산 과정은 연료인 수소의 생산, 저장 및 연료 전지에서의 발전 과정을 거쳐 이루어진다. 고가의 수소 대신 탄화수소 연료를 사용하는 경우에는 천연가스, 바이오메스, 에탄올, 메탄올, 가솔린 등으로부터 수소로의 개질 과정을 거쳐 연료전지에서의 발전을 통해 이루어진다. 연료전지시스템은 수소의 저장 또는 연료의 개질을 담당하는 연료처리 장치, 시스템 구동계인 운전 장치, 전원 발생 장치인 연료전지 스택으로 구성된다. 연료전지를 구성하는 장치별 기술 및 각각의 요소 기술을 표 5-1에 정리하였다.

표 5-1 연료전지의 구성 및 요소 기술의 분류

<table>
<tr><td rowspan="4">연료 전지</td><td rowspan="2">연료 처리 장치</td><td>수소 저장</td><td>수소 압축, 액화, 특수 금속 활용 기술</td></tr>
<tr><td>수소 개질</td><td>고온 수증기 개질, 부분 산화 개질, 자동 발열 개질</td></tr>
<tr><td rowspan="2">운전 장치 및 스택</td><td>운전 장치(BOP)</td><td>연료 및 공기 공급 제어, 전력 변환, 냉각 등</td></tr>
<tr><td>스택</td><td>촉매, 전극, 전해질, 밀봉재 등</td></tr>
</table>

1) 연료전지의 종류

연료전지는 사용되는 전해질에 따라 고분자 전해질 연료전지(PEMFC, polymer electrolyte membrane fuel cell), PEMFC 중 메탄올을 직접 연료로 사용하는 직접메탄올 연료전지(DMFC, direct methanol fuel cell), 인산형 연료전지(PAFC, phosphoric acid fuel cell), 알칼리형 연료전지(AFC, alkaline fuel cell), 용융탄산염 연료전지(MCFC, molten carbonate fuel cell), 그리고 고체 산화물 연료전지(SOFC, solid oxide fuel cell)로 구분되며, 전해질 특성에 따라 작동 온도에 차이가 있으며, 응용 분야 또한 서로 다르다. 이중에서 액체 전해질을 사용하는 연료전지는 AFC, PAFC 및 MCFC 이고, 고체 전해질을 사용하는 연료 전지는 PEMFC, DMFC 및 SOFC이다. 연료전지는 근본적으로 동일한 원리에 의해서 작동하지만, 다른 점은 연료의 종류, 운전 온도, 촉매와 전해질이다.

액체 전해질을 사용하는 연료전지의 경우 액체 전해질을 공간적으로 원하는 위치에 담아 두기 위해서 다공성 담체를 이용한다. 담체로는 주로 전해질의 작동 조건에서 안정한 세라믹 재료를 사용한다. 액체 전해질의 단점은 전해질의 위치 제어가 어렵고, 휘발성이 있어서

전해질 양이 시간에 따라 감소함으로써 성능이 감소하며 전해질 자체의 부식성이 있어서 주변 소재의 퇴화를 촉진하는 점들이 있다.

고체 전해질을 사용할 경우 액체 전해질에서의 문제를 피할 수 있다. 즉, 고체 전해질은 상대적으로 전해질의 위치 제어가 쉽고, 전해질의 위치가 고정되어 있어서 전해질 고갈의 위험성이 없으며, 부식성이 약하여 소재의 수명이 길어지는 장점들이 있다. 고분자 전해질의 경우 수분이 어느 함량 이상 내부에 존재할 때 수소이온 전도도를 나타내므로 액체 전해질과 고체 전해질의 중간 성격을 띤다. 즉 고분자 전해질은 액체 전해질에서 전해질을 담아 두는 구조가 필요한 것처럼 마찬가지로 수분을 고분자 전해질 내에 담아줄 수 있는 장치가 추가로 필요하다. 그러나 한편 고체 전해질과 마찬가지로 전극 내에서의 전해질의 위치가 고정되어 있는 특징이 있다. 즉 전해질을 담아 두기 위한 지지체가 필요 없고, 전해질에 의한 부식 및 휘발성이 없어서 전해질의 감소가 일어나지 않는다. 그 외에도 고체 전해질이 가지는 장점은 전극 내에 분산되어 있는 촉매 표면과의 접촉을 쉽게 제어할 수 있어서 성능을 크게 증가시킬 수 있다는 점이 있다. 현재 개발되어 사용되고 있는 고체 전해질로는 수소이온 전도성 고분자 전해질과 산소이온 전도성 산화물의 두 종류가 있다.

고체 고분자 전해질은 내부에 수분이 존재해야 만 충분한 이온전도도를 나타내므로 100℃ 이하에서 사용되고 있으며, 산소이온 전도성 고체 산화물 전해질은 600℃ 이상의 고온에서 충분한 이온전도도를 나타내므로 사용 가능한 온도가 고온으로 제한되고 있다. 작동 온도가 낮을 경우 사용가능한 촉매가 백금계의 귀금속으로 제한이 되는 단점을 가지고 있으며, 작동 온도가 고온일 경우 사용 가능한 소재가 고가의 세라믹으로 제한된다는 점과 열응력에 의한 스택의 불안정성 등의 단점들을 가지고 있다. 따라서 고성능 연료전지의 상용화를 앞당기기 위해서는 액체 전해질의 문제를 극복하고 또한 저온과 고온의 작동 온도에서 나타나는 문제들을 해결할 수 있는 중온형 고체 전해질의 개발이 필요하다. 현재 많은 연구자들이 중온에서 작동 가능한 다양한 고체 형태의 소재들을 연구하고 있으며, 이를 미래형 연료전지로 분류하여 본 기고에서 다루고자 한다. 또한 본 장에서는 현재 많은 발전이 이루어진 AFC, PAFC, MCFC, PEMFC, SOFC 및 DMFC 이외에 현재 기초 연구 단계에 있으면서 미래에 큰 영향을 미칠 것으로 예상되는 새로운 연료전지들에 대해서 정리해 보고자 한다.

연료전지는 용도에 따라서 크게 발전형, 수송용, 휴대용으로 나눌 수 있다. 발전형 전지는 대형, 분산형, 가정용으로 구분할 수 있으며, 수송용은 자동차용, 버스용, 우주선용, 잠수함용 등으로, 휴대용은 휴대폰용, 노트북용 등의 일반 소비자용 전원과 군사기기용, 우주선용, 휴대용 전력 등으로 구분할 수 있다.

현재 연료전지를 연구하는 연구자들에게 주어진 과제는 기존의 동력원과 경쟁할 수 있는 제조 가격과 유지 비용이 드는 연료전지를 개발하는 것이다. 이를 위한 접근 방법으로는 성능 대비 제조 원가를 낮추는 방법과 저가의 연료로 작동 가능한 연료전지의 개발하는 방법 등 2가지가 있다. 성능 대비 연료전지의 제조 원가를 낮추는 방법으로는 같은 소재를 사용할 경우 구조를 바꾸어 성능을 향상시키거나 제조 공정을 개선하여 제조 원가를 낮추는 방법이 있으며, 다른 소재를 사용할 경우에는 저가의 소재를 개발하거나 고성능의 소재를 개발하여 사용하는 방법이 있다. 저가의 연료로 작동 가능한 연료전지의 개발은 현재 많은 연구자들에 의해서 개발 중에 있다. 미래형 연료전지를 제조 가격 대비 성능을 높이는 관점에서는 고성능 수소연료전지로 그리고 저가의 연료를 사용한다는 관점에서는 저가 연료형 연료전지로 구분할 수 있다.

고성능 연료전지 개발의 관점에서 실현 가능한 미래형 연료전지로는 수소이온전도성 고체 전해질 연료전지(PCFC, Protonic Conducting Fuel Cell)를 들 수 있다. 수소이온전도성 고체 전해질 연료전지(PCFC)의 경우 고체 전해질을 사용하므로 액체 전해질의 단점이 없으며, 또한 작동 온도가 100℃~600℃의 중온으로 기존의 고체 고분자 전해질이나 고체 산화물 전해질의 단점을 극복할 수 있을 것으로 예상되는 연료전지이다.

저가 연료형 연료전지로 현재 개발되고 있는 미래형 연료전지로는 고체 탄소를 연료로 하여 직접 산화시키는 직접 탄소 연료전지(DCFC, Direct Carbon Fuel Cell or Direct Coal Fuel Cell), 미생물을 이용하여 생화학 연료로부터 전기에너지를 얻는 미생물 연료전지(MFC, Microbial Fuel Cell), 금속을 연료로 사용하는 금속/공기 연료전지(MAFC, Metal Air Fuel Cell) 및 알코올 종류를 연료로 하는 직접 알코올 연료전지(DAFC, Direct Alcohol Fuel Cell) 등이 있다. 알코올과 유사한 연료로는 다이메틸에테르를 연료로 사용하는 직접 다이메틸에테르 연료전지(DDMEFC, Direct Dimethyl Ether Fuel Cell)와 개미산을 연료로 사용하는 직접 개미산 연료전지(DFAFC, Direct Formic Acid Fuel Cell) 등이 있다.

수소/산소형의 연료전지의 명칭은 전해질 종류에 따라 구분되며, 운전 온도는 각각의 전해질의 물성에 따라 결정된다. 또한, 직접형 연료전지의 경우에는 연료에 따라 구분된다. 표 5-2에 알칼리형 (AFC), 고체고분자형 (PEFC), 인산형 (PAFC), 용융탄산염형 (MCFC), 고체산화물형 (SOFC) 및 직접형 메탄올 (DMFC)의 각종 연료전지의 특징을 정리하였다. 수소/산소형 연료전지의 전해질은 수소종 혹은 산소정이 이온으로서 전도해야 한다. 함수하여 기능을 발휘하는 양이온 교환막을 포함한 수용액계의 연료전지는 전하 담체가 H^+ 혹은 OH^-이며, 용융 탄산염형에서는 CO_3^{2-}, 고체 산화물형에서는 O^-이다. 수용액계의 연료전지는 전해질의 저항이 적으므로 비교적 높은 전류밀도에서의 동작이 가능하다. 한편, 고온형인 용융 탄산염형 연료전지의 발전효율은 높다. 고온형이므로 산소환원 반응의 활성화 과전압이 적으므로 낮은 전류밀도에서의 전압손실이 적기 때문이다. 고온형의 연료전지는 내부 개질을 적용하거나, 배열을 이용한 시스템을 구성함에 따라 더욱 높은 발전효율을 기대할 수 있다. 한편, 저온형 연료전지의 효율 향상을 위해서는 전극 촉매에 관계된 연구 · 개발이 매우 중요하다.

표 5-2 연료전지의 종류

구분	PAFC (인산형)	MCFC (용융탄산염형)	SOFC (고체 산화물형)	PEMFC (고분자 전해질형)	DMFC (직접메탄올)	AFC (알칼리)
전해질	인산	탄산리튬, 탄산칼륨	지르코니아	수소이온 교환막	수소이온 교환막	수산화 칼륨
이온전도체	수소이온	탄산이온	산소이온	수소이온	수소이온	수소이온
촉매	Platinum on PTFE/carbon	니켈 또는 니켈 화합물	니켈/ Zirconia cermet	Platinum on carbon	Pt-Ru or Pt/C	Platinum on carbon
작동 온도	200℃	650℃	1000℃	<100℃	<100℃	<100℃
연료	수소	수소, CO	수소, CO	수소	메탄올	수소
연료원료	LNG, LPG	LNG, LPG, 석탄	LNG, LPG	메탄올, 메탄 휘발류, 수소	메탄올	수소
효율(%)	40	45	45	45	30	40
출력범위	100~5,000	1000~10000	1000~10000	1~1000	1~100	1~100
용도	분산발전형	대규모 발전	대규모 발전	수송 동력원	휴대형 전원	우주선

인산형 연료전지(Phosphoric Acd Fuel Cell)는 전기 생산에 비교적 순수한 수소(70% 이상)를 요구한다. 인산형 연료전지 내의 전극은 탄소지지 체의 표면적 위에 촉매로 백금이나 백금 혼합물을 포함한다. 인산형 연료전지의 반응은 발열 반응이므로 연료전지가 반응 온도인 200℃로 유지함이 최적의 운전 조건이 된다. 따라서 연료전지 반응 시, 반응열을 냉각시켜야 하며 이때 생성되는 반응열을 이용하면 효율을 70% 이상 높일 수 있다. 인산형 연료전지 응용은 휴대용, 자동차용 및 고정용 전원 등이다

인산형 연료전지는 전기 생산에 비교적 순수한 수소(70% 이상)를 요구하며, 인산형 연료전지 내의 전극은 탄소 지지체의 표면적 위에 촉매로써 백금이나 백금 혼합물을 포함하고 있다. 인산형 연료전지의 운전 온도는 약 200℃이다. 이것은 인산 전해질의 안정도를 위하여 허용하는 최댓값이다. 이 기술로 현재까지 순수한 발전 효율은 40~50% 정도이다. 이 수준보다 높은 효율을 갖기 위해서는 전지와

스택 구성품의 지속적인 개발에 의한 종합시스템 제어에 의존하여야 한다. 일례로 인산형 연료전지의 반응이 발열 반응이므로 연료전지가 반응온도인 200℃로 유지함이 최적의 운전 조건이 된다. 따라서 연료전지 반응시 반응열을 냉각시켜야 하며 이때 생성되는 반응열을 이용하면 효율을 70% 이상 높일 수 있다. 인산은 저온 연료전지를 위한 전해질로써 필요한 수명을 가진 그런 유일한 물질로 알려져 있다. 이것이 낮은 이온 도전율을 가지고 있다 할지라도 이것의 안정도는 전류 상태를 증진시키는 전지 개발에 기여하였다. 인산형 연료전지 응용은 휴대용, 자동차용 및 고정용 전원을 포함한다.

용융 탄산염형 연료전지(Molten Carbonate Fuel Cell)의 전해질은 낮은 용융점을 갖는 탄화리튬과 탄화포타슘의 혼합물이다. 전극은 다공성 니켈로 만든다. 전극의 부식성과 내구성은 아직 확보해야 할 기술이다. 장점은 일산화탄소, 이산화탄소 및 수소에 대하여 내성이 있다는 점이다. 이것은 일산화탄소와 이산화탄소를 분리하는 공정을 필요로 하는 다른 전지들보다 초기 투자비가 낮고, 시스템 설계가 매우 단순해진다는 것이다. 반면에 운전온도가 높아 정상 운전되는 동안 용융 탄산염 전해질의 결핍과 증발로 인하여 양이 줄어든다는 점이 운전의 안정성과 현재 용융 탄산염형 연료전지의 유효 수명의 한계점이다.

고체 산화물형 연료전지(Solid Oxide Fuel Cell)의 특징은 탄화수소를 직접 전기로 변화시킬 수 있는 데 있다. 전해질은 안정화된 산화이트늄으로 가스가 스며들지 않은 산 이온이 효율적으로 접촉하고 있는 얇은 산화지르코늄 층이다. Cathode는 된 산화이트늄 안정화 지르코늄으로 만들어졌고, anode는 니켈-지르코늄 세라믹 합금으로 만들어졌다. 특성은 운전 온도가 약 1,000℃로 매우 높다는 것이며, 이 온도에서는 수소와 일산화탄소의 전기 화학적 산화 반응이 일어나고 촉매 없이 연료가 개질된다. 따라서, 적당한 금속 재료의 열적-기계적 강도를 요구하기 때문에 가스 누출 방지가 가장 중요한 핵심 기술이다. 주로 자동차 응용에 대한 연구가 진행 중이다.

고분자 전해질형 연료전지(Proton Exchange Membrane Fuel Cell)

의 전해질은 액체가 아닌 고체 고분자 중합체(Membrane)로 다른 연료전지와 구별된다. 인산형 및 알칼리형 연료전지 시스템과 비슷한 멤브레인을 이용하는 연료전지는 촉매로 백금을 사용한다. 멤브레인 연료전지의 개발 목표는 최소 1.5g/kW의 백금 촉매를 쓰는 것이다. 이 백금 촉매는 일산화탄소에 의한 부식에 민감하므로 일산화탄소의 농도는 1,000ppm 이하로 유지해야 한다. 특히, 인산형에 비해 저온에서 동작되며, 출력 밀도가 크기 때문에 소형화가 가능하며, 기술이 인산형과 유사하여 응용 기술의 적용이 쉽기 때문에 현재는 고분자 전해질형 연료전지의 이용 규모가 적을지라도 상업화가 가능하다. 더욱이 현재 시범용 고분자 전해질형 연료전지에 의한 자동차는 실험 결과 우수성이 입증되어 더 많은 연구가 진행 중이다.

직접 메탄올 연료전지(Direct methanol fuel cells)는 메탄올을 직접, 전기 화학적 반응으로 발전하는 시스템이다. DMFC는 PEMFC와 마찬가지로 고체고분자 전해질을 사용하지만 기체 상태의 연료를 사용하는 기존의 연료전지들과는 달리 액체 상태의 메탄올 용액을 연료로 사용하기 때문에 전지반응 기구가 다르고 운전 특성이나 휴대 특성이 달라 PEMFC와 구별하여 부르고 있다. DMFC는 소형으로 제작이 가능하고 운반이 용이하고 상대적으로 안전하여 소형 전자기기에 사용할 목적으로 많은 연구가 진행되고 있다. 전해질은 이온 교환막에 인산을 담지시킨 것이다. 작동 온도는 150℃로 비교적 저온이며, PEFC와 비교하여 개질기를 제거할 수 있으며, 시스템의 간소화와 부하 응답성의 향상을 기대 할 수 있는 장점을 갖고 있다. 그러나 반응 속도가 낮음에 따른 저출력 밀도, 다량의 백금 촉매의 사용과 메탄올과 산화제의 Cross Over(고체 고분자 막을 통과하는 것) 등의 단점이 있다.

알칼리 연료전지(Alkaline Fuel Cell)는 KOH 수용액을 전해질로 한 연료전지로서 KOH의 농도에 따라 5~240℃의 폭넓은 온도 범위에서의 운전이 가능하다. 미국에서 우주 개발용과 해양 개발용 및 운수용으로 개발되었고, 아폴로 우주선에 탑재되어 전력생산 및 음용수 제조용으로 그 실용성이 입증되었다. 연료는 순수 수소를 사용하며, 산화제로는 순수 산소를 쓴다. 운전 온도는 대기압에서 60~120℃이다. 미국 UTC사나 독일 Siemens사 등이 기술을 가지고 있다. 0.2Acm^{-2} 이상의 전류밀도에서 0.8V 이상의 셀 전압이 얻어지는 등, 신뢰성, 성능 모두 매우 높다. 또한, 전극매체에 Pt 계뿐만 아니라 Ni 계의 매체를 이용할 수 있다. 온도 제어 및 생성수의 제거를 위해 전해질을 순환하는 시스템으로 되어 있다. 전해질의 KOH는 CO_2와 반응하여 K_2CO_3로 되어 열화하므로 연료, 산화제 모두 탈 CO_2가 필요하지만, 전해질의 교환은 용이하므로 그만큼 심각한 문제는 없을 것으로 생각되고 있다. 알칼리 전해질을 이용하기 위해 산성 전해질과 비교하여 부식성이 적으므로 재료의 선택 범위가 넓고, 재료 비용이 가장 낮은 연료전지이다. 전해질의 교환 시스템을 포함한 인프라 정비 및 용도의 선택으로 상용화할 수 있는 가능성이 있을 것이다. 알칼리 연료전지(Alkaline Fuel Cell)는 수소의 저장과 이산화탄소의 효율적인 제거가 주요 핵심 기술이며, 이는 상업화에 가장 중요한 요소가 된다. 개질기를 이용하여 생성된 연이온이 발생되는 부반응이 전지의 성능을 저하시키는 문제점이 있다. 수소에 기초한 미래 자동차의 경제성은 알칼리 연료전지의 상업화에 달려 있다 해도 과언이 아니다.

2) 연료전지의 응용 분야

연료전지는 현재의 축전지를 대체할 수 있으며, 500W 이상의 출력 범위에서는 내연기관과의 경쟁도 가능할 것을 예측되며, 기술적인 측면에서 볼 때에는 마이크로 용량에서는 직접 메탄을 이용한 DMFC 중 Medium 영역 이상에서는 수소 이용 PEMFC가 적당하며, 5~50W 영역에서는 두 개가 함께 공존 및 경쟁 가능한 영역이 된다.

소형 연료전지로 PEMFC와 DMFC가 주로 연구 개발 중이며, 현재까지 시스템 관점에서 PEMFC의 시제품이 개발되었으며, 많은 기관에서 DMFC 개발 연구를 수행하고 있다. 작동 조건 80℃, 1기압에서 산화제로 공기를 사용 시 일반적인 PEMFC 성능은 0.5~1W/cm^2, DMFC의 성능은 0.1~0.2 W/cm^2 수준이다. PEMFC는 수소 저장 및 공급의 어려움, DMFC는 낮은 성능 등의 문제점이 있다. **표** 5-3에는 연료전지의 용량별 응용 분야, **그림** 5-1에는 용량별로 연료전지를 구분하였다.

표 5-3 연료전지의 용량별 응용 분야

휴대용 형태	용 량	응용 분야
Micro	〈 5W	휴대전화, PDAs, 시계, 계산기, 소형 장난감
Small	5~50W	랩탑, 캠코더, 휴대용 장난감
Medium	100~300W	전문가용 카메라, 군인 휴대 장치(충전기, 통신기), 원격 날씨 측정기, 큰 장난감, 랜턴
Large/Other	>500W	잔디깎기, 전동의자, 산업용 전동구, 휴대용 전력원(비상용, 캠핑용)

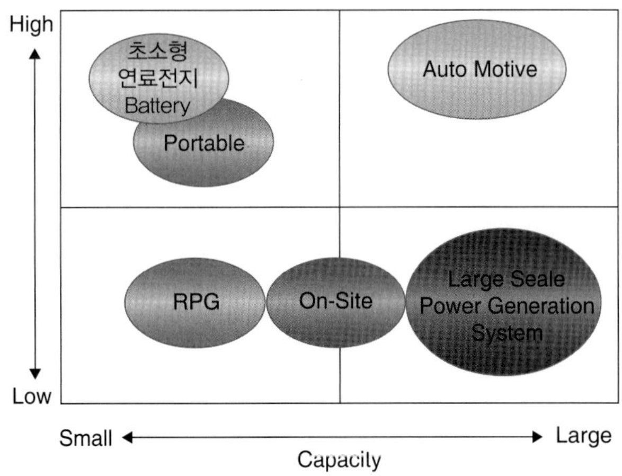

그림 5-1 연료전지의 용량별 구분

PEMFC는 네피온 고분자막을 전해질로 사용하고 있으며, 출력 밀도가 높아 기동 및 정지가 용이하므로 전기자동차용 전원, 가정용의 소형 코제너레이션 시스템용 전원으로 실용화에서 상용 개시의 단계로 되어 있어 다수의 자동차, 전기, 화학회사 등이 시스템이나 재료의 연구 · 개발을 행하고 있다. 최근 10년으로 출력 밀도가 10배 이상이 되는 기술적인 진보가 있었다. 그러나, 연료전지 중에서도 비교적 발전 효율은 낮다. 운전온도가 낮으므로 전극반응에 따른 전압 손실이 크기 때문이다. 또한, 천연가스의 수증기 개발 가스와 같은 이산화탄소를 포함한 가스를 연료로 사용할 수 있지만, 일산화탄소에 대해서는 선택적으로 산화하는 등의 방법으로 10ppm 이하로 제거할 필요가 있다.

전기자동차용 전원으로서 실용화하기 위해서는 Well to Wheel로 평가하여 하이브리드 자동차 등의 경합 기술에서 환경 적합성이 높은 것, 전극 매체로서 사용되고 있는 백금 자원의 제약을 받지 않도록 위한 백금 제거, 비백금화 기술의 개발 등이 필요하다. 가정용 코제너레이션용 전원으로서 생각될 때에는 계통 전력과의 비교가 필요하다. 이산화탄소 배출량에 관해서는 1차 에너지원을 고려할 필요가 있지만, 여기에서는 효율 비교에 머무른다. 현상으로는 계통 전원의 열효율은 발전단에서 약 42%, 송전에 의한 손실이 약 5%로 보고되어 있다. 따라서, 전력만을 고려한 경우, 분산 전원에서도 약37% 이상의 발전 효율이 요구된다. 현상, PEMFC의 1kW급 가정용 코제너레이션 시스템의 발전 효율은 약 35% 정도이므로 발전이 주체로는 효율 향상을 전망할 수 없다. 이 때문에 급탕 중심의 운용으로 열전 병합하여 종합 효율 70% 이상으로 하여 환경 적합성을 높이고 있다. 현재의 에너지 소비는 보다 편리성이 높은 전력으로 이동하는 경향이 있으므로 연료전지 기술로는 보다 발전 효율을 높일 것, 소비 관점에서는 배열의 활용을 도모하는 기술개발이 필요하다.

연료전지의 실용화를 위해서는 효율 향상과 함께 수명을 확보하는 것을 뺄 수 없다. PEMFC는 운전 온도가 낮으므로 전극 촉매로 이용되고 있는 Pt의 소결이나 용해 등에 의한 열화는 비교적 적을 것으로 생각되었다. 그러나, 부하 변동에 추종하는 비교적 적은 시스템에의 적용이 고려되고 있는 것도 있고, 실용 단계에 가까움과 함께 기동 정지 등 운전 조건의 변화에 따라 열화가 가속되는 것 등이 명확해지고 있다. Pt 촉매의 용출, 전해질 막중에서의 석출, 촉매 담체인 카본 플러그 산화 등이 문제이다. 또한, 가스 확산층 등의 발수성 저하에 의한 가스 확산성의 저하, 전극 근방에서의 산화성 중간체 생성에 의한 전해질 막 재료의 열화 등도 수명 제한 인자로 되어 있다. 현재, 장수명화를 위해 각종 재료를 재평가하여 열화 기구 해석에 기초한 운전 제어 방식의 개량 등이 진행되고 있다.

PAFC는 SiC를 테프론으로 결착한 다공질판에 농후 인산을 함침한 전해질판을 사용하여 160~210℃에서 운전하는 연료전지이다. 민생용 연료전지 시스템으로서는 가장 역사가 길고, 신뢰성이 높은 시스템으로 되어 있다. 후지전기나 IFC사에서 200kW 정도의 시스템이 주류로 개발, 판매가 행해지고 있다. 당면 수명 목표로 되었던 40,000시간의 운전 실적을 가진 플랜트는 많고, 76,000시간 이상 운전하고 있는 플랜트도 있다. 인산의 융점 이하에서는 전해질이 동결하여 연료전지의 성능이 불안정하게 되므로 시스템 정지 시에도 연료전지를 보온해야 하는 결점이 있지만, 현상의 시스템에서는 99% 이상의 설비 가동률로 운전되고 있다. 도시 가스를 연료로 하는 시스템 외, 음식물 쓰레기나 하수 오물을 발효시킨 바이오가스를 사용하는 시스템도 운전되고 있다. 이들 연료를 수증기 개질하여 저온 시프트 반응기로 일산화탄소 농도를 1% 이하로 하여 사용한다. PAFC 시스템의 발전 효율은 약 38%로 PEFC와 비교하면 높은 효율을 얻을 수 있지만, 계통 전원의 수전단 효율과 큰 차이는 없다. 따라서, 열이용은 뺄 수 없다. 배열 온도가 어느 정도 높으므로 흡수식 냉동기를 이용한 냉열 공급이 가능한 것은 PEFC 보다 우수한 점이다. 병원, 호텔 등의 비교적 열 수요가 많은 업무용을 중심으로 바이오가스 이용 분야를 포함하여 이용 확대를 기대할 수 있다.

MCFC는 $LiAlO_2$ 다공질체에 용융 탄산염을 함침한 전해질판을 사용하여 600~700℃에서 운전하는 연료전지이다. 정격에서의 전류밀도가 약 0.15Acm^{-2}로 출력밀도가 높지 않지만, 10,000시간, 평균셀 전압 약 0.8V에서의 운전 실적을 가지며, 시스템으로서의 발전 효율도 45%로 효율이 높은 연료전지이다. 가와사끼 중공업에서는 연료전지 외부에 개질기를 가진 외부 개질형 시스템을 미국 Fuel Cell Energy (FCE)사 및 독일 MTU사의 그룹에서는 연료전지 스택에 개질기를 조럽한 내부 개질형 시스템을 개발하고 있다. 1MW급에서의 플랜트 운전 실적도 있지만, 대부분 200~300kW 정도의 시스템이 많다. FCE사에서는 일본에서 5대 이상, 전세계에서 30대 이상의 시스템의 납입 실적이 있다. MCFC는 고온형이므로 탈유, 탈할로겐은 필요하지만, 천연가스, 탄광 메탄가스, 메탄올 등 다양한 연료를 직접 이용할 수 있다. MCFC의 배기가스로 터빈을 구동하는 시스템을 적용하여 더욱 발전효율을 높이는 것이 가능하여 특히 규모가 커지면 그 장점은 커질 것이다.

기술적인 과제로는 공기극의 NiO가 전해질 속에 용해하여 전해질판 속에 금속 Ni 로서 석출하여 단락하는 것, 금속 재료의 부식으로 성능 저하하는 것 등의 수명에 관계된 문제와 비용이나 신뢰성에 관계된 생산 기술의 문제가 있다. 수명에 관계된 문제는 재료, 구조 설계, 운전 조건 등의 연구 · 개발로 실용 레벨에 달하고 있다. 생산 기술에 관계된 문제 등은 MCFC 시스템의 도입을 촉진하는 것으로 개선될 것이다.

SOFC는 안정화 ZrO_2 등의 이온 전도성 세라믹을 전해질로 하는 연료전지로 700~1,000℃에서 운전하는 연료전지이다. Siemens Westinghouse Power (SWP)사가 가장 풍부한 실적을 가지며, 100kW급의 운전 실적을 가진다. 일본에서는 미쯔비시중공업, 미쯔비시 머티리얼, 히타치, 교쎄라 등이 수십 kW급의 시스템을 개발하고 있다. 현 단계에서는 시스템의 실증 단계이다. MCFC 보다 더욱 용이하게 천연가스를 직접 이용할 수 있고, 배열을 이용한 복합 발전을 포함하여 높은 발전 효율이 기대되고 있지만, 생산 기술을 포함하여 기술과제도 많다.

DMFC는 전지 구성 재료나 구조에서는 PEMFC으로 분류되는 것도 있다. 메탄올 수용액을 연료로 이용한다. 초소형 모바일용 전원에서는 연료, 공기 모두 동력을 이용하지 않고, 공급하는 패시브형으로 불리는 방식과 PC용 전원 이상의 출력에서의 연료나 공기를 강제적으로 공급하는 액티브형으로 불리는 방식이 있다. 고온형에서는 메탄올 수용액을 증기로 공급하는 경우도 있다. 수소나 메탄 등의 압축 가스 연료와 비교하여 액체연료는 체적 에너지 밀도가 높기 때문에 각종 이동체 전원 등, 전력계통과 접속할 수 없는 독립 전원으로서의 용도를 고려하고 있다. PEMFC와 함께 현재 가장 주목을 모으고 있는 연료전지이며, 특히 모바일용 전원으로서의 연구 · 개발이 활발해지고 있다. 기술적인 과제로는 메탄올을 산화하기 위한 고성능 애노드 전극 촉매, 메탄올이 전해질 막을 투과하여 공기극 측에서 산화하여 효율 저하하는 메탄올 크로스 오버를 억제하기 위한 신규 전해질 막이나 선택적으로 산호 환원 반응을 행하여 메탄올 산화의 촉매능을 가지지 않는 캐소드 전극 촉매 등이 있다. 이들은 에너지 변환 효율 향상에 관계된 것이다. 그러나, 모바일용 전원으로서 사용하는 경우에는 전력용이나 자동차용과 비교하여 비용이나 에너지 변환 효율의 제약은 적다. 한편으로 여러 가지 사용 방법에서의 안전성, 신뢰성이 높은 시스템으로 할 필요가 있으므로 전극 촉매나 전해질 막의 열화에 관한 문제가 보다 중요해졌다.

연료전지를 용도에 따라 분류하면 표 5-4에서 보는 것처럼 움직이지 않고 고정된 장치나 건물에 전기를 공급해 주는 고정형 연료전지와 움직이는 기기나 장치에 전기에너지를 공급해 주는 이동형 연료전지로 크게 분류할 수 있다. 고정형의 경우 수 킬로와트의 용량을 필요로 하는 가정용에서부터 수십 ~ 수백 킬로와트(KW)의 용량이 필요한 상업용, 그리고 수백 킬로와트 ~ 수 메가 와트의 용량이 필요한 발전소 대용의 분산 발전용이 있다. 고정형에 사용되는 연료전지는 이동이 필요하지 않기 때문에 무게가 무거워도 문제가 되지 않으며 수송용이나 휴대용에 비해 기계적 충격에 대한 문제가 적다. 현재 상용화되어 상업용 및 분산 발전용으로 사용되고 있는 연료전지로는 PAFC와 MCFC가 있다. 이동형에 사용되는 연료전지는 무게가 가벼워야 하며 기계적 충격이 반복적으로 일어날 수 있기 때문에 충격에 견딜 수 있어야 한다. 이동형에는 승용차나 버스 트럭 등의 구동에 사용되는 수송용 연료전지와 휴대폰이나 노트북 등에 사용되는 휴대용, 그리고 로봇이나 보트 등에 사용되는 이동 전원용 연료전지가 있다. 이동형에 사용되는 연료전지로는 비교적 무게가 가벼운 PEMFC와 DMFC가 현재 개발 중에 있으며 상용화에 매우 근접해 있는 실정이다.

표 5-4 연료전지의 용도별 분류

	용도별 분류	용 도	연료전지
고정식	분산 발전용	발전소(250KW~수MW)	MCFC, PAFC, SOFC
	상업용	공장, 호텔 등 (10KW~100KW)	PEMFC, MCFC, PAFC, SOFC
	가정용	주택(3KW~10KW)	PEMFC, SOFC
이동식	수송용	승용차(70KW~90KW) 버스(180KW~250KW)	PEMFC, DMFC
	휴대용	노트북, 휴대폰 등	DMFC
	이동 전원용	로봇, 무인비행기 등	PEMFC, DMFC

5-2. 연료전지의 원리 및 성능

1) 연료전지의 원리

연료전지는 전기화학반응을 통하여 연료의 화학에너지를 전기에너지로 직접 변환시키는 전기화학 장치이다. 전기화학 전지반응은 산화반응과 환원반응이 일어나는 두 개의 전극이 공간적으로 분리되어 존재하고 이 전극들을 서로 연결해 주는 전자의 이동 통로와 이온의 이동 통로가 각각 존재할 때 연속적으로 일어날 수 있다. 전기화학전지반응을 일으키기 위한 기본 구성 요소를 **그림** 5-2에 나타내었다. 그림에서 연료의 산화반응이 일어나는 전극을 애노드 (Anode)라 하며, 산소의 환원반응이 일어나는 전극을 캐소드(Cathode), 그리고 전기화학 반응에 의해서 생성된 이온들이 이동할 수 있는 매체를 전해질(electrolyte)이라 지칭한다.

전기화학 전지반응을 이용하는 전기에너지를 공급하는 대표적인 장치로는 배터리 (battery)와 연료전지(Fuel cell)가 있다. 연료전지와 배터리의 차이점은 **그림** 5-3(a)에서 보는 것처럼 배터리의 경우에는

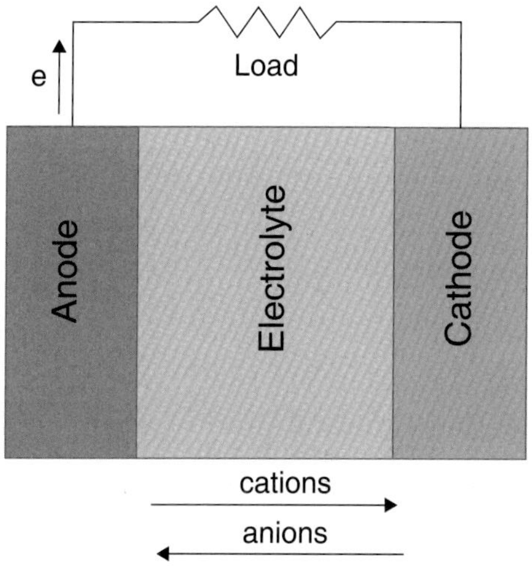

그림 5-2 전기화학전지의 원리

전기의 생산에 필요한 화학에너지를 전극의 내부에 저장하는 반면, 연료전지는 전기를 생산하는데 필요한 화학에너지를 전기화학 전지의 내부가 아니라 외부에 저장한다는 점이다. 배터리는 전극 내부에 에너지를 저장하기 때문에 다양한 장점과 단점을 나타낸다. 장점으로는 연료의 운송이나 공급 장치가 필요하지 않아서 장치가 간단해진다는 점이다. 단점으로는 제한된 부피 속에 에너지를 저장하기 때문에 1회 사용 가능한 에너지의 양이 제한되어 있고 충전에 소요되는 시간이 길어지며, 충 · 방전 시 전극 내부에 발생하는 응력에 의해서 전극의 퇴화가 쉽게 일어나 수명이 짧아진다는 점들이 있다. 또한 자체 방전에 의한 에너지의 손실이 일어난다는 단점들이 있다.

반면에 연료전지는 에너지를 전극의 내부가 아니라 외부에 저장하기 때문에 다양한 장단점을 가진다. 단점으로는 **그림** 5-3(b)에서 보는 것처럼 전기화학 전지의 외부로부터 연료와 산소를 공급해주는 장치가 필요하며 그에 따라 장치의 구조가 복잡해진다는 점이 있다. 연료전지의 장점으로는 전극내부에 발생하는 응력이 상대적으로 작아서 수명이 길며, 전극의 외부에 에너지를 저장하므로 1회 사용 가능한 에너지의 양을 크게 할 수 있는 점이 있다. 또한 자체 방전에 의한 손실이 없으며, 연료의 재공급이 매우 빠르고 용이하다는 장점들이 있다.

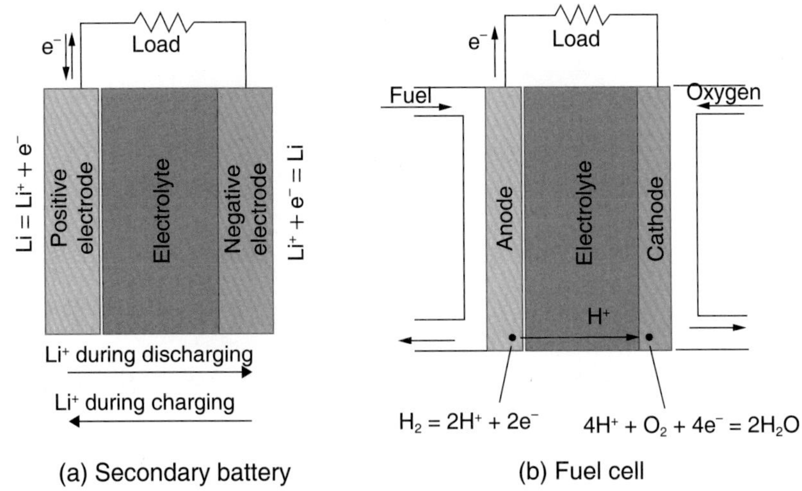

그림 5-3 이차전지와 연료전지의 비교

2) 연료전지 스택

연료전지는 각각 1개의 애노드와 캐소드 그리고 전해질로 구성된 전지를 단위 전지(unit cell) 이라고 부른다. 단위 전지의 경우 수소를 연료로 그리고 공기 중의 산소를 산화제로 사용할 경우 전압을 1.2 V 이상 얻을 수 없다. 따라서 높은 전압을 얻기 위해서는 단위 전지들을 여러 개 필요한 개수만큼 직렬로 연결시켜야 한다. 단위 전지를 여러 개 적층하여 놓은 것을 연료전지 스택이라고 한다. 연료전지의 스택을 제조함에 있어서 스택 내구성의 확보 및 단위 전지들이 모두 균일한 성능을 나타내도록 적층하는 기술이 매우 중요하다.

연료전지의 스택은 수소 원료의 화학적 에너지를 전기에너지로 직접 변환시켜 직류 전류를 생성하는 발전 장치로 휴대형 장치의 구동 또는 차량 주행에 필요한 전원을 공급하는 역할을 한다. **그림** 5-4와 같이 연료전지 스택은 반응 기체가 흐를 수 있도록 가공된 두 개의 분리판과 그 사이에서 전기화학반응을 일으키는 막-전극 어셈블리(MEA, Membrane Electrode Assembly), 분리판과 MEA 사이에서 기체의 흐름을 관장하는 가스 확산층과 밀봉을 위한 가스켓으로 구성되어 있다. 스택의 전압은 적층된 단위 전지의 개수에 비례하며, 전류는 MEA의 면적에 비례한다.

스택 기술은 연료전지 기술 가운데 가장 핵심 사항이다. 스택의 설계는 개선의 여지가 많으며, 향후 컴퓨터를 이용한 스택설계프로그램이 개발될 것이다. 또한 전류 집진 기술, 밀봉 기술, 가압 시스템 기술, 매니폴드 설계 기술 등 여러 분야의 기술이 개발될 전망이다. 또한 스택의 규모가 커짐에 따라 시뮬레이션을 통한 설계 기술과 스택의 정상 운전에 필수적인 운전 온도 제어 기술, 스택 설계 개선, 구조 단순화, 효율 개선, 운전 간소화 등의 기술 개발이 이루어질 전망이다.

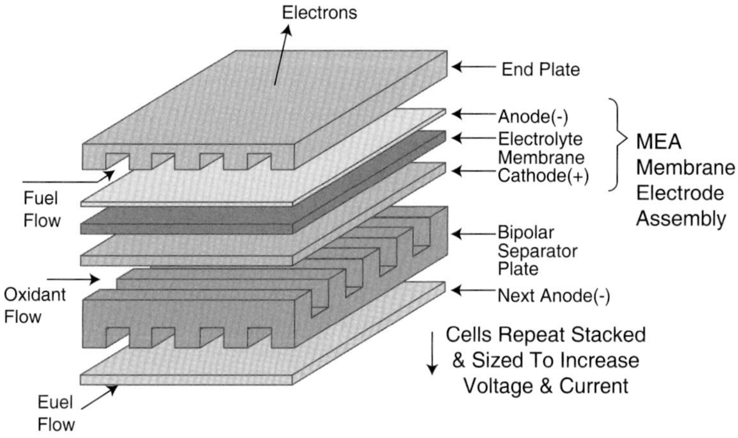

그림 5-4 연료전지 스택의 셀 구조와 구성 부품

3) 연료전지 시스템

연료전지 시스템은 **그림** 5-5에 나타낸 것처럼 연료전지의 작동에 필요한 모든 요소들을 포함하며, 크게 전기를 생산하는 연료전지 스택과 스택의 운전에 필요한 설비를 총칭하는 BOP(Balance of plant)로 분류된다. BOP는 연료의 운반 및 공급에 필요한 장치와 생성물인 물이나 열, 전력을 처리하는 장치들로 구성된다.

연료전지는 **그림** 5-6과 같이 전기화학반응에 의해 수소의 화학에너지를 전기에너지로 변환시키는 발전형 전지이다.

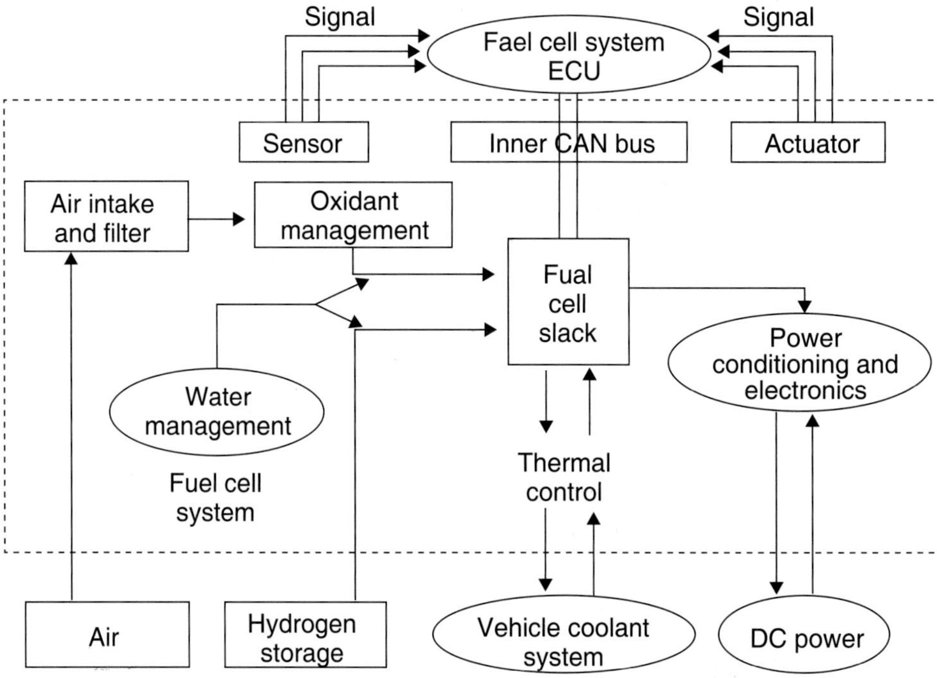

그림 5-5 대표적인 연료전지 시스템 구성도

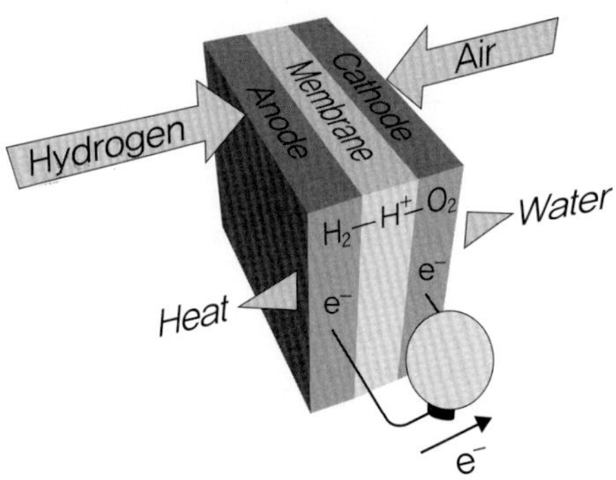

그림 5-6 연료전지의 발전 원리

연료극(anode)에 유입된 수소는 전극 촉매에 의해 산화되어 수소이온과 전자로 분리되고 분리된 수소이온은 전해질 막을 통해, 전자는 외부회로를 통해 공기극(cathod)으로 이동한 후, 공기극에 유입된 산소와의 환원반응에 의해 물과 전기에너지가 생성된다. 연료전지는 **그림** 5-7과 같이 연료전지 본체, 스택 부재, 연료 공급 · 저장 관련 부재, 주변 설비기기로 구성되고, 연료전지 스택은 전해질 막, 전극/촉매, 세퍼레이터(Bipolar Separator), 엔드판 등으로 구성되며, 전해질 막과 촉매층, 전극의 집합체를 MEA(Membrane Electrode Assembly)라 하는데 MEA의 구성과 성능이 연료전지의 성능을 좌우한다.

MEA의 가장 중요한 기술적 지표는 단위 면적당 출력 성능 및 내구성이다. 고성능 장수명 MEA를 제조하기 위해서는 전해질 막과 전극 촉매로부터 MEA를 제조하는 최적의 제조 공정 확립이 중요하며 전해질 막과 전극 촉매 자체의 성능 및 고분자 전해질과 전극과의 접착 기술 또한 중요한 성능의 요인이다. 그 외 중요한 문제점 중의 하나는 전극 촉매와 전해질 막과의 계면 저항이다. 지금까지는 전해질 막과 전극 촉매를 각각 제작하여 접착을 하는 방식을 취하고 있기 때문에 계면의 저항이 매우 높다. 최근 전해질 막과 전극 촉매를 접착하지 않는 새로운 방법이 모색되고 있어 앞으로 뛰어난 성능의 MEA가 제조될 것으로 기대된다. PEMFC용 MEA의 기술적 목표로서 성능은 1W/cm^2, 내구성은 10,000시간이다.

이온의 통로 역할을 하는 전해질은 연료전지의 핵심 부품이며, 연료전지는 전해질의 종류에 따라 5가지로 구분된다. 즉, 고온형인 고체산화물형(SOFC), 용융탄산염(MCFC)과 저온형인 인산형(PAFC), 알칼리형(AFC), 고분자 전해질형(PEMFC) 연료전지로 대별되며, 휴대기기용 연료전지로 주목받고 있는 직접 메탄올형 연료전지(DMFC)는 메탄올을 전지내부에서 직접 개질하는 형태로 PEMFC의 일종이다.

4) 연료전지의 원리와 효율

그림 5-7과 같이 연료전지는 두 전극(연료극, 공기극)과 이들 사이에 있는 전해질로 구성된다. 연료극(Anode)에 유입된 수소는 전극 촉매에 의해 산화되어 수소이온(H^+)과 전자(e^-)로 분리되며, 분리된 수소이온은 전해질 막을 통해, 전자는 외부 회로를 통해 공기극(Cathode)으로 이동한 후, 공기극으로 유입된 산소와의 환원반응에 의해 물, 열과 전기에너지가 생성된다.

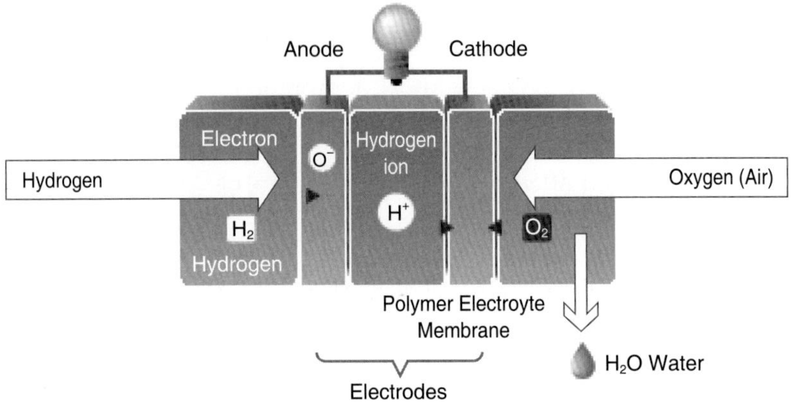

그림 5-7 연료전지의 발전 원리

연료전지는 산화, 환원 반응을 통해서 화학적 에너지를 전기에너지로 직접 전환하는 발전장치이다. 연료전지는 수소를 연료로 산소를 산화제로 사용하고, 물이 유일한 부산물로 공해 물질을 거의 배출하지 않으며, 기존의 발전 기술에 비해 발전 효율이 높아, 고효율, 친환경적 기술이라 할 수 있다. 연료전지의 연료인 수소는 매우 비싸서 널리 활용되지 못하고 있다. 따라서 더 널리 사용할 수 있고 저장, 운송이 용이한 탄화수소들 예를 들어 메탄(천연 가스), 프로판, 가솔린, 디젤 또는 메탄올 등이 연료원으로 사용되는데, 수소를 생산하기 위해 이러한 연료를 개질하게 되면 부산물 즉, 이산화탄소가 발생하게 된다. 그러나 내연기관과 비교하면 연료전지의 전체 이산화탄소 배출량은 20~50% 이상 절감된다.

연료전지는 외부에서 연료와 산화제를 공급하여 전기화학 반응에 따른 생성물을 전지계 밖으로 방출하는 전기화학 시스템이며, 연료전지 자신은 직접 반응에 관여하지 않는 것이다. 연료에 수소, 산화제에 공기 중의 산소를 이용하는 수소-산소형 연료전지가 일반적으로 연료전지로서 알려져 있다. 산성 전해질을 이용하면, 전해질 속을 프로톤이 이동하여 전극반응은 아래와 같다.

[연료극]　$H_2 \rightarrow 2H^+ + 2e^-$

[공기극]　$2H^+ + 1/2\ O_2 + 2e^- \rightarrow H_2O$

[전체 반응] $H_2 + 1/2\ O_2 \rightarrow H_2O$

모든 반응에서 생성하는 물을 액체로 하면, 25℃에서는 수소의 연소 엔탈피 ΔH^{O}_{298K} = -286kJ mol^{-1} 중, 깁스 에너지 ΔG^{O}_{298K} = -237kJ mol^{-1}는 전기로 변환 가능하며 나머지 엔트로피 항 $T\Delta S^{O}_{298K}$ = -49kJ mol^{-1}은 열이 된다. 즉, 연료전지의 이론적인 에너지 변환 효율은 25℃이며,$\Delta G^{O}_{298K}/\Delta H^{O}_{298K}$ = 83%가 된다. ΔH^{O}_{298K}를 기준으로 하면, 연료전지의 이론적 에너지 변환 효율은 $\varepsilon_F = \Delta G^{O}/\Delta H^{O}_{298K} = 1-T\Delta S^{O}/\Delta H^{O}_{298K}$ 보다 ΔS^{O}의 온도 의존성이 충분히 적은 것으로 고려하면 온도에 대해 1차 관계에서 감소하는 것을 알 수 있다. 한편, 열기관 이론 효율은 카르노 효율에서 공급되어 ε_C = 1-[저온측의 온도 : T_L(K)]/[고온측의 온도 : T_H(K)]이며, 작동 온도 모두 이론 효율이 높아진다. 연료 전지의 배열에서 열기관을 동작시키는 복합 발전의 경우, $\varepsilon_M = \varepsilon_F + \varepsilon_C \cdot T\Delta S^{O}/\Delta H^{O}_{298K}$가 된다. 연료전지 단독으로는 저온형 쪽이 이론 효율은 높은 것, 고온형의 경우는 열기관과 복합 발전을 행하는 것으로 높은 이론 효율을 얻을 수 있다. 즉, 원리적으로는 이동체 전원이나 소형 분산 전원에서는 저온형에서 열기관을 운전하는 것이 가능하며, 고온형에서도 높은 발전 효율을 얻을 수 있다.

실제 연료전지의 효율을 구하기 위해서는 [출력 에너지]/[입력 에너지]로 평가해야 한다. 개질기에 따라 탄화수소 연료를 수증기 개질 반응 예를 들면, $CH_4+(2+y)H_2O \rightarrow (4-x)H_2 + (1-x)CO_2 + (x + y)H_2O + xCO$에서 함수소 가스로서 연료전지에 연료로 공급한다. 연료전지의 연료배 가스를 개질기의 수증기 개질 반응의 열원으로 한다. 연료전지에는 연료와 공기가 공급되어 직류전력이 출력한다. 인버터에서 교류로 변환하여 전력 계통에 접속한다. 따라서, [연료전지 시스템의 효율]=[출력 에너지]/[입력 에너지] = [교류전력]/[연료 에너지]가 된다.

5) 연료전지용 소재 및 부품

연료전지 스택은 **그림** 5-8에서 보는 것처럼 전기화학전지를 구성하는 anode, cathode, 전해질이 있고 그 외에 전극 내부로 균일하게 가스를 공급시켜 주며 전자의 이동 통로를 제공하는 집전체 (current collector), 각각의 전기화학전지를 서로 분리시켜주며 가스의 공급통로 역할을 하는 분리판(separator 또는 bipolar plate) 그리고 전체 스택을 지지해 주는 end plate 로 구성된다.

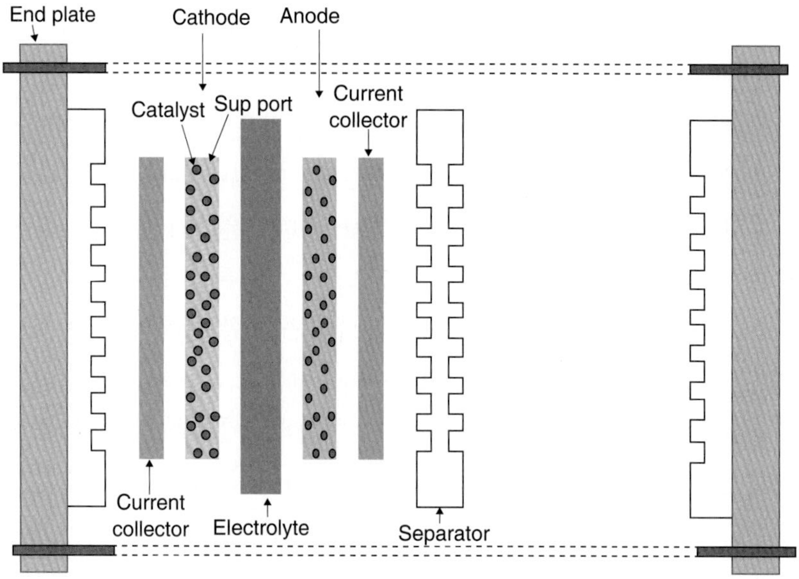

그림 5-8 연료전지 스택

(1) 전극과 촉매 소재

전기화학반응이 일어나는 anode와 cathode를 총칭하여 전극(electrode)이라 부른다. Anode는 산화반응이 일어나는 전극을 뜻하고 cathode는 환원반응이 일어나는 전극을 의미한다. 전극은 각각 전기화학반응이 빠르게 일어날 수 있는 자리를 제공해 주는 촉매 재료(catalyst material)와 촉매 재료가 적절한 위치를 차지할 수 있도록 지지해 주는 역할을 하는 지지체(supporting material)로 구성된다. 전극에서 지지체는 기계적 강도를 유지해줄 뿐만 아니라 전기화학 반응에 필요한 전자의 이동이 쉽게 이루어지도록 전자전도도(electronic conductivity 가 높아야 한다. 또한 반응 가스의 공급이 이루어지도록 다공질로 구성되어야 하며, 사용 환경에서 화학적으로 안정하여야 한다. 위의 모든 조건들을 만족시키는 지지체 물질로는 탄소입자들과 전자전도성 세라믹 입자들이 있다.

전기화학반응이 일어나는 자리를 제공해 주는 촉매 재료들은 연료전지의 종류에 따라 다를 수 있다. 표 5-5는 각 연료전지에서 주로 사용되는 촉매 재료들을 보여주고 있다. 저온에서는 백금이 촉매로 주로 사용되고 있으며, 고온에서는 Ni, NiO나 세라믹재료가 촉매로 사용될 수 있다. DMFC의 경우 메탄올의 산화과정에서 발생된 일산화탄소(CO)가 자신은 더 이상 산화되지 않으면서 촉매 표면에 강하게 흡착하여 촉매의 기능을 저하시키는 피독 효과(poisoning effect)가 나타난다. 따라서 DMFC의 경우 CO의 빠른 산화를 돕는 Ru이 포함된 촉매가 anode catalyst로 사용된다.

(2) 전해질 소재

연료전지에 사용되는 전해질의 종류는 연료전지의 작동 온도를 결정하는 매우 중요한 인자이다. 연료전지 개발 초기에는 주로 액체 전해질이 사용되었고, 연료전지의 연구가 진행됨에 따라 점차 고체 전해질로 변환되는 경향을 보이고 있다. 고체 전해질은 액체 전해질이 갖는 강한 부식성과 휘발성의 문제가 없고 위치 제어가 상대적으로

표 5-5 연료전지의 촉매 재료

	Catalyst(anode)	Catalyst(cathode)
1. AFC	Pt/Ni	Pt/Ag
2. PAFC	Pt catalysis	Pt catalysts
3. MCFC	Ni	NiO
4. PEMFC	Pt/Pt alloys	Pt/Pt alloys
5. SOFC	Ni-YSZ cermet	Perovskite materials
PCFC	Pt/Ni	Pt/NiO
DMFC	Pt-Ru	Pt/Pt alloys

쉬워서 고효율의 특성을 나타낸다. 지금까지 개발된 고체 전해질로는 100℃ 이하에서 작동하는 고분자 전해질과 600℃ 이상에서 작동하는 산화물 전해질이 있다. 100℃ 이하의 저온의 작동 온도는 전기화학 반응 속도가 느리고 사용 가능한 촉매 재료가 값비싼 백금계에 국한된다는 단점이 있고, 600℃ 이상 고온의 작동 온도는 전기화학반응 속도가 빠른 장점이 있지만 고온에 견디는 재료를 사용해야 하기 때문에 상대적으로 재료의 가격이 높아지고 열 충격 문제가 발생하는 단점을 나타낸다. 따라서 저온과 고온의 문제를 최소화 할 수 있는 중온형 고체 전해질의 개발이 매우 중요하다. 현재 연구되고 있는 중온형 고체 전해질은 수소이온전도성 고체 전해질로서 금속산화물 및 수산화물 그리고 고체 산이나 다양한 무기물들이 있다.

(3) 집전체

연료전지에서 집전체는 촉매층과 분리판층을 전기적으로 연결시키는 본 기능 외에 공급된 가스를 촉매층으로 균일하게 분산시켜 주는 기능과 생성된 물을 쉽게 배출되도록 돕는 기능을 한다. 촉매층과 분리판층 사이에 집전체를 사용하지 않을 경우 접촉저항이 커지고 반응물과 생성물의 원활한 공급과 제거가 일어나지 않아 성능이 저하되는 현상이 일어날 수 있다. 널리 사용되고 있는 집전체로는 발수 처리된 다공성 탄소종이 (porous carbon paper)나 탄소천 (carbon cloth), 혹은 금속망 (metal mesh) 들이 있다.

(4) 분리판

연료전지 스택에서 분리판 (separator)은 단위 전지들 사이를 격리하는 역할을 한다. 단위 전지들 사이의 격리는 연료가스와 산소가스의 혼합을 막기 위함이다. 또한 분리판은 연료전지의 모양을 유지하는 내구성을 확보하는 데 이용될 뿐만 아니라 연료의 공급에 필요한 유로(flow channel)를 제공하는 역할도 수행하고 있다. 분리판의 유로 형태는 연료전지의 성능을 좌우하는 중요한 인자로서 현재 많은 연구자들에 의해서 연구가 진행되고 있다.

(5) End plate

여러 개의 단위 전지가 서로 연결되어 연료전지 스택을 이루고 완성된 스택은 최종적으로 end plate에 의해서 모든 단위 전지 부품들이 기계적으로 균일한 접촉을 하여 내부 전기 저항을 최소화하고 전체적으로 안정된 모양이 유지된다. End plate에는 가스의 공급 및 온도를 측정할 수 있는 장치들이 고정되기도 한다. End plate 재료로는 무게를 줄이고 기계적 강도를 부여할 수 있는 알루미늄 합금 재료가 널리 사용되고 있으며, 내식성을 부여하기 위하여 양극 산화처리 후 사용되고 있다.

2) 연료전지의 성능

연료전지의 성능을 나타내는 일반적인 그래프는 **그림** 5-9에 보인 바와 같이 전지 전압(cell potential)에 대한 전류밀도(current density)의 관계 그래프이다. 전류밀도가 증가함에 따라 전압은 떨어지게 되

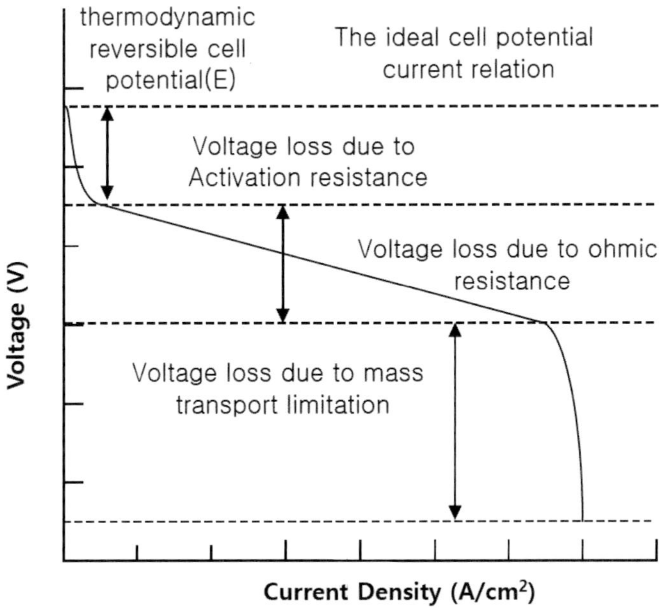

그림 5-9 연료전지의 전압-전류 (I-V) 특성

며 크게 3개의 영역으로 설명된다.

첫 번째 영역은 작은 전류밀도 값을 가지며, 이 영역에서의 전지 전압 감소는 활성화 과전압 (activation overpotential)에 의한 전압 감소이다. 이는 공기극의 느린 반응 속도에 기인하며 전류밀도에 따라 지수 함수적으로 감소한다.

두 번째 영역은 전지 전압의 전류밀도에 따라 직선적으로 감소하는 영역으로서, 이는 전해질 막에 의한 저항 과전압(ohmic overpotential)에 의한 전압 감소이며 이때의 기울기가 전해질 막의 저항 R이 된다.

세 번째 영역은 공급 기체의 물질 전달 제한 때문에 발생하는 물질 전달 과전압(mass transport overpotential) 영역으로 전압이 갑자기 강하하는 현상이 관찰되며 이는 전극 제조 기술의 발전 및 최적의 작동 조건으로 방지할 수 있다

첫째 영역 및 둘째 영역에 대해서 전지 전압 E와 전류밀도 i는 다음과 같이 표시될 수 있다.

$$E = E_0 - (b\log i) - Ri$$

여기서,

$E_0 = E_r + (b\log i_0)$

E_0 : 가역 전압(reversible potential)

b : 산소 환원반응에 대한 Tafel 기울기

i : 전류밀도

R : 직선 영역에서 전해질의 저항

전압을 전류에 대해서 미분하면

$$\frac{\partial E}{\partial i} = -\frac{b}{i} - R$$

이 되며 이 식에서 알 수 있듯이 전류가 작은 영역에서는 b(산소 환원반응에 대한 Tafel 기울기)값에 의해 좌변의 값이 좌우되며 전류가 커짐에 따라 R(직선 영역에서 전해질의 저항)값만이 좌변의 값에 기여하게 된다.

그러나 실제적으로 **그림 5-9**와 같은 효율은 얻어질 수 없다. 수소 전지에서는 연료극에서 수소의 산화반응이 매우 빠른 데 비해 메탄올 전지에서는 메탄올의 산화반응은 완전한 산화반응을 위해서 6개의 전자가 교환되어야 하므로 매우 느리며 이는 여러 가지의 부반응을 일으켜 효율이 저하된다. 또한 산소 환원반응이 과산화물의 생성에 의하여 혼합된 가역 전위가 생겨서 과전압이 존재하고 메탄올 크로스오버에 의한 공기극의 전위 감소로 인하여 이론적인 효율을 얻을 수 없다.

연료 전지에서 전류 변화에 따른 전지의 작동 전위는 열역학적 평형 전위와 여러 가지 과전압(활성화, 저항, 크로스오버)이 결합된 식으로 다음과 같이 쓸 수 있다.

$$V_{cell} = E_{cell} - \eta_{an} - \eta_{ca} - \eta_{crossover} - \eta_{ohmic}$$

여기서,

E_{cell} : 연료극과 공기극의 전위차

η_{an}, η_{ca} : 연료극과 공기극의 과전압

$\eta_{crossover}$: 크로스오버 과전압(전해질 막을 통과한 메탄올의 유량)

η_{ohmic} : 저항 과전압(전해질 막의 저항)

전지에서 전극 반응 속도의 저하는 전극반응에서 얻어지는 값들이 이론적인 열역학적인 값으로부터 벗어나는 원인이 되며, 이론적으로 얻어지는 높은 효율이 실제로는 감소하는 결과를 초래한다. 연료전지의 내부 저항으로부터 유도되는 저항 손실이 있기 때문에 실제 직접

메탄올 연료전지의 출력은 이상적인 전지의 값보다 매우 낮게 된다.

연료전지의 출력은 단위 전지의 반응 면적과 적층된 단위 전지의 수에 비례한다. 각각의 연료전지는 종류에 따라 증가시킬 수 있는 단위 전지의 반응면적과 적층할 수 있는 단위 전지의 수가 달라진다. 예를 들어 DMFC의 경우 연료가 액체 상태이므로 전극 내부의 촉매 표면으로 연료의 이동이 기체 상태의 연료에 비해 어렵다. 따라서 큰 면적이나 적층된 복잡한 구조의 스택에서는 액체연료의 공급과 제어가 용이하지 않아서 DMFC는 출력의 증가에 따라 효율이 감소되는 특성을 나타낸다. 반면에 기체연료를 사용하는 다른 연료전지들의 경우에는 출력의 증가에 따라 효율이 감소되는 특성이 나타나지 않는다. SOFC나 MCFC 그리고 PAFC의 경우에 효율은 출력의 증가에 무관한 특성을 나타내고, PEMFC의 경우에는 출력의 증가에 따라 효율이 조금 증가하는 경향을 나타낸다.

용량에 따른 적정한 연료전지의 종류는 **그림** 5-10에서 보는 것처럼 대용량의 발전용으로는 MCFC나 SOFC가 적당하며, 수송용이나 가정용의 중용량에는 대체적으로 PEMFC가 적절한 것으로 알려져 있다. 대용량에 적합한 연료전지는 대체적으로 작동 온도가 높은 MCFC나

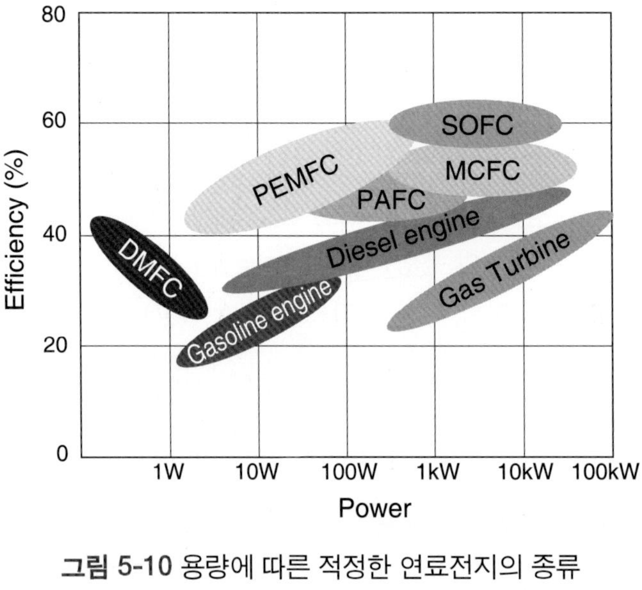

그림 5-10 용량에 따른 적정한 연료전지의 종류

SOFC인데, 그 이유는 고온에서 열병합에 의한 발전이 가능하여 효율이 높아지기 때문이다. 연료전지의 작동 온도는 효율의 측면뿐만 아니라 선택 가능한 소재의 종류 및 가공방법의 제한 그리고 열응력의 문제 등의 측면에서 매우 중요하다.

5-3. 고분자 전해질 연료전지

1) **고분자 전해질 연료전지의 구성**

고분자 전해질 연료전지는 프로톤(H^+)만을 투과하는 이온교환성 고분자막을 전해질로 사용하는 연료전지를 말하며 연료로는 수소 산화제에 공기 중의 산소를 공급해약 60℃~100℃의 저온에서 작동한다. 1965년 미국의 제너럴 일렉트릭에서 개발한 1kw급 연료전지가 인공위성 제미니 5호에 탑재된 것이 실용화 1호라고 볼 수 있다. 이 연료전지는 고체 고분자형 연료전지(Polymer Electrolyte Fuel Cell : PEFC)로 우주, 군수용으로 개발을 계속하였으나 당시 고분자 전해질형 연료전지는 전극 촉매의 백금 사용량이 많고, 양이온 교환막이 고가여서 일반 보급은 상상도 못하였다. 그러나 고체 고분자 전해질 연료전지는 상온에서 가동이 가능하여 자동차 등 이동체용 전원으로써 사용할 수 있어 차량용 연료전지로서 개발이 가속화되고 있다. 연료전지란 연료가 가지고 있는 에너지를 화학반응에 의해 직접 전기에너지로 변환하는 것으로, 예를 들면 아래와 같이 수소와 산소로부터 물이 생성되는 반응, 즉 수소의 연소반응을 이용해 전기에너지를 얻는 것이다.

$$2H_2 + O_2 \rightarrow 2H_2O + 1.23V$$

고분자 전해질 연료전지의 원리를 **그림** 5-11에 나타내었다

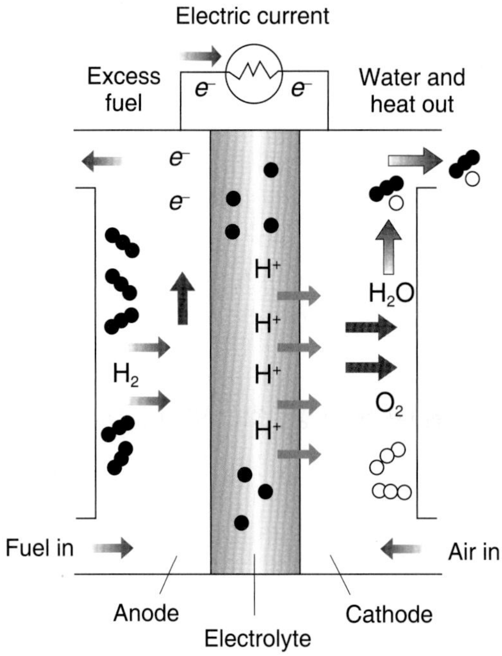

그림 5-11 고분자 전해질 연료전지의 원리

고분자 전해질 연료전지의 구성 부품을 살펴보면 고체고분자 전해질인 불소계 이온교환막의 양측에 가스확산 전극으로는 카본 담체에 백금 또는 백금합금 전극 촉매를 고분산한 것이 사용되고 있다. 즉, 백금을 20~55% 정도 담지한 탄소와 이온교환수지의 혼합물로 된 가스확산 전극층, 그 외측에 탄소계 재료로 된 가스 확산층이 적층되고, 음극 측에 수소나 개질가스, 양극 측에 공기 또는 산소를 공급한다. 음극에서는 수소로부터 전자가 해리되어 프로톤(H^+)이 나온다. 프로톤은 음극 촉매를 덮고 있는 이온교환수지, 이온교환막, 양극촉매를 덮고 있는 이온교환수지로 이동해 양극 촉매 표면에 도달한다. 한편 전자는 탄소 재료 및 외부 회로를 따라서 양극 측으로 이동해 양극 촉매 표면에 도달한다. 양극 촉매 표면에서는 이들 프로톤과 전자와 양극 측에 공급된 산소가 반응해 물이 생성된다. 즉, 이와 같은 전기화학 반응은 다음과 같이 나타낼 수 있다.

연료극(음극, Anode) : $H_2 \rightarrow 2H^+ + 2e^-$
공기극(양극, Cathode): $2H^+ + 1/2O_2 + 2e^- \rightarrow H_2O$

반응을 원활히 진행시키기 위해서는 촉매가 필요하며, 촉매로는 백금 촉매를 담지한 탄소전극 등이 사용되고 있다. 이와 같은 연료전지는 차세대 클린에너지시스템으로 주목받고 있는 기술로, 수소, 천연가스, 메탄올 등 석유 대체에너지의 화학반응을 이용한 발전 기술이다. 석유나 천연가스 등 화석연료를 연소하는 발전 시스템과 비교하면 NO_x(질소산화물)와 SO_x(황산화물)의 배출이 매우 적고, 소음, 진동과 같은 문제도 없으며, 환경부하가 낮은 발전시스템으로 가정용 신규 병합발전으로서 기대가 크다. 최근에는 높은 프로톤 전도율을 가진 막이 개발되어 수A/cm^2의 대전류밀도가 실증되고 있다.

고분자 전해질형 연료전지용 전극은 직접 메탄올 연료전지용과 같이 지지체와 촉매층으로 구성되어 있다. 전극의 성능은 전해질 막, 백금 촉매, 연료가 만나는 삼상계면의 면적에 의하여 결정되기 때문에 백금 촉매와 전해질의 접촉 면적을 최대화시켜 삼상계면을 증가시키는 것이 가장 중요하다. 이를 위해서 나노 기술을 이용하여 삼상계면을 증가시키는 연구가 진행되고 있다. 이는 비 표면적이 큰 담체를 사용하여 촉매 입자를 나노 입자 크기로 작게 하여 담체 위에 고분산 시켜 전극 제조시에 접촉 증가를 위한 아이오노머(ionomer)를 적절히 포함시켜 전극의 성능을 향상시킬 수 있다. 또한 기존의 전극 단위 면적 당 백금 촉매 함량이 높았던 Pt black을 대신하여 백금 입자를 미세한 탄소 입자에 담지시킨 supported Pt/C 촉매를 사용하여 백금 촉매의 함량을 0.4mg/cm^2로 낮춰 값비싼 백금 촉매의 함량을 줄이려는 연구가 진행되고 있다. 촉매 지지 및 기체 확산의 역할을 담당하는 지지체의 경우에는 다공성 탄소 종이나 탄소천을 사용하여, 반응 기체가 잘 통과하고 이온과 전자 전도체가 맞닿는 활성 영역으로의 확산을 도와 전극성능을 향상시키려는 연구가 진행되고 있다.

고분자 전해질 연료전지에서 분리판은 음극에서 생성된 전자를 다음 셀의 양극으로 전도해주는 역할을 하는 것으로 MEA를 지지해주

수송되기 때문에 고분자 전해질 막의 양극 측이 건조되어 프로톤 전도율이 현저하게 저하되고, 고분자 전해질 연료전지가 작동 불능으로 된다. 종래에는 수소나 공기의 반응가스를 미리 외부에서 가습하여 전지에 공급하는 외부 간접 가습법이 사용되어 왔으나 소현화에 있어서 장해가 될 뿐만 아니라 신속한 시동과 부하 변동에도 즉시 대응할 수 없고, 중부하 시에 수분의 과잉 공급에 의한 특성 저하를 일으키는 결점이 있다. 따라서 고성능 고분자 전해질 연료전지의 실현을 위해서는 전해질 막의 적정한 수분 관리 방법을 확립하는 것이 중요한 과제이다.

한편 고분자 전해질 막의 두께를 얇게 하면 음극반응에서 생성한 물이 역확산되어 건조되는 것을 감소시킬 수 있으나 크로스오버되는 반응 가스의 대극 상에서의 반응에 의해 전지성능이 현저하게 저하된다. 이 때문에 막 중에서 수분관리와 가스가 크로스오버되는 문제를 동시에 해결할 수 있는 새로운 자기가습형 전해질 막이 개발되었다. 이 막은 막에 극미량의 백금 초미립자 촉매와 산화물(TiO_2, SiO_2) 초미립자를 고분산시킨 것으로, 크로스오버되는 수소와 산소를 역이용해 백금 상에서 물을 생성시키고, 생성된 수분을 산화물 초미립자에 흡착 보수시킴으로써 막을 내부로부터 가습하여 함수율을 높게 유지하는 것이다. 통상의 Nafion막 (막두께: 50마이크로미터)을 사용한 전지는 외부 무가습의 경우 가스가 크로스오버되어 개회로 전압이 저하되거나 막의 프로톤 전도율이 매우 낮아지기 때문에 거의 전류가 얻어지지 않는다. 입경 1~2nm의 극미량의 백금 초미립자(0.09mg/cm^2)와 입경 5nm의 극미량의 백금 초미립자 (건조 Nafion 중량의 3%)를 고분산한 Pt-TiO_2 분산막을 전해질로 사용하면 완전히 외부 무가습 상태에서도 매우 안정하고 성능(0.4~0.6V에서 약 0.6W/cm^2)이 높은 전지 운전이 가능하다. 무가습 운전 시 Pt-TiO_2 분산막의 옴저항을 측정한 경우, 외부로부터 충분히 가습한 통상의 막의 값에 가깝고, 백금 초미립자와 산화물 초미립자가 설계 개념대로 기능한다. 또한 반응 가스에 실온에서 물을 포화한 저가습 운전에서는 역시 높은 출력 성능이 얻어진다.

한편 메탄올 직접형(DMFC)에서는 고분자 전해질 막 중에서 메탄올의 침투(크로스오버)에 의해 연료 이용효율이 저하될 뿐만 아니라 케미컬쇼트반응에 의해 음극 전위가 크게 저하된다. 메탄올 침투성이 낮은 신형 고분자 전해질 막의 개발도 추진되고 있다.

백금 미립자를 고분산 담지한 백금-고분자 전해질 막을 DMFC에 적용하고, 막 중을 크로스오버하는 메탄올과 산소를 백금 미립자 상에서 반응시켜, 음극에서의 케미컬쇼트반응을 억제함으로써 음극 특성을 크게 향상시키고 있다. 이들 새로운 전해질 막을 이용함으로써 고분자 전해질 연료전지를 실용화할 수 있는 중요 과제가 해결될 것으로 기대된다.

고분자 전해질 연료전지용 개질연료가스 중의 일산화탄소의 선택 산화 제거 메탄올 등 액체연료를 개질한 가스 중에는 일산화탄소가 약 1% 함유된다. 이 개질 연료가스를 고분자 전해질 연료전지에 직접 공급하면 백금 양극 촉매가 일산화탄소에 의해 피독되어 작동 불능으로 된다. 또한 내CO피독성 양극촉매를 사용하는 경우에도 저CO 농도의 쪽이 높은 성능을 발휘한다. 이 때문에 일산화탄소 함유율을 10ppm 이하까지 저감할 수 있는 개질기와 변성기의 개발이 필요하다. 수소 중에 약간 포함된 일산화탄소를 제거하는 방법으로 연료에 최소량의 산소를 혼합해 일산화탄소만을 촉매 상에서 선택 산화하는 방법이 있다. 지금까지 백금을 알루미나에 담지한 촉매(Pt/Al_2O_3)를 사용해, 개질 가스 중의 일산화탄소를 선택적으로 산화시키기 위해 산소를 수% 혼입하는 방법이 제안되어 있다. 그러나 이 방법으로는 수%의 수소가 산화 낭비됨과 동시에 산소가 결핍된 경우에는 아래와 같이 역시프트 반응과 메탄화 반응이 일어난다.

$$CO_2 + H_2 \rightarrow CO + H_2O$$
$$CO + 3H_2 \rightarrow CH_4 + H_2O$$

한편 제올라이트 담체를 사용해, 분자시브 효과에 의해 일산화탄소와 산소를 세공 내에 농축하고, 클러스터 촉매 상에서 고선택적으로 일산화탄소를 산화하는 새로운 개념의 촉매가 제안되어 있다. 백금 대신 루테늄을 담지하면(Ru/M) 거의 화학양론비의 산소를 첨가해, 20ppm 이하까지 일산화탄소를 제거할 수 있다.

고체의 고분자 전해질용 연료전지에서 전해질 막에는 열적, 화학적 안정성, 기계적 강도, 전도성, 저연료 투과성 등이 요구되며, 현재 Nafion이나 Flemion 등으로 대표되는 불소계 고분자 전해질 막이 널리 이용되고 있다. 불소계 단막으로 퍼플루오로술폰산막은 단막과 보강막으로 대별된다. 단막으로 현재 검토되고 있는 것으로는 테트라플루오로에틸렌을 주골격으로 하고, 퍼플루오로비닐에테르가 공중합되어 있으며, 측쇄 말단에 술폰산기를 가진 것이 있다. 이와 같은 종류의 막으로는 듀폰의 Nafion막, 아사히초자의 Flemion막, 아사히화성의 Aciplex막, 다우케미컬사의 Dow막 등이 있다. 퍼플루오로계의 기계적 특성을 향상시킨 것으로는 퍼플루오로계 블록코폴리머, 또한 고온에서 대응하기 위해 퍼플루오로술폰이미드와 비스술폰이미드기 등으로 가교한 퍼플루오로술폰산 막이 연구되고 있다. 한편 막을 얇게 할수록 전지의 성능은 향상되지만, 박막화는 막의 강도를 저하시키고 있다. 막의 강도를 향상시키는 방법으로 막을 연신하는 기술도 제안되어 있으나, 보강재를 사용하면 비교적 용이하게 막의 강도를 향상시킬 수 있다.

퍼플루오로계 보강막으로는 보강재로서 폴리테트라플루오로에틸렌 다공체를 사용하고, 퍼플루오로술폰산 폴리머를 함침하고 있는 Gore사의 Select막이나 폴리테트라플루오로에틸렌 직포로 보강한 막, 폴리에틸렌 다공체나 폴리프로필렌 다공체를 보강재로 사용하는 막, 폴리테트라플루오로에틸렌 피브릴을 사용하는 피브릴 보강막 등이 제안되어 있다. 폴리테트라플루오로에틸렌 직포 보강막은 직포의 두께를 얇게 하는 것이 현재로는 곤란하며, 막의 두께는 80미크로미터 정도가 한도이다. 그러나 폴리테트라플루오로에틸렌 다공체 보강막과 피브릴 보강막은 박막화가 가능하다. 폴리테트라플루오로에틸렌 피브릴 보강막은 폴리테트라플루오로에틸렌 분말을 수지 중에 수% 혼합, 분산시켜 성막화하는 것으로, 20~40미크로미터 정도의 박막을 용이하게 얻을 수 있으며, 인열강도 등 핸들링 특성이 향상된다.

고분자 전해질 연료전지에서는 습윤 상태에서 프로톤만을 투과하는 이온교환막을 사용하고 있으며, 현재로는 주로 퍼플루오로알킬술폰산계 고분자 전해질인 Nafion막, Aciplex막, Flemion막, Dow막 등이 사용되고 잇으나, 100℃ 이상에서 전도도가 저하되고, 연료가스의 투과, 고가격 등 개선의 여지가 많다. 구체적으로는 120℃에서 $10^{-2}Scm^{-1}$ 이상의 프로톤 전도도를 나타내고, 연료전지 운전 조건하에서 자동차용 5,000시간, 정치용 40,000시간의 내구성을 가진 저가격 (불소계 전해질 막 가격의 1/20 정도)의 막이 요구되고 있다. 현재까지 연구 개발되고 있는 탄화수소계 고분자 전해질 막으로는 내열성, 내화학 안정성, 기계적 강도가 우수한 고분자에 술폰산기나 포스폰산기를 도입한 전해질 막, 아미노 또는 이미노 등 염기성 그룹을 가진 고분자에 강산 화합물을 도핑한 것으로 일반적으로 값싼 원재료로부터 합성이 가능하며, 불소계 원자를 포함하지 않는 골격으로 인해 메탄올이나 산소와의 친화성이 낮고, 연료가스 투과가 감소될 것으로 예상된다.

한편 불소계 전해질 막의 개량을 위해 퍼플루오로알킬술폰산 고분자의 고온 운전이나 박막화 시의 강도, 치수 안정성을 향상시키기 위해 유리섬유나 불소수지에 의한 강화, 전자빔에 의한 표면처리(가교), 수분 관리와 연료가스 투과를 개선하는 백금 촉매 미립자/산화물의 담지(자기가습막) 등이 검토되고 있다. 또한 산화합물을 함유시킨 겔(또는 용융염)의 응용 기술로서 폴리메타크릴레이트, 폴리아크릴아미드 등의 매트릭스를 사용한 유기 또는 하이드로겔에 인산, 황산, 헤테로폴리산을 함침시킨 것으로, 최근에는 실온에서 액체인 알킬이미다졸륨염을 매트릭스로 하는 비수계 프로톤 전도막이 개발되고 있다. 유기/무기 복합 재료로서는 금속알콕시드의 가수분해, 중축합(졸겔법) 시에 유기 올리고머나 이오노머를 공존시킴으로써 나노레벨로 복합시킨 유기무기 하이브리드 재료가 얻어지고 있다. 프로톤 캐리어를 첨가할 필요가 있지만, 매트릭스의 안정성이 우수하며, 보수성이 양호하므로 고온 전도막으로 기대된다.

고분자 전해질 연료전지의 신뢰성과 내구성은 고분자 전해질 막의 열적, 화학적 안정성에 의해 결정된다. 따라서 현재로서는 불소계 전해질 막의 안정성을 표준으로 하고 있으며, 탄화수소계 전해질 막의 안정성은 아직 확립되어 있지 않다. 테프론과 같이 플루오로알킬 사슬을 가진 불소계 고분자는 열적, 화학적 안정성이 우수하며, 플루오로알킬 사슬을 주골격으로 가진 Nafion막도 높은 내구성을 가지고 있다. 한편 방향족 고분자를 주로 한 탄화수소계 전해질에서는 엔지니어링 플라스틱 자체의 열적 안정성이 높고, 500℃ 이상을 열안정성을 나타내고 있으나 고프로톤 전도성을 부여하기 위해 술폰산기와 같은 극성기를 도입하면 열안정성은 저하된다. 예를 들면 폴리(4-페녹시벤조일-1,4-페닐렌)(PPBP)을 술폰화할 경우 술폰화율과 열분해 개시온도를 보면 술폰화율의 증가에 따라 열분해 개시온도는 저하된다. 술폰화율이 80 mol%에서는 250℃까지 저하된다. 폴리에테르에테르케톤(PEEK)나 폴리에테르술폰(PES)의 경우에도 역시 술폰화에 의한 열적 안정성은 저하된다. 이와 같이 많은 엔지니어링 플라스틱의 경우 충분한 프로톤 전도성을 부여하기 위해 술폰화하면 열분해 개시온도는 200～350℃ 정도로 저하된다. 연료전지의 작동 온도를 고려하면 충분한 내열성이라고 생각되지만 열적 안정성을 향상시키는 연구가 시도되고 있다.

한편 화학적 안정성은 Fenton 시험이 많이 사용되고 있으며, 예를 들면 2ppm의 Fe^{2+}를 함유하는 3% 과산화수소 수용액을 100℃로 가열하고, 여기에 고분자 전해질 막을 침지해, 침지 전후의 중량 변화 및 이온교환용량의 변화로 부터 화학적 안정성을 조사하는 것이다. 술폰화 PPBP막은 1시간 이내에 막의 분해가 일어나 급격한 중량 감소가 일어나지만, 가장 높은 열안정성을 나타내는 알킬술폰화폴리벤즈이미다졸류는 내열성을 반영해 1시간 후에도 중량감소가 일어나지 않으며, 수 시간 후에 수% 정도의 중량 감소가 나타난다. 또한 포스폰산기를 가진 PPBP는 Fenton 시험에 있어서 높은 내성을 나타낸다. 이 결과 탄화수소계 전해질 막은 열적 안정성에서는 불소계 전해질 막을 초월하는 특성을 가진 재료가 얻어지지만, 화학적 안정성은 불소계 전해질 막보다 떨어진다. 그러므로 알킬술폰화나 포스폰산기 등을 도입함으로써 어느 정도 화학적 안정성의 향상을 기대하고 있다.

불소계 전해질 막에서는 플루오로알킬 측쇄의 전자 흡인 효과에 의해 측쇄 말단에 결합되어 있는 술폰산은 탄화수소계 술폰산과 비교하면 보다 강한 산으로 기능한다. 그러므로 이온교환용량이 같은 고분자 전해질 막에서는 불소계 전해질 막이 높은 프로톤 전도성을 나타낸다고 생각되며, 탄화수소계 전해질 막에서는 불소계 전해질 막보다 높은 이온교환용량의 막을 설계할 필요가 있다. 불소계 전해질 막의 이온교환용량은 격막으로서의 기계적 특성을 유지하기 위해서는 거의 일정하며, 0.9~1.1meq/g (EW값 1,100~900) 정도의 전해질 막이 많이 사용되고 있다. 단측쇄형 Dow막은 다른 불소계 전해질 막보다 이온교환용량이 1.25meq/g, EW값 800으로 높고, 이것이 Dow막을 사용한 연료전지의 성능 향상으로 연결되고 있다. 그러나 고리화 문제나 기계적 강도의 문제 등으로 인해 현재까지 실용화에 이르지 못하고 있다. 비교적 높은 기계적 강도와 높은 이온교환용량을 가진 전해질 막으로서 BAM3G와 같은 부분불소화 전해질 막도 개발되어 있다. 이에 대해 탄화수소계 전해질 막은 불소원자를 사용하지 않고 기계적 강도가 우수한 전해질 막을 얻을 수 있으므로 비교적 높은 이온교환용량을 가진 막을 개발하는 것이 가능하다. 그러나 탄화수소계 전해질에 있어서 이온교환용량의 증가에 의한 고프로톤 전도성의 확보는 불소계와는 달리 큰 문제를 안고 있다. 불소계 전해질 막에서는 주쇄의 소수성, 측쇄의 친수성으로 마이크로상 분리 구조를 형성하기 때문에 물의 클러스터 채널 구조가 존재한다. 이 작은 물분자를 이용한 물의 클러스터 구조가 존재하기 때문에 물의 이용효율이 높고, 저습도 하에서도 높은 프로톤 전도성을 유지할 수 있다. 그러나 탄화수소계 전해질 막에서는 불소계 전해질 막과 같은 명확한 소수-친수 도메인에 의한 상분리 구조가 존재하지 않으므로 작은 물분자를 응집시켜 프로톤 전도경로를 형성하기가 어렵다. 부분 불소화된 작용기 등 소수성이 강한 유니트를 도입해 이 문제를 해결하고 있지만 보다 고차적인 구조 제어가 필요하다.

5-4. 고체 산화물 연료전지

고체 산화물 연료전지(SOFC ; Solid oxide fuel cell)는 수소, 천연가스와 같은 기체연료의 화학에너지를 전기 화학적 공정을 통해 전기에너지로 변환시키는 에너지 변환 장치로서, 일반 열 엔진의 카르놋 사이클에 제한받지 않으므로 기존 발전 기술보다 효율이 높고 환경 친화적이며 고온에서 운전되므로 온수나 스팀을 만드는 데 사용할 수도 있어 마이크로 터빈이나 가스 터빈과 함께 시스템을 구성하여 효율을 높이고 적용 범위를 넓혀 연료전지-가스터빈-증기터빈과 연계한 복합 발전이 가능하다는 장점을 가지고 있다. 이 연료전지는 기하학적인 모양에 따라 원통형, 평판형, 일체형 등으로 나누어진다. 이 가운데 원통형 연료전지의 기술이 가장 많이 개발되어져 있으며, 그 뒤를 이어 평판형이 빠른 속도로 연구 개발이 진행되고 있다. 현재 기술 개발을 보면, 구조별로 적용분야가 달라지고 있으며, 소형 시스템에서부터 대형시스템까지 여러 분야에서 기술 개발이 이루어지고 있는 상황이다.

고체 산화물 연료전지는 600~1,000℃의 고온에서 작동되므로 기존의 연료전지 중 가장 전력 변환 효율이 높다. 따라서 SOFC는 고온 작동으로 인하여 200℃ 이하의 온도에서 작동되는 인산 연료전지 또는 고분자 전해질 연료전지와는 달리 비싼 백금 촉매를 사용하지 않고도 반응을 가속화시킬 수 있으며 고온에서 연료극 측에서의 내부 반응이 가능하여 수소 이외에 천연가스 및 석탄가스 등의 다양한 연료를 사용할 수 있다는 장점이 있다. 또한 상대적으로 늦게 개발되었으나 높은 효율과 고온의 작동 온도에 기인한 장점들을 이유로 현재 가장 활발하게 연구되고 있는 연료전지이기도 하다. 반면에 고체 산화물 연료전지는 1,000°C까지의 고온에서 작동해야 하기 때문에 최근에는 micro-gas turbine등과의 복합 발전에 의해 한층 고효율 발전을 노리는 움직임이 있으며 고체 산화물 연료전지는 부품소재의 많은 부분이 세라믹을 사용하기 때문에 실온과 작동 온도와의 열싸이클 차에 따른 부품소재 파손의 위험성을 가지고 있어 고온열변형과 열응력 감소에 대한 소재 특성 연구가 요구되고 있다.

고체 산화물 연료전지 기술의 집중적인 연구 개발은 Westinghouse (현재는 Siemens-Westinghouse로 개명)에서 시작된 이래 관련 재료, 설계 및 제작기술과 전극 반응에 대한 많은 성과와 진전이 있었다. 관련 재료 분야에서는 재료비를 줄이고 성능 안정성을 향상시키기 위해 종래 1,000℃로 운전하던 것을 500~800℃로 운전 온도를 낮추는 데 대부분의 연구 개발 활동이 집중되고 있다. 운전 온도를 낮추면 저항 손실이 증가하므로 그 손실을 보상하기 위해 이온전도도가 높은 전해질이나 더 얇은 전해질 구조가 필요하며 전해질 두께가 감소하면 연료극과 공기극의 전기화학 반응 손실로 전체 전극 분극 손실은 더 커지게 된다.

고체 산화물 연료전지 기술에 있어서 제고되어야 할 기술의 방향은 다음과 같이 정리 할 수 있다. 첫 번째로 고체 산화물 연료전지 제조에 대한 핵심 기술의 자립화 및 고성능 스택 제조의 실용화 기술 확보를 들 수 있고 두 번째로 고체 산화물 연료전지 스택의 신뢰성 향상 및 대용량화 그리고 제조원가 저감의 필요성을 말 할 수 있다. 고체 산화물 연료전지 스택적층 및 제조기술은 고체 산화물 연료전지 기술의 가장 핵심 기술에 해당되며 연료전지의 성능, 수명, 운전성 등 대부분의 특성이 이 스택 기술의 확보에 의존한다. 또한 스택 기술은 고성능화 및 대형화를 향한 연구 개발이 진행되어야 한다. 고체 산화물 연료전지 발전이 실용화되는 경우 차세대 저공해 고효율 발전 방식으로서 기존 화력발전방식을 일부 대체할 수 있을 것으로 예상하며, 2050년경에는 전체 발전 시장의 50% 이상을 점유할 것으로 예상하고 있다.

1) 고체 산화물 연료전지의 특징 및 원리

고체 산화물 연료전지는 고효율 저공해 발전 기술이며, 다음과 같은 경제적, 기술적 특징을 갖는다.

① 발전 효율이 50~60%이며, 고체 산화물 연료전지-가스터빈-증기터빈 등과 연계한 복합 발전의 경우 발전 효율을 70% 이상으로 상승시킬 수 있다.
② 연료로 천연가스, 석탄가스, 폐기물가스 등의 다양한 연료 사용이 가능하다.
③ 환경 공해 요인인 배기가스 중의 NO_x, SO_x의 양이 미량이고, 분진이 거의 없으며 CO_2 발생량에 있어서도 미분탄 화력발전에 비하여 60%의 감소효과가 있다.
④ 냉각수가 필요하지 않아 원자력, 수화력발전에 비하여 온배수 영향이 없다.
⑤ 공해 요인이 적어서 도심 부근에 설치가 가능하며, 따라서 송배전 시에 따르는 설비 및 전력 손실이 적다.
⑥ 부하 변동에 따라 신속히 반응하며, 설치 형태에 따라서 현지 설치용, 분산배치형, 중앙 집중형 등의 다양한 용도가 가능하다.

현재 고체 산화물 연료전지는 소용량에서부터 대용량까지 모든 분야에서 활발히 기술이 개발되고 있다. 고체 산화물 연료전지 발전 시스템은 규모와 관계없이 연료 전처리부, 공기 예열부, 연료전지 본체, 전력 변환 및 시스템 제어부, 열 회수부로 구성되며 발전 시스템의 출력은 연료전지 스택의 특성에 크게 의존하여 이것이 연료전지 시스템의 핵심 기술에 해당된다. 연료전지 발전 시스템의 심장부인 발전기에 해당되는 연료전지 스택은 가격 측면에서도 시스템에 차지하는 비중에 약 30% 이상으로 평가되고 있다.

고체 산화물 연료전지의 작동 원리를 살펴보면, 연료극으로 공급된 수소는 수소이온과 전자로 분리되어 전자는 외부회로를 통해 공기극으로 이동하고 공기극으로 공급된 산소는 전자를 받아 산소이온이 되며, 산소이온은 전해질을 통해 연료극 쪽으로 이동하고 연료극에서 수소 이온과 만나 물을 생성시키게 되는 것으로 최종적인 반응은 수소와 산소가 결합하여 전기와 물 및 열을 생성시키는 것이다. 일반적인 고체 산화물 연료전지의 원리는 **그림 5-13**에 나타난 바와 같다. 산소 이온전도성 전해질과 그 양면에 위치한 공기극(cathode) 및 연료극(anode)으로 이루어져 있는 단위 전지의 각 전극에 공기와 연료를 공급하면 공기극에서는 산소의 환원 반응이 일어나 산소이온이 생성되며 전해질을 통해 연료극으로 이동한 산소이온은 다시 연료극에 공급된 수소와 반응하여 물을 생성하게 된다.

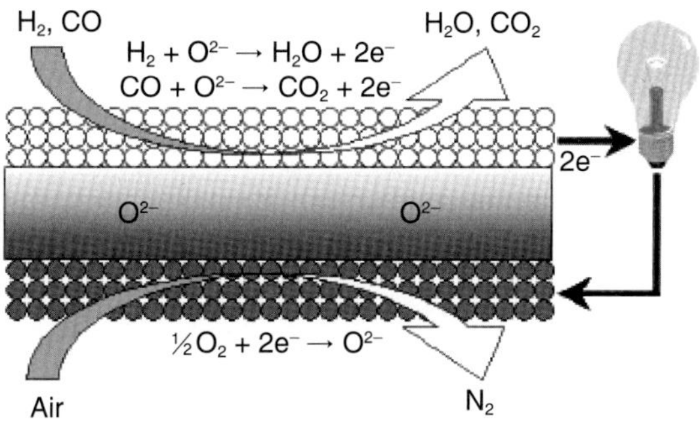

그림 5-13 고체 산화물 연료전지의 전기화학적 반응과 작동 원리

이때 연료극에서는 전자가 생성되고 공기극에서는 전자가 소모되므로 두 전극을 서로 연결하면 전기가 흐르게 된다 고체 산화물 연료전지에서 일어나는 반응에 대한 Nernst식은 다음과 같이 표현되며 여기서 E^o는 표준 전위이고 E는 평형 전위를 나타낸다.

$$E = E^0 + \frac{RT}{2F}\ln\frac{P_{H2}P_{O2}^{0.5}}{P_{H2O}}$$

실제로 고체 산화물 연료전지에서 얻어지는 전압 V는 비가역적 전압 손실에 의하여 평형 E 전위 보다 작게 나타나며 다음과 같은 표현이 가능하다

$$V = E - (\eta_{ohmic} + \eta_{electrode} + \eta_{Nernstloss})$$

여기서 η_{ohmic}은 각 구성 요소의 전자 및 이온 전도에 의한 저항 분극이며, $\eta_{clectrode}$는 공기극($\eta_{cathode}$)과 연료극(η_{anode}) 쪽에서 발생하는 전극분극으로 이는 다시 전극 재료의 영향을 주로 받는 활성 분극(η_{act}) 과 전극의 미세구조에 영향을 받는 농도 분극(η_{con})으로 세분될 수 있다. $\eta_{Nernstloss}$는 Nernst 손실로서 각 구성 요소의 전기화학적 특성과는 관계없이, 스택 또는 단전지의 구조 그리고 연료 기체의 흐름 속도 또는 연료 이용률 등에 영향을 받는 분극이다 이처럼 고체 산화물 연료전지에서의 전압 손실은 여러 가지 경로를 통해 일어나며 일반적으로 전해질의 저항 분극과 전극 분극에 의한 전압 손실이 가장 큰 비중을 차지한다고 알려져 있다.

고체 산화물 연료전지의 작동 조건은 전지의 출력 안정성 등의 전지 성능에 큰 영향을 미친다. 따라서 온도와 압력을 포함한 여러 작동 조건은 구성 요소 연료 주변 장치와 같은 발전 시스템의 구성 요소뿐만 아니라 연료전지의 안정성 및 그 응용 분야에 따라서 결정된다. 고체 산화물 연료 전지는 주로 600~1,000℃에서 작동되며 이는 현재까지 알려진 연료전지의 작동 온도 중 가장 높은 것이다. 작동 온도가 높은 주된 이유는 고체 산화물 연료전지의 전해질 및 전극이 고온에서만 충분한 전기전도도를 나타내기 때문이다. 고체 산화물 연료전지에서 일어나는 전체 반응 ($H_2 + 1/2\ O_2 = H_2O$)에 대하여 열역학적 효율($\Delta G/\Delta H$)을 계산하면 온도가 높아질수록 ΔG가 감소하여 효율이 낮아짐에도 불구하고 실제 시스템의 효율은 온도가 높아질수록 증가하는 경향을 보인다. 그 이유는 온도가 높아질수록 전기화학반응이 가속화되고 각 구성 요소의 저항이 감소하여 비가역적 손실에 해당하는 분극저항을 감소시키기 때문이다. 또한 고체 산화물 연료전지에서 얻어지는 출력은 다른 연료전지와 마찬가지로 전류밀도에 따라 증가하다가 최대점을 지나 다시 감소하는 경향을 나타내는데 이는 분극저항에 의한 손실이 커지기 때문이다. 따라서 작동 온도 및 전류밀도가 높아질수록 연료전지의 효율은 증가한다. 그러나 이와 같은 운전 조건 하에서는 고체 산화물 연료전지의 각 구성 요소의 구조적 화학적 안정성에 악영향을 미치기 때문에 스택의 안정적인 장시간 운전을 위하여 0.2~0.4 W/cm^{2}의 출력밀도를 유지하는 범위에서 적합한 온도와 전류밀도를 채택하여 운전하고 있다.

고체 산화물 연료전지는 상압뿐만 아니라 가압 조건에서도 운전이 가능하여 다음과 같은 많은 장점을 가진다. 즉 고체 산화물 연료전지의 작동 압력이 증가하면 평형 전위가 증가할 뿐 아니라 전극 반응에서 발생하는 전압 손실이 감소하여 전체적으로 연료전지의 성능이 증가뿐만 아니라 고온 고압의 배기가스를 이용하는 가스터빈을 연계하여 전체 발전 시스템의 효율을 증가시킬 수도 있다. 그러나 가압 운전에는 우수한 성능의 밀봉이 필요하기 때문에 상대적으로 밀봉기능이 취약한 평판형보다는 원통형 고체 산화물 연료전지에서 가압 운전을 하며 원통형 고체 산화물 연료전지는 15기압까지 성능 평가가 수행된 바 있다.

고체 산화물 연료전지는 이온 도전성을 가진 산화물 세라믹스를 전해질에 이용한 연료전지로써 일반적으로 산화물 이온 도전성을 가진 산화이트륨 안정화 지르코니아(YSZ)를 전해질로 이용하고 있으며 작동 온도는 1,000℃ 부근이다. 최근에는 이 YSZ를 박막화하는 것이나 새로운 재료로써 란탄가레트(LSGM)계를 전해질로 이용하는 것으로 작동 온도를 800℃ 이하로 하기 위한 개발이 진행되고 있다.

고분자 전해질 연료전지와 같이 물의 전기분해의 역반응으로 전기가 발생하지만, PEMFC의 경우에는 수소 이온이 전해질 내를 이동하는데 비해 고체 산화물 연료전지의 경우에는 산화물 이온이 이동한다. 공기극 측에서는 공급되는 공기 중의 산소가 산화물 이온으로 되어, 전해질을 연료극 쪽으로 이동한다. 한편, 연료극 쪽에서는 공급된 수소 혹은 일산화탄소와 산화물 이온이 반응하여 물이나 이산화탄소가 생성된다. 그 때, 외부 회로에 전기에너지를 추출할 수 있다.

2) 고체 산화물 연료전지의 구조

지금까지 개발되고 있는 고체 산화물 연료전지 형태는 원통형, 평판형 및 일체형의 3종류가 있으며, 원통형 및 평판형이 주로 많이 연구 개발 되고 있다. 현재의 기술 개발 수준을 보면, 원통형 시스템이 가장 진보된 기술이며, 그 다음으로 평판형 기술이다. 원통형은 대형 시스템에 주로 적용되고 있으며, 소형 시스템의 경우 평판형도 가능하다.

원통형 구조에는 단전지식 원통형 구조(Sealess tubular design)와 다전지식 원통형 구조(Segmented-cell-in-series design)의 2 종류의 기술이 주로 개발되고 있으며, 고효율 운전을 위해 개질기를 연료전지 본체 내부에 장착하거나 연료 주입구 쪽 외부에 설치되는 형태로 시스템을 구성한다.

그림 5-14와 같은 단전지식 원통형 구조는 Westinghouse가 1980년에 개발하였으며, 현재 가장 기술이 앞선 구조이다.

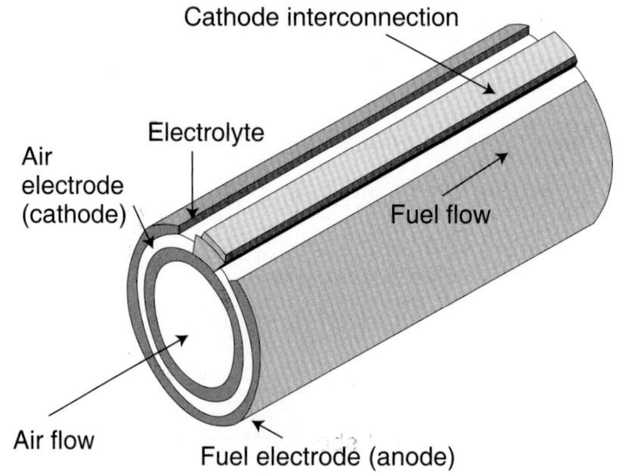

그림 5-14 단전지식 원통형 구조

이 구조의 단위 전지 시험은 7만 시간까지 행하여졌으며, 안정하고 우수한 성능을 나타내었다. 현재 100KW, 200KW 본체가 Westinghouse 의해 개발되어 있으며, MW복합발전시스템이 개발되고 있다. 이 구조의 구성 요소들은 한 끝이 막힌 지지체 위에 얇은 층으로 형성되어 있으며, 각 원통관이 하나의 단전지이다. 이 구조의 제조 순서는 먼저 다공성 공기극 지지체의 원통 관을 만들고 이 위에 고밀도의 전해질을 입힌다. 이 때 공기극의 일부는 원통관의 길이 방향으로 띠 형태로 남겨 두며, 이 위에 연결재를 입힌다. 연료극은 전해질 표면 전체에 코팅한다.

표 5-6은 단전지식 원통형 구조에 사용되는 구성소재의 특성을 나타낸다.

표 5-6 단전지식 원통형 고체 산화물 연료전지 구성 요소의 특성

구성 요소	두께	치수	기공율	사용재료
지지판	1.2mm	직경 : 1.5cm 길이 : 2m	35%	LSM공기극 CaO-ZrO_2
전해질	40micron		0%	10mol%Y_2O_3- ZrO_2
공기극	1.4mm		35%	10mol%SmO doped $LaMnO_3$
연료극	100micron		40%	NiY_2O_3 Stabilized- ZrO_2
연결재	40micron	폭 9mm	0%	10mol%Mg doped $LaCrO_3$

그림 5-15는 단전지식 원통관 구조의 가스 매니폴드와 스택 구조의 개략도를 나타낸 것이다. 산화제는 연료전지의 상부를 통해 공급되며, 보조관을 통해 관 깊숙이 흘러 들어가 다시 연료전지의 상부를 통해 배출된다. 따라서 전극면을 기준으로 보면 산화제의 흐름은 결국 아래쪽에서 위쪽으로 흐르는 모양을 하게 된다. 연료는 전지의 바깥쪽 원통관의 벽면을 따라 아래에서 위쪽으로 흐르게 된다.

전기화학 반응을 끝낸 폐연료는 다공성 세라믹 층을 통해 combustion chamber로 이동하고, 여기서 폐산화제와 반응하여 열을 발생시킨다. 이 열은 전지에 공급되는 산화제를 예열하기 위해 사용

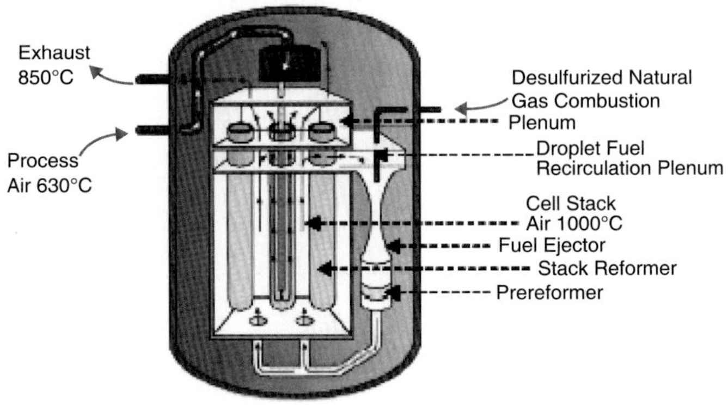

그림 5-15 단전지식 원통관 구조의 본체 구성

된다. 폐가스는 약 900℃ 온도에서 combustion chamber 로부터 배출된다. 전지 내의 온도 분포는 연료전지의 전기화학 반응으로부터 발생된 열과 combustion chamber 의 폐연료 연소에 의해 발생된 열에 의해 유지되며, combustion chamber 의 폐연료로 인한 열의 기여는 약 15% 정도이다. 연료전지를 냉각시키기 위해서는 산화제를 과잉으로 공급하면 된다.

단전지식 원통형 구조의 가장 큰 특징 중 하나는 전지 간 기체 밀봉제가 필요하지 않다는 것이며, 이로 인해 다른 연료전지에서 발생되는 세라믹 밀봉제 문제가 발생되지 않는다는 것이다. 이 구조에서 밀봉이 필요한 부분은 단지 두 군데로서, 하나는 연료 배출 부위에서 산화제와 섞이는 것을 막기 위한 것이며, 이것은 산화제와 섞이게 되는 combustion chamber 로 연료가 이동하는 경로 부분의 밀봉이기 때문에 전지 성능에 치명적인 영향을 미치지 않는다. 여기서의 기체 밀봉은 연료를 산화제로부터 분리하는 일종의 방패막 역할을 의미하기 때문에 폐 연료는 별 문제 없이 통과 될 수 있고 산화제는 combustion chamber로부터 역류되지 않을 정도의 다공성 세라믹이면 충분하다. 또 하나의 밀봉은 산화제 공급을 위한 보조관과 combustion chamber 사이에 존재해야 하며, 여기서의 밀봉 또한 전지 성능에 중요한 영향을 미치지 않는다.

단전지식 원통형 구조의 다른 특징은 각각의 전지가 견고한 지지체

위에 형성되어 있기 때문에 연료전지 자체가 튼튼한 세라믹 구조를 이루고 있다는 점이다. 이러한 구조는 열팽창에 대한 저항력이 우수하며, 열응력에 의해 발생되는 균열 생성을 최소화 할 수 있다는 장점이 있다. 그리고 환원성 분위기에서 전지관 사이의 접촉이 이루어지므로 전지관 연결이 용이하다. 반면에 단전지식 원통형 구조는 전류 흐름 경로가 길다는 단점을 갖는다. 전해질과 연결재의 경우 전류는 면과 수직 방향으로 흐르기 때문에 전류 흐름 경로는 짧다. 그러나 공기극과 연료극에서는 면 방향으로 전류가 흐르기 때문에 전류의 흐름 경로가 길게 된다. 전극에서의 긴 전류 경로는 전지 내부 저항을 증가시켜 전지 성능을 감소시킨다.

더욱이 공기극 지지관의 부피와 두께는 평판형의 것에 비해 크기 때문에 단 부피당 전력 밀도를 감소시키며, 두꺼운 지지관은 산소의 이동 속도를 제한시킬 수 있다. 또한 EVD 공정 (Electrochemical Vapor Deposition)으로 제조되는 이러한 구조는 전해질과 연결재의 도핑 원소 선택을 제한한다. 단전지식 원통형 구조는 다공성 공기극 위에 각 층이 연속적으로 형성되기 때문에 각 구성 요소의 제조 조건을 독립적으로 변화시키기가 어렵다. 전지의 구성은 다공성 공기극 제조로부터 시작되며, 연결재, 전해질, 연료극 순으로 합성된다. 현재까지 단전지식 원통형 고체 산화물 연료전지는 길이 20～200㎝의 다양한 크기로 제조되어 왔다. 현재 이 구조를 이용하여 연료전지 본체를 제작한 것을 보면, 연료로서 메탄 및 천연가스를 사용할 경우 내부 개질기가 연료 공급 전 단계에 갖추어져 있다. 전 단계 개질 반응을 유도하기 위해 폐연료의 일부가 증기를 공급하기 위해 개질기로 회수되며, 폐가스로부터 발생된 열이 개질 반응을 촉진시키기 위해 사용된다.

다전지식 원통형 구조는 1960년대 초에 개발되었으며, 하나의 원통관에 단전지가 직렬로 여러 개 배열된 구조를 갖는다. **그림** 5-16에 다전지식 원통형 구조를 나타내었다.

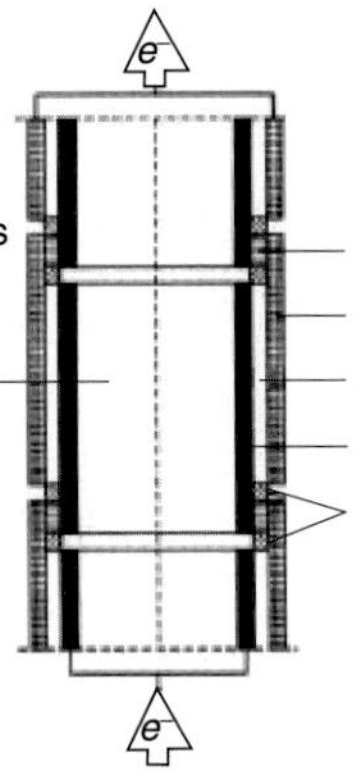

그림 5-16 다전지식 원통형 구조

셀은 얇은 띠 형태로 원통관 주위에 연결되며, 연결재가 연료극과 이웃 공기극 사이의 전기적 이음선 및 밀봉재 역할을 한다. 이 구조에서 있어서 연료는 원통관의 내부를 통해 이웃전지 사이로 이동하고 공기는 관의 바깥쪽으로 흐른다. 표 5-7은 2종류의 원통 횡호형 구조에 대한 구성 요소들의 특성을 나타내고 있다.

표 5-7 다전지식 원통형 고체 산화물 연료전지 구성 요소의 특징

구성 요소	밴드식 구조	
지지판	Al_2O_3	2~3mm
전해질	YSZ	110~150micron
공기극	Ni/YSZ	80~110micron
연료극	Doped $LaCrO_3$	150~220micron
연결재	NiAl	200~250micron

전류 흐름을 보면, 연료전지가 운전되는 동안 전류는 첫 번째 단위전지 공기극을 통해 전해질을 가로질러 흐른 후 연료극의 면 방향으로 흐른다. 그 다음 연결재 면에 수직 방향으로 흐른 후 공기극 방향으로 흘러가게 된다. 따라서 전류의 흐름 경로는 전극의 크기에 의존하게 되며, 전극의 내부 저항에 의한 전지성능 손실을 감소시키기 위

해 전지의 길이는 가능한 짧아야 한다. 실제 원통관 하나가 여러 개의 단위 전지로 구성된 스택에 해당되며, 다전지식 원통형 구조의 모듈은 상층부에 연료 배분실과 연료 배출실의 2개의 방으로 구성되어 있다. 연료는 연료 배분실을 통해 각 스택으로 공급되고 원통관의 전지에서 전극반응을 일으킨 후 연료 배출실로 이동한다. 산화제는 모듈이 하부에서 예열된 후 공급되며, 전극 반응 후 폐 산화제는 모듈의 중심부에 위치한 관을 통해 배출되며, 폐 산화제가 가지고 있는 열은 산화제를 예열하기 위해 사용된다.

다전지식 원통형 구조는 단전지식 원통형 구조와 마찬가지로, 기계적 강도가 우수하고 열응력에 대한 저항성이 뛰어나나, 높은 전지 내부 저항, 지지관으로 인한 연료 확산 장애가 문제점으로 대두되고 있다. 단전지식 원통형과는 달리 다전지식 원통형 구조는 원통관 하부에서 기체 밀봉이 필요하며, 모듈 내에 스택 즉 원통관 수가 증가할수록 기체 밀봉의 문제성은 더욱 커진다. 다전지식 원통형 구조를 제조하기 위해 여러 공정이 개발되었으며, 1980년대 단전지식 원통형 구조가 개발되기 전까지 EVD법에 의해 전해질과 연결재를 제조하였다. 현재는 이 방법이 사용되지 않고 있으며, plasma spray 법을 주로 사용하고 있다. plasma 법에 의한 제조 공정을 보면, 먼저 알루미나 지지관 위에 연결재 부분의 기밀을 위해 plasma spray 법으로 치밀성 알루미나막을 입힌다. Flame spray 법으로 연료극을 코팅하고 전해질 막은 plasma spray 법으로 입힌다. 그 다음 연결재와 공기극을 코팅한다.

평판형 고체 산화물 연료전지(Planar solid oxide fuel cell)의 구조는 여러 나라에서 연구 개발이 활발히 진행되고 있다. 이 구조는 기하학적으로 매우 단순하며, 현재 각국에서 100 KW급 연료전지 본체 개발을 추진하고 있는 상황이다. 평판형 구조의 경우는 원통형에 비해 가스 밀봉 등의 문제로 주로 prereformer가 외부에 설치되어 있으며, 대면적 제조가 용이하지 않기 때문에 대용량 본체를 제조하기 위해서는 상당히 많은 기술이 개발되어야 한다.

평판형 구조는 구성 요소들이 얇은 층으로 이루어져 있으며, 사각형 또는 원형 모양을 하고 있다. 일반적으로 평판형 연료전지에서 구조재 역할을 하는 것은 단위 전지와 연결재이다. 자립막일 경우 단위 전지의 두께는 200㎛ 이상이어야 하고, 요소들 가운데 전해질이 가장 두껍다. 전극 자체가 지지체 역할을 하기도 하며, 이 경우 전해질의 두께를 매우 얇게 할 수 있다. 연결재는 산화제 및 연료를 분리시키고, 공기극과 연료극을 전기적으로 이어주는 역할을 한다. 또한 연결재는 가스 채널을 갖고 있어 연료와 공기를 공급해 주기도 하는데, 전형적인 평판형 셀의 구조는 **그림** 5-17에 나타내었다.

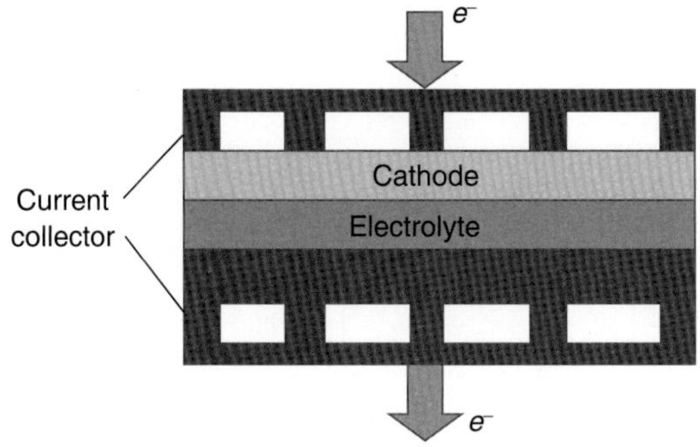

그림 5-17 평판형(Planar) 고체 산화물 연료전지 본체 구성

표 5-8은 평판형 연료전지에 사용되는 구성 재료의 특성을 나타내며, 연구자들은 박막이면서 대면적인 구성 소재를 만들기 위해 노력하고 있다. 평판형 연료전지는 각 구성 요소들을 적층하여 스택을 만들며, 전류는 공기극, 전해질, 연료극, 연결재 순으로 각 구성 요소들의 면에 수직 방향으로 흐른다. 그래서 원통형 구조에 비해 전류의 흐름 경로가 짧다. 일반적으로 평판형 구조는 저온형 연료전지와 마찬가지로 반응 가스를 공급하고 배출하기 위해 커다란 외부 매니폴드를 필요로 한다. 이러한 구조 설계는 엄격한 기체 밀봉을 요구하며, 밀봉재는 전기적으로 절연체이어야 한다. 평판형 구조의 다른 형태는 내부 매니폴드 형이며, 기체의 흐름이 외부 매니폴드의 cross-flow와는 달리 counter-flow 이다. 또한 평판형의 기체 밀봉 문제 등을 개선하기 위해 가스의 출구와 입구가 각각 연료전지 중앙부와 모서리 부분

에 위치한 원형구조의 평판형 연료전지가 개발되고 있다.

표 5-8 평판형 고체 산화물 연료전지 구성 요소의 특성

구성요소		
구 분	재료	두께
전해질	YSZ	50~250micron
연료극	Ni/YSZ	25~100micron
공기극	Doped $LaMnO_3$	25~100micron
연결재	Doped $LaCrO_3$/고온형 금속	200micron~1mm

평판형 구조의 장점은 원통형 구조에 비해 높은 성능과 전력밀도를 소유한다는 것이다. 전류의 흐름이 구성 요소의 면에 수직 방향으로 흐르기 때문에 전지 내부저항은 전지 면적에 의존하지 않으며, 전지 저항은 구성 요소의 두께에만 의존하게 된다. 원통형에 비해 평판형 구조는 사각형, 원형, 육각형 등 다양한 형태로 쉽게 만들 수 있다. 또한, 평판형 구조의 전해질과 연결재는 고밀도로 독립적으로 제조될 수 있어, 원통형에서 발생할 수 있는 공소결의 문제점을 해결할 수 있다. 즉 공소결시 일어나는 구성 요소간의 계면반응, 수축율 차이에 기인하는 문제점을 제거할 수 있다. 더욱이 평판형의 구성 재료는 개개의 제조 공정을 통해 만들어지기 때문에 소재의 특성을 향상시키기가 용이하며, 금속 연결재 등 재료 활용 범위가 증대된다.

평판형 구조의 문제점으로는 대면적 전해질 제조가 어려우며, 기체 밀봉제가 반드시 필요하다는 점이다. 기계적인 압축 밀봉, 시멘트 밀봉, 유리 밀봉, 유리와 세라믹 복합 밀봉 기술들이 개발되고 있으나, 여전히 많은 문제점을 갖고 있다. 기계적 압축 밀봉의 경우 세라믹 구성 요소에 불균일한 응력 분포를 초래하여 균열을 발생시키기도 한다. 유리 밀봉은 1000℃의 온도에서 전지 재료와 반응하여 스케일을 형성하기도 한다. 또한 평판형 구조에 있어 전기적 접촉이 문제가 되며, 구성 요소간의 접촉 저항이 매우 높은 편이다. 그리고 제조 공정상 대면적 전해질 및 연결재 제조가 용이하지 않기 때문에 스택 크기

가 제한될 수 있다. 지금까지 여러 가지 크기의 평판형 단위 전지와 스택이 제조되어 왔으며, 현재 제조된 평판형 전해질 판의 최대 크기는 20×20 ㎠ 이다. 이보다 더 큰 크기로 전해질 판을 만드는 데에는 어려움이 많을 뿐만 아니라 제조된 전해질 판도 강도가 약해 다루기가 매우 어렵다. 이러한 문제로 평판형 연료전지 스택은 소형 전해질 판을 바둑판 무늬로 여러 개 나열하고 적층하는 multi-array 방식을 취하고 있다. 평판형 구조의 면 저항은 0.25~1.0Ω · ㎠ 값을 가지며, 초기 단계에서는 전지 면적이 증가함에 따라 전지 성능이 감소하는 결과를 얻는 경우가 많았다. 평판형 연료전지의 운전 결과를 보면, 전지 성능의 퇴화 속도가 원통형에 비해 높고, 열 사이클의 저항성이 매우 취약하다고 보고되고 있다. 그러나 전지 성능 면에서는 원통형에 비해 높아 향후 원통형 구조를 대체할 것으로 기대되고 있다. **그림 5-18**과 같은 일체형 고체 산화물 연료전지(Monolithic solid oxide fuel cell)는 최근에 개발된 구조로서 높은 밀도의 전력을 얻을 수 있다.

현재는 기술상의 어려움으로 인해 실험실에서 소규모로 연구되고 있는 상황이다. 이 구조에 있어서 전지의 구성 요소들은 주름 무늬 구조(Corrugated structure)로 만들어진다. 이 구조의 연료전지는 두 종류의 층들로 구성된다. 하나는 연료극/전해질/공기극으로 이루어진 층이며, 다른 하나는 연료극/연결재/공기극으로 이루어진 층이다. 각층의 두께는 통상 200~300㎛이다. 일체형 구조는 coflow형과 crossflow형 두 가지로 나누어지며, 두 형태의 차이는 전력밀도 및 가스 매니폴드에 있다. Crossflow가 coflow에 비해 전력 밀도가 낮은 데 비해 가스 매니폴드 제조가 용이하다는 특징을 갖는다. 일체형 구조의 핵심적인 특징은 전지 크기를 소규모로 할 수 있으며, 전력밀도가 매우 높다는 것이다. 전류 흐름은 전해질과 연결재 면에 수직으로, 그리고 전극의 면 방향으로 매우 짧게 일어나기 때문에 전자 흐름 경로가 짧아 전지 내부 저항이 매우 작다. 일체형 구조는 원통형 및 평판형 구조에 비해 전지 성능이 매우 높다. 또한 전력 밀도는 8 KW/Kg 또는 4 KW/L로 계산된다.

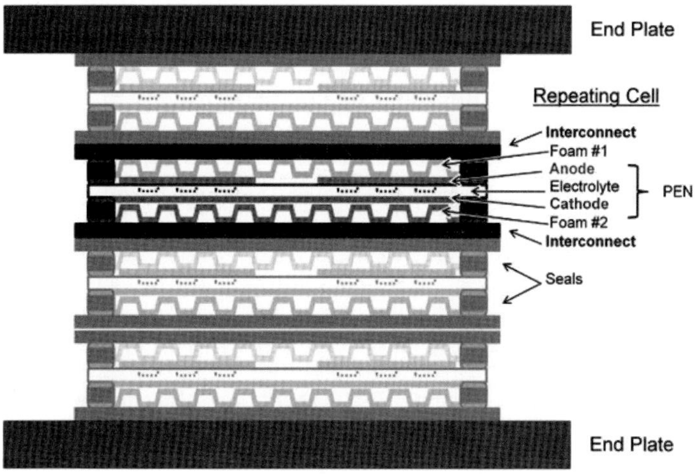

그림 5-18 일체형 고체 산화물 연료전지 형태의 스택 개념도

3) 고체 산화물 연료전지의 응용 분야

고온형 고체 산화물 연료전지는 연료전지 가운데 효율이 가장 높고 환경 특성이 우수하며, 저온형 연료전지에서 발생되는 여러 가지 운전상의 문제점을 최소화시킬 수 있는 발전 시스템이다. 현재 고체 산화물 연료전지 발전 시스템은 주로 분산전원용, 대형 발전소용으로 기술이 개발되어 왔으나 최근에는 가정용 소형 열병합 발전 시스템, 자동차용 등 이동 전원용으로도 많은 연구 개발이 진행되고 있다. 정지형의 경우 가스터빈, 증기터빈 발전과 연계한 복합 발전 시스템을 목표로 하고 있다. 이 시스템의 경우 전기적 효율이 약 70%에 가까울 것으로 예측되고 있으며, 이것은 기존의 화력발전소에 비해 매우 높은 값이다. 현재의 기술 개발 추이로 보아 원통형 구조의 고체 산화물 연료전지가 중형, 대형 발전시스템의 시장에 먼저 진입을 할 것으로 예상되며, 이어서 평판형 구조의 발전 시스템이 중소형 발전시스템 분야의 이용을 거친 후 대형 시스템에 응용될 것으로 예상된다. 현재의 기술 개발 속도로 보아 MW급 고체 산화물 연료전지 발전 시스템이 실용화 될 것으로 기대된다.

분산 발전용 연료전지란 전 세계적으로 발생되고 있는 온실가스 등 기존 발전소의 공해문제를 해결하기 위한 발전시스템을 칭한다. 발전 효율의 혁신적 향상을 통한 에너지 이용 효율 개선의 필요성, 중앙 집중식 대형 발전 건설 및 송전 시스템으로 인한 소요비용 증대 등이 심각한 문제로 제기됨에 따라 이러한 문제를 해결하기 위한 21세기형 발전 기술은 고효율, 저공해, 분산 발전 방식의 세 가지 요구 조건을 만족하는 발전 방식으로 전개되고 있고, 이에 적합한 기술이 바로 분산 발전용 연료전지이다.

수송용 연료전지는 무공해 자동차용 동력원 및 내연기관의 보조 동력원으로 이용 가능한 연료전지를 칭한다. 기존의 내연기관을 대체할 수 있는 고효율 및 무공해 연료전지 기술을 확립함으로써 차세대 연료전지 자동차용 동력원에 활용이 가능하며, 전 세계적으로 진행되고 있는 기후변화협약을 통한 온실가스의 총량규제, 저공해 자동차 의무 판매를 통한 자동차 배기가스의 규제 등에 대처할 수 있는 기술로 인식되고 있다.

이동 전원용 연료전지란 이동통신기기, 휴대형 정보통신 단말기, 군사용, 레저용 이동전원 등과 같은 소형 전자기기의 전원으로 사용되는 연료전지를 칭하는 것으로서 오늘날 소형 전자기기 산업의 급성장에 따라서 고성능 전원에 대한 수요가 크게 증가하고 있으며, 특히 휴대폰, 휴대용 단말기, 노트북 및 기타 이동통신 장비용 전원으로 사용될 수 있는 장수명의 고에너지 밀도를 가진 이동 전원 기술이 요구됨에 따라 기존 2차 전지의 한계를 극복할 수 있는 신개념의 전원 기술로 받아들여지고 있다.

고체 산화물 연료전지는 인산형, 용융탄산염형, 고분자형 등의 여러 연료전지 유형중 에너지 효율이 가장 높고, 높은 운전 온도로 인해 고가의 외부 개질 장치 없이 LPG, LNG 등의 탄화가스를 직접 연료로 사용할 수 있을 뿐만 아니라 자체적인 내부 개질에 의해 다양한 연료 사용이 가능한 발전 시스템이다. 또한 고체 산화물 연료전지는 다른 유형의 연료전지 시스템에 비해 구조적 신뢰성을 가지는 모듈화가 용이하며, 낮은 소음과 진동으로 인하여 온싸이트 발전에 유리 하다. 최근 들어선 고체 산화물 연료전지 발전 시 발생하는 양질의 고온폐

열을 가열 공정에 사용하거나 열병합발전에 접목하여 열효율을 증가시킬 수 있다는 점 때문에 온싸이트 발전 등의 중소형 발전 시스템뿐만 아니라 중대형 발전 시스템으로도 각광받고 있다.

4) 고체 산화물 연료전지 구성재료

고체 산화물 연료전지 또는 세라믹 연료전지는 연료전지 중 가장 높은 고온에서 작동되며 고체 산화물을 전해질로 사용하는 연료전지이다. 일반적으로 고체 산화물 연료전지의 구성 요소로는 크게 양극, 전해질, 음극, 접속자, 밀봉재로 분류되는데 각 구성 성분들이 처한 물리화학적 환경과 전기화학적 장치 구성 요소로서의 역할에 따라 다양한 요구 조건들이 제시되고 있다. 표 5-9에는 각 구성 요소들이 가져야 하는 특성들을 정리해 놓았다. 전해질인 yttria-stabilized zirconia (YSZ)의 전기전도도는 섭씨 1000℃에서 약 10^{-1}S/㎝ 이며, 이는 인산형 연료전지와 용융탄산염형 연료전지의 전해질에 비해 낮은 값이다.

그러므로 YSZ는 가능한 10～100㎛의 박막으로 제조해 저항을 최소화시키는 것이 중요하다. 그러나 전극 두께는 전류 흐름과 반응 기체 흐름에 영향을 미치기 때문에 고체 산화물 연료전지 구조에 따라 상이하게 설계돼야 한다. 전류가 전극면과 평행하게 흐르는 원통형 구조의 경우 어느 정도의 적당한 두께의 전해질이 필요하다. 이와는

표 5-9 고체 산화물 연료전지 구성 요소별 요구 조건

구성 요소	요구조건				
	전기 전도성	안정성	화학적 반응	기공도	열팽창 특성
전해질	높은 이온 전도도 낮은 전자 전도도	산화/환원 분위기에서 화학적 기계적 안정성	구성 요소 간 화학반응 및 상호 확산 억제	치밀 조직	구성 요소 간 열팽창계수 정합
양극	높은 이온 전도도 높은 전자 전도도			충분한 기공	
음극	높은 이온 전도도 높은 전자 전도도			충분한 기공	
접속자	낮은 이온 전도도 높은 전자 전도도			치밀 조직	
밀봉재	낮은 이온 전도도 낮은 전자 전도도			치밀 조직	

다르게 전류가 전극면에 가로질러 흐르는 평판형 구조의 경우 전극 반응에 영향을 미치지 않는 범위 내에서는 가능한 박막인 경우가 좋다. 고체 산화물 연료전지는 단전지의 형태에 따라 원통형과 평판형으로 분류되며 형태에 따른 구성 소재들도 각기 다르다. 표 5-10에는 현재 가장 널리 적용되고 있는 구성 재료들을 연료전지 유형에 따라 정리하여 놓았다

표 5-10 연료전지 유형에 따른 구성 요소별 재료

구 분		구성 요소	구성 재료
원통형	단 전지식	지지관	Doped $LaMnO_3$, YSZ, CSZ
		전해질	10% Y_2O_3-ZrO_2
		양극	10% SrO doped $LaMnO_3$
		음극	Ni/YSZ
		접속자	10% Mg doped $LaCrO_3$
	다 전지식	지지관	CSZ
		전해질	YSZ
		양극	$LaCoO_3$, SrO, Doped $LaMnO_3$
		음극	Ni/YSZ
		접속자	NiAl, TiO_2
평판형		전해질	YSZ
		양극	Doped $LaMnO_3$
		음극	Ni/YSZ
		접속자	Doped $LaCrO_3$ 또는 금속재
		밀봉재	복합유리재료

고체 산화물 연료전지는 그 형태에 따라 제조 공정도 각기 다르다. 표 5-11은 원통형 고체 산화물 연료전지 제조공정을 정리한 것이며, 평판형 고체 산화물 연료전지 제조 공정은 표 5-12에 정리해 놓았다.

연료극 지지 기판과 관련된 제조 기술 중에서 가장 보편적인 것이 테이프 캐스팅(tape casting) 기술인데 세라믹 테이프, 판, 적층 세라믹 구조체를 크고 평평하게 하는 공정으로 연료극 지지 평판 SOFC 구조체를 만드는 데 적합하다. 테이프 카렌더링(tape calendering) 공정을 사용하면 YSZ 두께는 5~10㎛까지 줄일 수 있지만 연료극과 YSZ

전해질 재료의 수축이 아주 다를 수 있어 주의해야 한다. 연료극 지지 전해질 구조체의 다른 중요한 특성은 연료전지 시스템 작동 중단이나 연료전지 시스템 서비스 요건 때문에 환원-산화 사이클이 반복되는 동안 구조적 안정성과 성능 회복성이 좋아야 한다.

표 5-11 원통형 고체 산화물 연료전지 제조 공정

구성 요소	사용 재료	두께(μm)	제조 공정			
			EVD	Slurry Coating	Plasma Spray	Extrusion
지지관	CSZ	1200~2000				O
전해질	YSZ	40~150	O	O		
음극	Ni+YSZ	80~100	O	O	O	
음극 지지체	Ni+YSZ	~2000				O
양극	(La,Sr)MnO_3	150~200		O		
양극 지지체	(La,Sr)MnO_3	~2000				O
세라믹 접속자	(La,Sr)CrO_3	85~100	O	O	O	
금속 접속자	NiAl	100~150	O			

표 5-12 평판형 고체 산화물 연료전지 제조 공정

구성 요소	사용 재료	두께(μm)	제조 공정					
			용사	슬러리 코팅	테입 성형	스크린 인쇄	압출 성형	기계 가공
전해질	YSZ	10~50	O	O	O	O		
전해질 지지체	YSZ	250~500			O		O	
음극	Ni+YSZ	25~100	O	O	O	O		
음극 지지체	Ni+YSZ	800~2000			O		O	
양극	(La,Sr)MnO_3	25~100	O	O	O	O		
세라믹 접속자	(La,Sr)CrO_3	200~1000	O		O		O	
금속 접속자	내열합금재	2000~6000	O					O

제 6 장

태양전지 소재

6-1. 태양전지 개요 및 역사

태양은 약 50억년 동안이나 막대한 양의 복사 에너지를 계속 방출하고 있다. 중심핵의 온도가 1500만K 이상인 태양 중심부에서 수소 원자의 핵융합반응에 의해 생성된 에너지(초당 1026J)는 전자파의 형태로 1억 5천만km의 거리를 지나 복사에 의해 지표면에 전달된다. 지구 대기권 밖 태양광에 수직한 면에서의 에너지는 1.4kw/m^2를 갖게 되며 이를 지구 전체에 도달하는 에너지 양으로 환산하면 17×10^{13}kw에 달하는 양이 된다. 대기권에 도달하기 전 태양 에너지 중 약 30%는 반사되어 소멸되고 나머지 약 70%가 대기권에 도달한다. 이 중 약 67%가 지표면에 도달하여 결국 지구에 도달한 양의 절반이 우리가 이용할 수 있는 에너지원이 되고 있다. 이들 태양광이 지구상에 도달하는 양을 **그림** 6-1에 나타내었다.

태양전지는 태양에너지를 전기에너지로 변환시켜주는 반도체 소자로서 p형의 반도체와 n형의 반도체의 접합 형태를 가지며, 그 기본 구

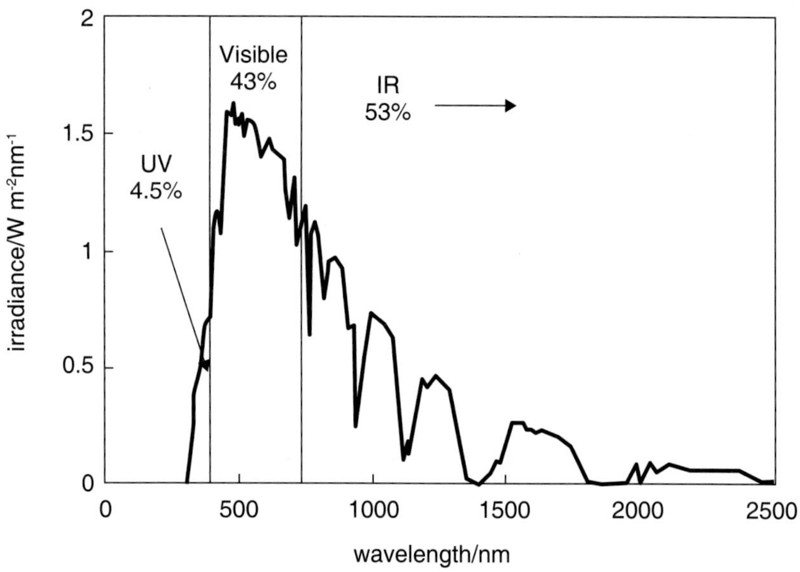

그림 6-1 지구상에 미치는 태양광선의 분포

조는 다이오드와 동일하다. 일반적으로 반도체에 태양광이 입사하면 흡수되어 태양광과 반도체를 구성하고 있는 물질과의 상호작용이 일어난다. 그리고 (-) 전하와 (+) 전하를 띤 전자와 정공이 발생하여 전류가 흐르거나 전기 그 자체가 발생하기도 한다. 이것을 반도체의 광전 효과라고 한다. 반도체에는 (-) 전하를 띤 전자를 끌어당기는 n형 반도체와 (+)전하를 띠는 정공을 끌어당기는 p형 반도체의 두 종류가 있는데, 태양전지는 **그림** 6-2와 같이 이 두 가지를 접합한 것이다. 일반적으로 반도체에서 발생한 (-) 전하는 n형 반도체 쪽으로, (+) 전하는 p형 반도체 쪽으로 끌어당겨져 각각 양쪽의 전극부에 모인다. 마치 건전지와 같은 상태가 되는 것이다. 양쪽의 전극을 전선으로 연결하면 전기가 흐르므로 전력을 얻을 수 있다. 여기에서 (+) 전하와 (-) 전하는 결국 같은 수가 된다. 그러므로 빛이 있는 한 발전은 멈추지 않는다. 즉 빛을 받으면 pn 접합을 가진 반도체 속에서 빛과 물질의 상호 작용이 일어나 (+) 전하와 (-) 전하가 발생하고, 그 전하를 밖으로 방출함으로써 전기가 흐르고 그 에너지로 모터를 회전시키거나 전등을 결 수 있다. 따라서 태양전지는 태양의 빛뿐만 아니라 형광등의 빛도 전기로 바꿀 수 있다.

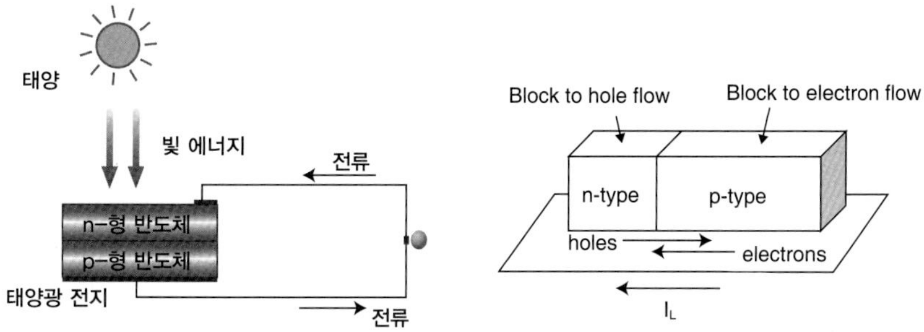

그림 6-2 태양전지의 구조 및 원리

태양전지의 성능은 광전 변환 효율로 측정한다. 즉 입사한 빛(태양광)을 어느 정도의 비율로 전기로 바꿀 수 있는가를 나타내는 것이다. 예를 들어 지금 100개의 태양광이 태양전지에 입사하였을 때 그 중 10개만 전기로 변하면 그것은 10개/100개 × 100% = 10%의 변환 효율을 보인다고 할 수 있다. 태양전지의 변환 효율은 입사하는 에너지의 강도 차이와는 거의 관계가 없다. 그러나 변환 효율은 비율이기 때문에 입사하는 에너지가 변화하면 그 출력도 변화한다. 즉 변화 효율이 10%일 때, 쾌청한 날에는 태양의 빛이 1m^{2}당 1kW의 에너지(일반적으로 쓰이는 조도로 표시하면 10만 lux~12만 lux)를 지표면에 주기 때문에, 1m^2 면적의 태양전지는 100W를 출력한다. 실제 셀에서의 광변환 효율을 측정하는 방법을 용어와 함께 **그림** 6-3에 나타내었다.

태양전지는 기존의 발전 시스템과는 달리 발전소와 전기를 사용하는 장소가 같아 송전에 소요되는 경비를 절감할 수 있으며, 전기 생산에 화석 자원을 사용하지 않으므로 환경 친화적이라는 장점을 갖고 있다. 태양전지에 관한 연구는 1839년 프랑스의 물리학자 Edmond Becquerel에 의한 광전 효과의 발견으로부터 시작된다. 또한 1876년 Heinrich Hertz가 Selenium과 같은 고체에서도 같은 현상이 발생됨을 관찰하였다. 이런 현상을 광전 효과라 하고 이와 같은 특성을 보이는 재료를 바탕으로 태양전지(Photovoltaic Cell)가 제작되었으며, 당시의 광변환 전류 효율은 약 1-2% 정도였을 뿐이다. 본격적인 PV시

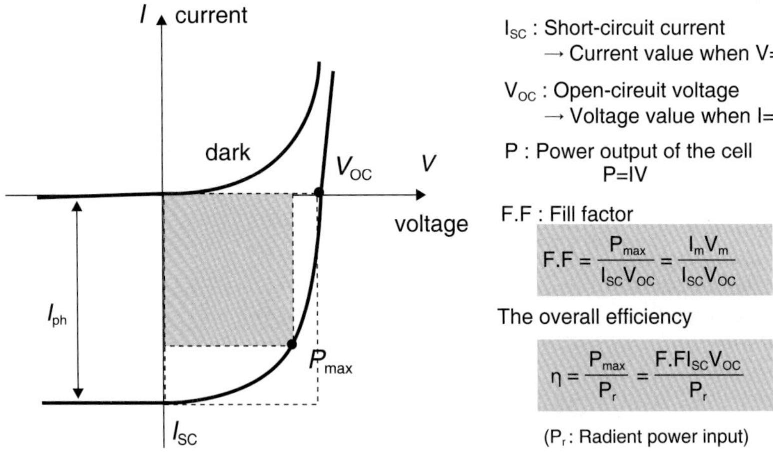

그림 6-3 Fill Factor (FF)와 Power Curve

스템의 상업화는 1940년대와 1950년대 사이에서 이루어졌다. 1941년 적정한 효율을 내는 실리콘 태양전지가 연구되었고, 1954년에 이르러 고순도 결정질 실리콘을 생산할 수 있는 Czochralski 방법이 개발되어 Bell 연구소에서 4%의 효율을 내는 첫 번째 결정질 실리콘 태양전지가 만들어졌다.

그 후 태양전지의 연구가 다소 둔화되며 진행되다가 1970년대 에너지 위기를 직면하여 미국 정부와 산업계에서는 효율이 높고 상업화가 가능한 큰 태양전지를 개발할 필요성이 크게 대두되었다. 비슷한 시기인 1974년, 일본에서는 선샤인 계획이라는 이름으로 꾸준한 연구를 진행하고 있다. 이 후로 태양전지는 점점 더 대면적화 하게 되고, 생산 단가도 계속 낮아지는 발전 경로를 거치게 된다. 1980년대에 이르러 새로운 재료의 태양전지, 즉 CdTe, $CuInSe_2$ 등 화합물이 탄생하게 되었다. 현재는 단결정 실리콘 태양전지 중심의 지상용 발전 설비 구축이 이루어지고 있으며 새로운 개념의 태양전지인 염료감응형 태양전지 및 유기 태양전지에 관한 연구가 활발히 진행되고 있다. 태양전지의 역사를 살펴보면 **표 6-1과** 같다.

표 6-1 태양전지의 역사

년 도	개발 내용
1839	Edmond Becquerel에 의한 광전 효과 발견
1876	Heinrich Hertz에 의한 고체에서의 광전 효과 발견
1883	C. Fritts의 최초의 Se 태양전지의 제작
1930	L. Grohndahl에서 Cu2O/Cu 태양전지의 연구
1941	R. Ohl의 원시적인 Si 태양전지 특허
1954	Bell 연구소에서의 결정질 Si 태양전지(4% 효율) 개발
1958	미국 우주선(Vanguard I) 보조 전원 사용(5mW) 태양광산업 태동
1970	석유 파동으로 지상용 전원으로서의 활용 모색
1974	일본 선샤인 계획 시작
1980	본격적인 기술개발 추진 신재료 태양전지 개발
1997	전세계 생산량 연간 100MW
2000	지상용 발전 설비 구축 염료감응형 태양전지 및 유기 태양전지의 활발한 연구

6-2. 태양전지의 종류

태양전지의 발전 과정을 통해 등장한 다양한 태양전지를 **그림 6-4**와 같은 개략도로 구분하여 나타낼 수 있다.

최근에는 p/n 접합을 기본 구조로 하는 실리콘 및 다양한 화합물 반도체 태양전지들을 conventional inorganic p/n junction solar cell로 구분하고 작동원리와 구조에 있어 차이를 가지는 DSSC, 그리고 OSC의 세 가지로 구분하려는 경향이 나타나고 있다.

1) Conventional inorganic p/n junction solar cell의 구조 및 작동 원리

실리콘 태양전지를 비롯한 화합물 반도체 태양전지의 경우, 언급하였듯이 p형의 반도체 물질과 n형의 반도체 물질의 접합을 기본 구조로 가지며 보편적으로 높은 효율을 가지지만 고가의 비용이 든다

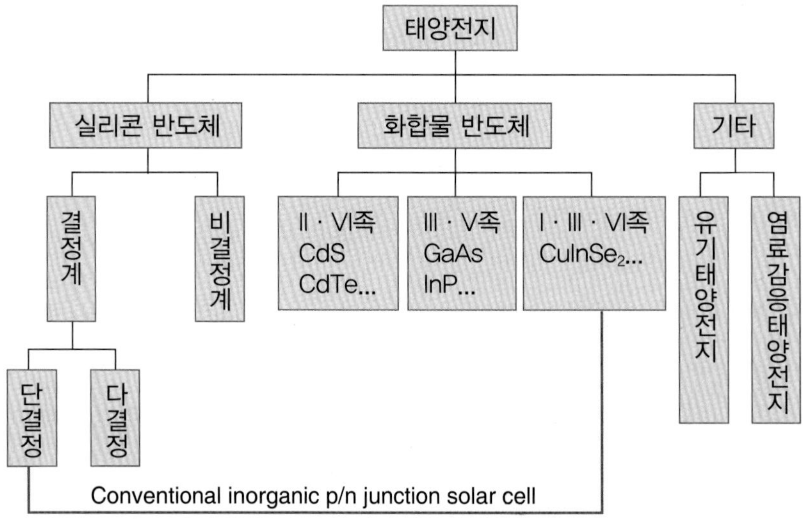

그림 6-4 태양전지의 종류

는 단점이 있다. **그림** 6-5의 (b)는 일반적인 무기 태양전지의 구조를 보여주며 **그림** 6-5의 (a)에서 작동 원리를 설명하고 있다. **그림** 6-5의 (b)에서와 같이 두가지 종류의 반도체가 접합이 되면 두 물질에서의 carrier의 농도 차에 의해 space charge region이 형성되게 되고 이러한 구조의 전지가 태양빛을 조사받게 되면 space charge region에 형성된 전자와 정공이 형성되어 **그림** 6-5의(a)와 같이 space charge region에 형성된 built in potential에 의해 전자는 n형 반도체 물질로

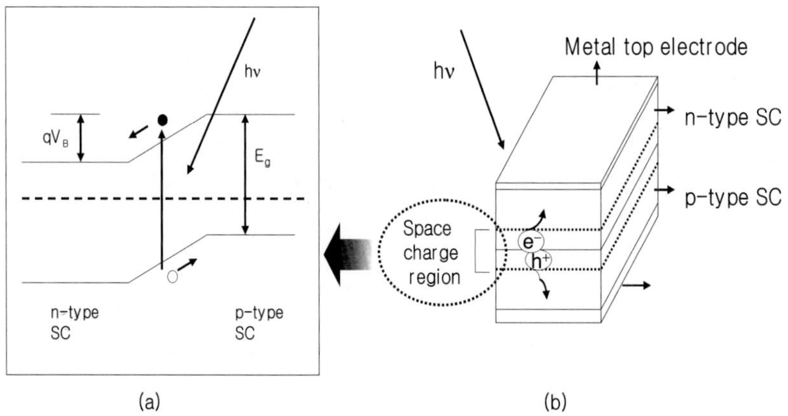

그림 6-5 Conventional inorganic p/n junction solar cell의 작동 원리

정공은 p형 반도체 물질 쪽으로 이동하여 외부 회로로 흐르면서 결과적으로 태양에너지를 전기에너지로 변환시킨다.

① 실리콘계 태양전지 (silicon solar cell)

결정질 실리콘 태양전지(Crystalline silicon solar cell) : 실리콘 태양전지는 크게 단결정(single crystal) 형태와 다결정 (polycrystalline) 형태의 재료로 나뉘며 기본적으로 p-n 동종 접합(homojunction)으로 태양전지에 사용된다. 단결정은 순도가 높고 결정결함 밀도가 낮은 고품위의 재료로 당연히 높은 효율을 달성할 수 있으나 고가이고, 다결정 재료는 상대적으로 저급한 재료를 저렴한 공정으로 처리하여 상용화가 가능한 정도의 효율의 전지를 낮은 비용으로 생산하려는 의도로 사용된다. 단결정 실리콘을 사용한 전지는 집광 장치를 사용하지 않은 경우의 기록이 약 24% 정도이며 집광 장치를 사용한 전지는 28% 이상의 효율이 발표되었다. 다결정 실리콘 전지는 약 18% 효율이 발표되었는데, 효율의 도달 한계치는 단결정이 35%, 다결정이 19% 정도인 것으로 예측된 바 있다. 이들 실리콘 태양전지를 **그림 6-6**에 나타냈다.

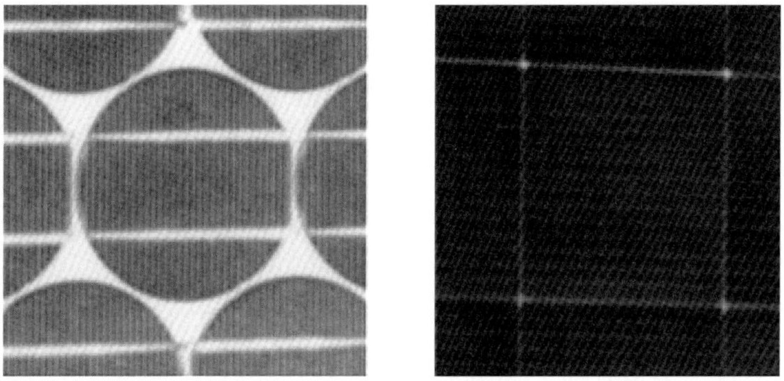

그림 6-6 단결정 및 다결정 실리콘 태양전지의 예

② 비정질 실리콘 태양전지 (amorphous silicon solar cell)

비정질 실리콘 태양전지 (a-Si)는 **그림 6-7**에 예시한 바와 같이 가장 상업적으로 성공한 최초의 박막 형태의 태양전지이다.

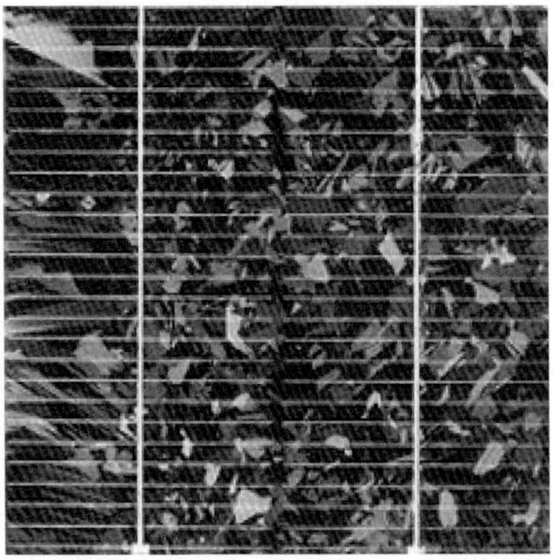

그림 6-7 비정질 실리콘 태양전지의 예

그러나 이 태양전지는 1980년대부터 예상되어왔던 만큼의 효율은 보이지 않고 있다. 그 이유는 초기에 빛을 받을 때 a-Si이 degradation 되기 때문이다. 빛을 받을 때 발생하는 intrinsic degradation은 약 20% 정도로 제한될 수 있다. 따라서 재료의 가공 기술과 디바이스 설계를 얼마나 발전시키는 가가 a-Si의 효율을 안정화 시키는 관건이 된다. 다중 접합 (multijunction)을 이용하는 디바이스와 빛을 잡아두는 방식은 안정된 효율의 태양전지를 제작하게 할 수 있다. 현재 이런 방법으로 비정질 실리콘 태양전지의 효율은 약 12% 이상 그리고 모듈(module, 1평방 피트)로는 10% 이상의 고효율을 기록하고 있다.

③ 화합물 반도체 태양전지 (compound semiconductor solar cell)
- III-V족 화합물계 : GaAs, InP, GaAlAs, GaInAs
- II-VI족 화합물계 : CuInSe2, CdS, CdTe, ZnS

이들 태양전지의 예를 **그림** 6-8에 나타냈다.

그림 6-8 화합물 반도체 태양전지

2) 유기 태양전지의 기본 구조 및 작동 원리

유기 태양전지는 전자주게(electron donor) 고분자와 전자받게(electron acceptor) 고분자의 접합으로 이루어져 있으며, 이 경우 빛이 조사되면 전자와 정공쌍이 형성되어 전자는 전자 받게 쪽으로 흘러 전기를 얻을 수 있다. 유기 태양전지는 무기 태양전지의 단점인 고가의 제작 비용을 해결하기 위하여 연구되기 시작하였으며 최근 10여 년 동안 그 효율이 10배 증가하는 큰 성과를 거두고 있다. **그림** 6-9의 (a)와 (b)를 통해 빛에 조사된 유기 태양전지에서의 전기 에너지 생성 원리 및 전자와 정공의 흐름을 나타냈다.

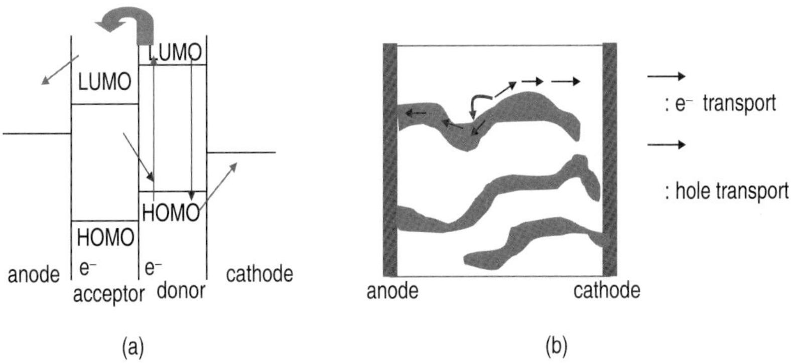

그림 6-9 (a) 유기 태양전지의 작동 원리 및 (b) 전자와 정공의 흐름

유기 태양전지의 경우, 가장 보편적인 구조가 두 가지 종류의 물질의 층을 준비하는 Double layer structure이며 이러한 방법의 경우, 전자주게를 증착시키는 과정에서 먼저 증착된 전자 받게 층이 파괴될 수 있다는 단점이 있어 최근에는 **그림 6-10**의 (b)와 (c)의 새로운 구조를 갖는 소자가 제작되고 있다. **그림 6-10**의 (b)는 두가지 종류의 물질을 혼합하여 층을 제작하는 blending structure의 구조를 보여주며 (c)는 두가지 물질의 혼합층이 포함되어 있는 laminated structure이다.

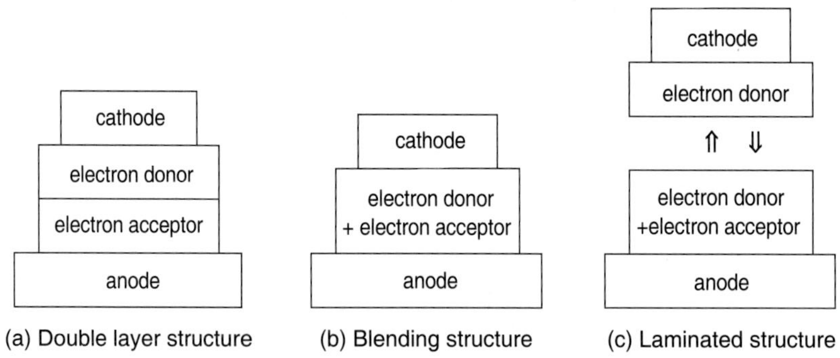

그림 6-10 유기 태양전지의 기본 구조

3) 염료감응형 태양전지(DSSC)의 기본 구조 및 작동 원리

염료감응형 태양전지(Dye-Sensitized Solar Cell : DSSC)는 태양 빛의 대부분을 차지하는 가시광선 영역의 빛을 이용하기 위해 가시광선 영역의 빛을 받아 전자와 정공을 만들어 낼 수 있는 염료를 넓은 에너지 밴드 갭을 가지는 반도체 물질 표면에 화학적으로 흡착시켜 에너지 변환 효율을 향상시키기 위해 제작된 광 전기화학 태양전지의 한 형태이다. DSSC는 염료가 코팅된 반도체 전극과 상대 전극의 샌드위치 형의 배열을 가지며 전극 내의 공간은 redox mediator (A/A-)를 포함하고 있는 전해질로 가득차 있다. **그림 6-11**은 DSSC의 일반적인 구조 및 작동원리를 보여준다. 빛이 흡수되면 염료가 여기되어 산화되면서 전자를 반도체의 conduction band에 제공하고 이 전자들은 외부 회로를 통해 흐른다. 동시에 산화되었던 염료는 전해질 내의 electron donor(A-)에 의해 환원되면서 ground state로 돌아가게 되며 이 반응에 전자를 제공했던 redox mediator는 외부 회로를 통해 상대전극에 도착한 전자에 의해 다시 환원되어 electron donor (A-)의 형태로 된다.

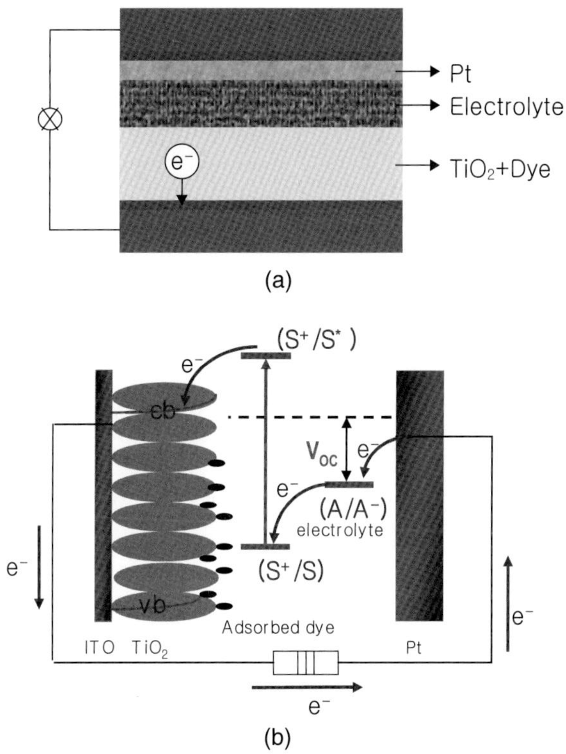

그림 6-11 (a) 염료감응형 태양전지의 구조 및 (b) 작동 원리

DSSC의 이러한 작동 과정은 다음과 같은 몇 개의 간단한 화학 반응식으로 나타낼 수 있다.

DSSC는 기존의 실리콘 태양전지나 화합물 반도체 태양전지에 비해 그 제작비용이 저렴하며 유기 태양전지에 비하여 그 효율이 높으며 이 외에도 환경친화적이고 투명화가 가능하여 스위스의 Gratzel 그룹을 중심으로 많은 연구가 진행되고 있다. 그러나 실생활에서의 적용을 위해서는 장시간의 안정성의 확보 및 효율향상이 해결해야 할 문제점들이며, 성능을 제한하는 여러 요인들을 다음과 가티 분류할 수 있다.

① 액체 상태의 전해질 사용에 따른 문제점

- 염료 탈착
- 용매 증발
- 분해(degradation)
- 봉합(sealing)의 불안정성
- 봉합제(sealant)와 전해질의 반응

② 공정 과정에서 발생할 있는 문제점

- TiO_2를 도포하는 과정에서 400℃ 이상 열처리 시 소결되는 문제.
- 제작과정이 장시간 소요.
- 기판의 한계에 의한 flexible한 DSSC의 재현이 불가능함.

③ 산화물로 전달된 전자의 재조합으로 인한 성능 저하

위와 같은 문제점들을 해결하기 위한 해결책을 다음과 같이 나열할 수 있으며 선진국의 경우 이러한 방법의 접근을 통해 염료감응형 태양전지의 실용화를 추구하고 있다.

① 액상 전해질에 따른 문제점 해결 방안

- 고체 상태의 전해질 사용
- p형 반도체나 유기 정공(hole) 전도성 소재를 사용
- 안정성이 높은 염료의 개발
- Quantum Dot을 이용한 Solar Cell의 개발

② 공정 과정에서 발생할 수 있는 문제점의 해결 방안

- Binder 첨가를 통한 열처리 과정의 제거
- 새로운 염료 흡착 방법 고안

  ex) electrodeposition, electroporetic deposition method

- 투명한 전도성 물질이 개발

③ 산화물로 전달된 전자의 재조합의 억제를 위한 방안
- 산화물 표면의 Passivation
- 제 2 산화물을 이용한 에너지 장벽의 형성

6-3. 염료감응형 태양전지의 기술 동향

앞에서 언급했듯이 DSSC의 실생활 적용을 위해서는 효율의 개선과 장시간 안정성의 확보가 요구되며 이와 같은 문제점을 해결하기 위해 현재 많은 연구 그룹이 액체 전해질의 대체를 통한 전고상 (Solid State) DSSC의 제작, 전극과 전해질 표면에서의 재조합 억제를 위한 전극 물질의 개선 및 전극 물질 표면의 passivation에 대한 연구를 진행하고 있으며 이 외에도 전기변색소자와의 일체형을 통한 새로운 소자의 개발에 집중하고 있다.

1) 전고상 태양전지의 제작

현재 대부분의 DSSC의 경우 redox mediator를 포함하고 있는 액체 상태의 전해질을 사용하고 있는데 이러한 액체상태의 전해질 사용으로 인한 여러 문제점들과 device로 최종적으로 구성할 때 sealing의 어려움을 극복하기 위해 전고상 DSSC의 제작이 시도되고 있으며 몇몇 그룹에서는 고성능의 전고상 DSSC의 제작을 보고하고 있다. 고상 전해질로의 변환을 위해 사용될 수 있는 재료로 먼저 transparent p-type semiconductor를 고려할 수 있다. 이 경우 최종적으로 n-type semiconductor / dye / p-type semiconductor의 구조를 가지는 NDP photovoltaic cell이 된다. 이 전지가 광을 흡수하게 되면 발생한 electron은 n-type semiconductor의 conduction band로 hole은 p-type semiconductor의 valence band로 주입된다. 그 반응을 살펴

보면 다음과 같다.

$$D + h\upsilon \rightarrow D^*$$
$$D^* \rightarrow e^- \text{ (CB n-type material)} + h^+ \text{ (VB p-type material)}$$

이러한 반응은 다음과 같은 중간 과정을 거쳐서 일어난다.

$$D^* \rightarrow D^+ + e^- \text{ (CB n-type material)}$$
$$D^+ \rightarrow D + h^+ \text{ (VB p-type material)}$$

and/or

$$D^* \rightarrow D^- + h^+ \text{ (VB p-type material)}$$
$$D^- \rightarrow D + e^- \text{ (CB n-type material)}$$

나노 구조의 이러한 NDP photovoltaic cell을 만드는 데 있어서 반도체 재료나 어떤 특정한 특성을 갖는 염료를 선택하는 데 있어서 많은 제한이 있다. 먼저 적절한 산화물 재료를 준비하는 데 있어서 고려해야 할 가장 중요한 요소는 반도체의 에너지 밴드 개념이다. 즉 p-type 물질의 CB와 VB는 n-type 물질의 CB와 VB보다 위에 있어야 하며 염료의 ground state (first excited state)는 두 물질의 VB와 CV 사이에 존재해야 한다. 그리고 액체 전해질을 대신할 hole conductor의 경우 빠른 hole-injection kinetics를 가져야 한다. 염료가 부착된 TiO_2에 p-type 물질을 코팅시키는 방법도 여러 가지를 생각할 수 있다.

그림 6-12는 electrodeposition 방법으로 n-type 물질과 p-type 물질을 준비한 한 실험에 대한 예이다. 여기서 n-type material로는 ZnO, p-type 물질로는 CuSCN이 electrodeposition방법으로 deposite되었다. 이 경우 위에서 설명했듯이 p-type 물질의 VB와 CB는 n-type 물질의 VB와 DB보다 높은 위치에 존재하며 염료의 ground state가 둘의 VB와 CB 사이에 존재한다는 조건에 잘 맞는다는 것을 다음 에너지 밴드 다이어그램을 통해 알 수 있다.

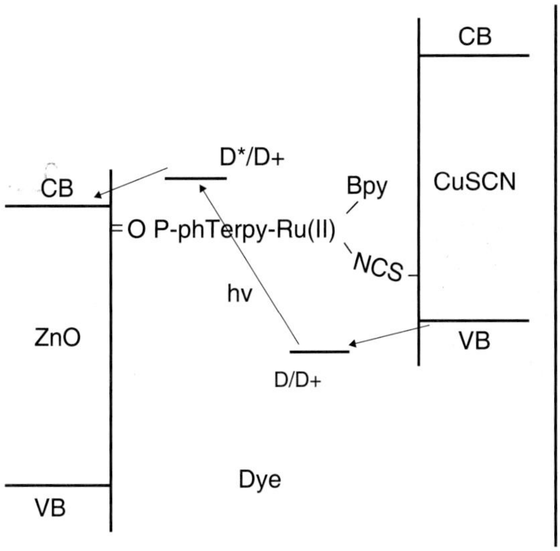

그림 6-12 ZnO/Dye/CuSCN 구조의 전고상 DSSC

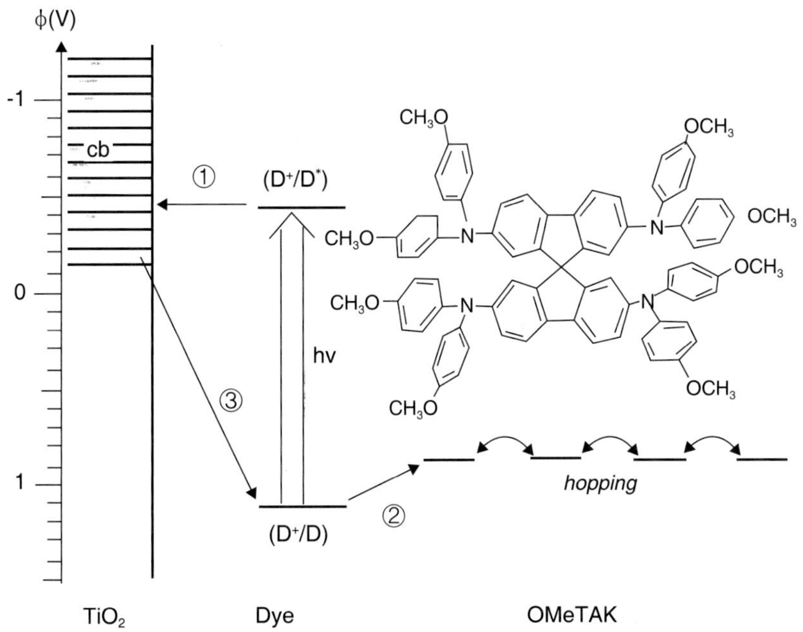

그림 6-13 TiO_2/Dye/OMeTAD 구조의 전고상 DSSC

다음은 organic hole conductor로 잘 알려져 있는 OMeTAD가 액체 전해질 대신 사용된 염료 감응 태양전지 내에서의 전자 전달 과정을 나타내 주는 그림이다. 그림에서 알 수 있듯이 빛을 흡수하면 ZnO에 흡착되어 있는 염료의 염기에 의해 생긴 전자는 ZnO의 CB로 흐르고 hole은 p-type 물질로 흐르게 된다. 여기서 전자는 외부회로를 통해 양극쪽 으로 흘러 redox mediator의 환원을 일으키는데 사용되며 hole은 산화된 염료를 중성화하는데 사용된다.

빛이 흡수되면서 염료의 여기 상태로부터 TiO_2의 CB로 전달되고 정공은 OMeTAD로 전달된다. 이러한 전달 과정을 몇 개의 화학식으로 나타 낼 수 있다. 다음의 반응 1, 2, 3은 **그림** 6-13의 1, 2, 3의 과정을 식으로 표현한 것이다.

$D^* \rightarrow D^+ + e- \text{ (cb } TiO_2)$ ------------------- (1)

$D^+ + \text{OMeTAD} \rightarrow D + \text{OMeTAD}^+$ ------- (2)

$D^+ + e^- \text{ (cb } TiO_2) \rightarrow D$ -------------------- (3)

이외에도 electroluminescense에서 가장 대표적으로 사용되는 hole transport 물질인 TPD (tetraphenyldiamine derivative)나 NPB도 적용 가능성이 있다. 이러한 p형 반도체나 organic hole conductor를 사용하여 만든 염료감응형 태양전지의 경우 최근에 그 효율이 상대적으로 낮아 극복할 문제로 남아 있다. 이렇게 hole conductor 물질을 이용한 전지의 효율이 1.5% 이하로 나타나고 있으며 그 원인이 정확히 규명되지는 않았지만 몇몇 연구에서 전해질 내에서의 정공 전달의 특성에 기인한다고 제안하고 있다. 즉 액체 전해질이 사용되는 경우 전해질 내에서의 전하 전달은 I^-/I^{3-}에 의해 일어나는 데 이 경우 전하를 전달하는 이온이 음전하를 띠고 있어 TiO_2의 CB로 전달되었던 전자들과의 재조합이 상대적으로 억제될 수 있는데 이러한 장점이 결여되면서 상대적으로 전지의 효율이 떨어진다고 제안하고 있다.

이러한 낮은 효율을 개선하기 위해 hole conductor 물질 대신 고분자 겔 전해질의 적용이 시도되고 있다. 이 경우 전해질을 준비하는 과정에서 전해질의 이온 전도도와 chain mobility를 높이기 위해 여러 가소제를 첨가하여 액체전해질을 이용한 염료감응형 태양전지와 비슷한 효율을 가지는 Quasi-solid-state 염료감응형 태양전지의 제작이 가능하다. 이러한 용도로 PMHH나 poly (epichlorohydrin-co-ethylene oxide), Epochlimer-16 등의 고분자 전해질이 많이 사용된다. Senadeer 등은 I_2가 도핑된 pentacene을 hole collector로 사용하여 전고상의 DSSC를 제작하여 그 성능을 측정하였으며 **그림** 6-14를 통해 그 구조 및 결과를 보여준다. 한편, Mrri 등은 몇 가지 종류의 cross-linked gel 전해질을 이용하여 전고상의 DSSC를 제작하여 성능을 평가한 결과 액체 전해질을 이용하나 경우와 비슷한 결과를 얻기도 하였다. 이는 polymer matrix에 포함되어 있는 liquid에 의한 전해질과 전극 표면과의 향상된 계면 성질에 기인하는 것으로 보인다.

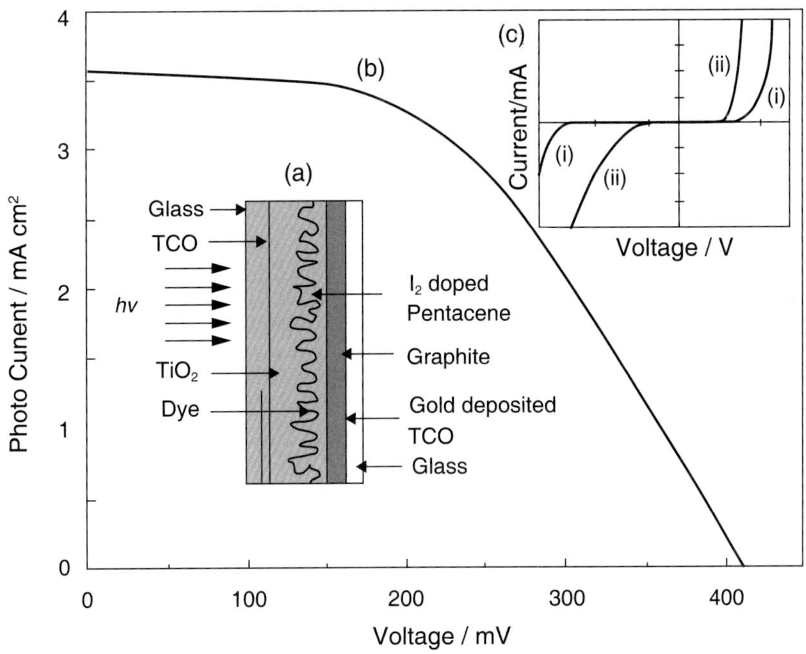

(a) TiO_2/Dye/pentacene + I_2/C 구조의 전고상 DSSC의 구조,
(b) I-V curve, 및 (c) dark I-V curves.

그림 6-14

그림 6-15는 이들이 제안한 소자 제작 과정과 Palymer precursor를 보여준다.

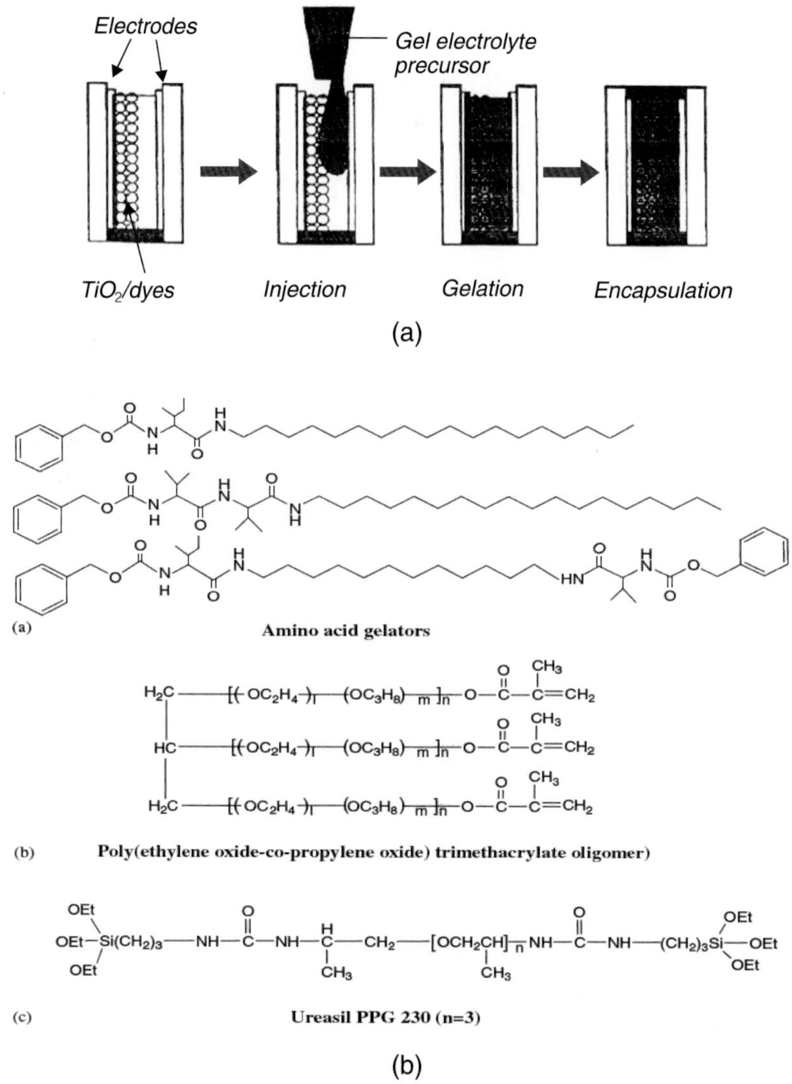

그림 6-15 (a) 고상 DSSC 제작 과정 및 (b) Gelation의 mechanism

2) 재조합 억제를 위한 표면 처리 기술 및 전극 물질의 개선

DSSC에 빛이 조사되면 전자와 정공이 발생하는데 여기서 이러한 전하들이 분리되는 기구는 전통적인 광전기화학전지나 p.n junction

전지에서는 빛을 받았을 때 생기는 전하들 사이에 평형이 유지된다. 따라서 공간 전하 영역이 생기면 빛에 의해 발생한 전하들은 이 공간 전하층에 존재하게 되는 전기장에 의해 분리된다. DSSC의 경우 각각의 입자 크기가 너무 작아서 공간 전하가 존재할 수 없어 염료의 여기에 따라 발생한 전하들의 분리는 다른 메카니즘을 가진다. 일반적으로 염료의 LUMO (lowest unoccupied moleculat orbital)는 반도체의 CB보다 더 위에 있으며 그 차이에 해당하는 LUMO-CB만큼이 전자 주입에 대한 구동력으로 간주될 수 있으며 비슷한 개념으로 염료의 HOMO (highest occupied molecular obital)은 iocide/triidide redox보다 밑에 존재하며 이 물의 차이는 전해질로의 정공주입에 대한 구동력으로 생각될 수 있다. 이러한 전하 주입의 구동력이 DSSC에서의 전하 분리의 주 메커니즘이며 이외에 DSSC에서도 p/n junction 전지에서와는 다르겠지만 공간 전하 영역이 존재할수 있는데 이는 흡착된 염료에 의한 현상이다. 사용된 염료들은 보통산이며 따라서 결합하면서 양성자를 방출하고 이 양성자들은 전해질에 있는 다른 양이온들과 함께 산화물 표면 영역의 일부가 되어 전해질에 존재하는 iodide나 염료와 함께 dipole을 형성한다. **그림** 6-16은 DSSC에서의 전하 분

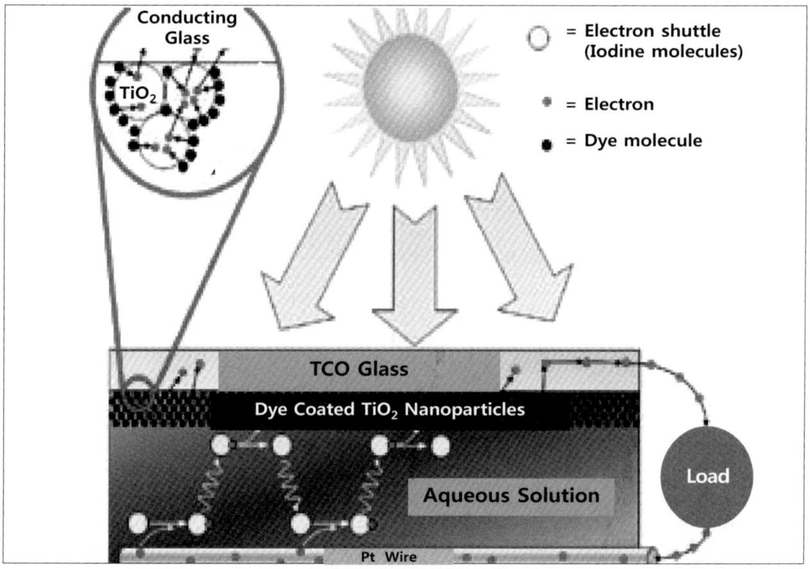

그림 6-16 DSSC에서의 전하 분리 및 전극 표면에서의 전하분포

리 및 전극 표면에서의 전하 분포의 개략도이다.

위에서 말했듯이 DSSC에서 각각의 입자 크기가 너무 작아 공간 전하가 존재할 수 없고 따라서 전극/전해질의 계면에 에너지 장벽이 존재할 수 없게 된다. 이러한 경우 빛에 의해 발생한 전자가 TiO_2로 정공이 전해질로 가는 과정에서 다공성 구조로 인해 전체 전극에 걸쳐 존재하는 전해질과 그리고 여기 되었던 염료들과 다시 재조합을 하게 된다. 이러한 재조합으로 인한 성능 저하는 염료감응형 태양전지의 실용화를 위해서는 반드시 제어되어야 하는 부분이다. 따라서 최근에는 이러한 재조합을 줄이기 위해 다양한 방법이 제시되고 있는데 제2의 산화물 반도체를 이용하여 에너지 장벽을 형성시켜주는 방법과 산화물 표면을 폴리피롤과 같은 전도성 고분자로 passivation하여 재조합을 줄이려는 노력이 진행되고 있다.

먼저 현재 보고되고 있는 두 가지 방법을 소개하면, 먼저 SnO_2의 용액에 노출된 부분을 전기 중합 방법을 통해 절연 필름을 입히는 방법과 reactive methyltrichiorosilane vapor로 용액에 노출된 TiO_2, SnO_2 부분을 poly(methylsiloxance)의 절연 필름으로 입히는 두 가지 방법이 있다. 이러한 방법들을 이용함으로서 빠른 kinetic을 갖는 redox couple을 DSSC에 응용할 수 있게 되었으며 고상의 DSSC의 제작이 용이해질 수 있다. 즉 지금까지 단지 I^-/I_2만을 redox couple로 이용했을 때만이 높은 효율의 DSSC를 만들 수 있었는데 만약 이러한 passivation방법이 가능하다면 재조합을 고려하지 않고 빠른 kinetic을 갖는 ferrocene/ferrocenium과 같은 redox couple을 DSSC에 응용할 수 있다. 위에서 설명한 두 가지 재조합 기구를 식으로 표현해 보면 다음과 같다.

$$eTiO_2 + R^+ \rightarrow R \text{ ----------- } (1)$$
$$eS_nO_2 + R^+ \rightarrow R \text{ ----------- } (2)$$

그림 6-17은 위에서 소개한 두 가지 방법을 사용하여 passivation을 하였을 경우의 개략적인 단면도이다. Passivation method 외에도 제

2의 산화물 반도체를 이용해 재조합을 억제시켜줄 수 있는데 그러한 산화물 물질이 가져야 할 조건은 제2의 산화물 물질의 CB가 염료의 LUMO와 사용되는 산화물의 CB 사이에 존재해야 하며 VB 또한 염료의 HOMO와 제1의 산화물의 VB사이에 존재해야 한다. 이러한 조건에 적합한 것으로 TiO_2전극을 사용하는 경우 Nb_2O_5와 ZnO를 제 2의 산화물 반도체로 사용 가능할 것으로 예상되며 실제 Zaban 등을 비롯한 여러 그룹에서 이러한 방법을 통한 성능 향상이 보고되고 있다.

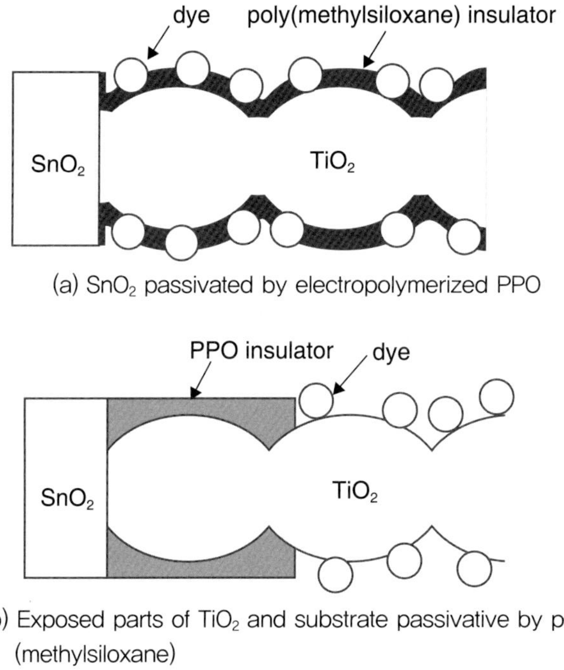

그림 6-17 Passivated DSSC의 단면도

이러한 경우 **그림** 6-18과 같은 전자 전달 과정이 예상되며 결과적으로 재조합의 감소 및 생산된 전자의 step-by-step에 의한 전달로 성능 향상을 얻을 수 있다.

이 외에도 SnO_2와 TiO_2 두 산화물을 이용한 전극의 제작 및 얇은 MgO를 이용한 적극 표면의 코팅에 의한 재조합의 억제에 관한 연구도 많이 진행되고 있다. 또한 Kamat 등은 다양한 산화물을 화학적 또

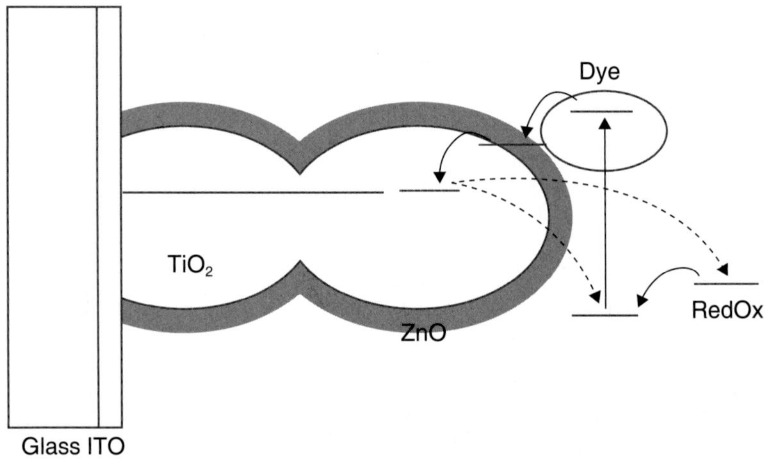

그림 6-18 TiO_2/ZnO/Dye 전극에서의 전자 전달 과정

는 전기 화학적인 방법을 이용하여 두 산화물로 이루어진 전극을 제조하여 성능 향상을 확인하였는데 **그림** 6-19는 ZnO의 표면에 전기 화학적인 방법으로 CdSe를 코팅하여 준비한 DSSC에서의 재조합의 억제 및 전자의 빠른 전달을 보여주는 그림이다.

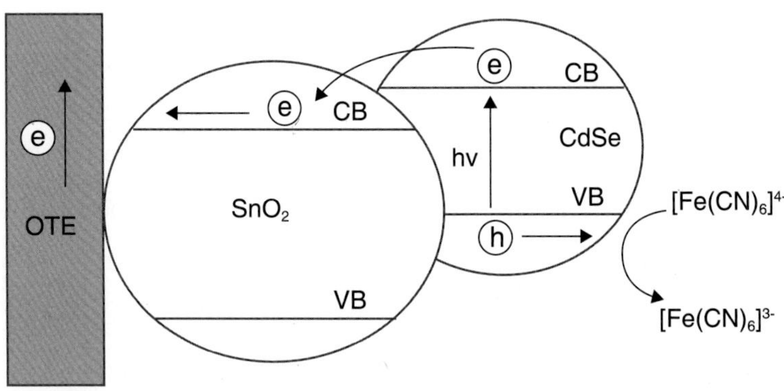

그림 6-19 SnO_2/CdSe 전극에서의 전자 전달 과정

3) 전기 변색과의 일체형 염료감응 태양전지의 제작

DSSC의 경우 전기를 생산하는 전지로서 외에 다른 소자와 결합되어 소자의 작동에 필요한 전원을 공급하는 역할을 할 수도 있다. 그 대표적인 예가 전기변색과의 일체형 태양전지의 제작이다. 전기 변색

소자란 전계가 가해짐에 따라 소자의 광학적인 성질이 가역적으로 변할 수 있는 소자이다. 이는 스마트 윈도우, rear mirror, 디스플레이용 소자로 이용될 수 있으며 그 구조는 **그림** 6-20과 같다.

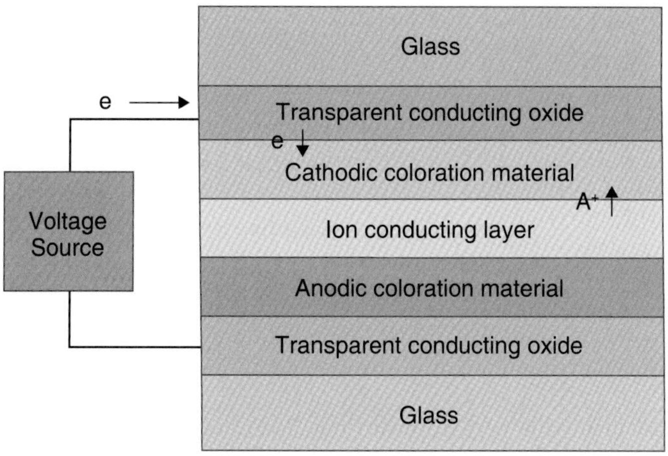

그림 6-20 일반적인 전기 변색 소자의 구조

전기 변색 소자의 경우 미국의 NREL, 영국의 UPPSALA 대학 등의 많은 연구팀에 의해 연구가 진행되고 있다. 한편 최근에는 전기 변색 소자와 태양전지를 결합한 광전기 변색 소자에 관한 관심이 집중되고 있다. 이 경우 전기변색 소지와는 달리 외부에서 전압을 가해주지 않아도 되고 또 광 변색소자 (Photochromic)의 경우와 달리 외부적으로 switching이 가능하다는 장점이 있다. 이러한 광 전기 변색 소자의 경우 NREL에서 다음과 같은 소자를 디자인하였으며 이 외에 새로운 구조의 공 전기 변색 소자가 디자인 되고 있다.

그림 6-21의 (a)는 NTEL에서 디자인한 Photovoltaic powered electrochromic device이며 (b)는 염료감응 태양전지를 태양전지를 이용한 광 전기 변색 소자의 구조이다. **그림** 6-21의 (b)의 경우 빛을 받았을 때 TiO_2 + Dye의 부분에서 생성된 전자는 외부 회로로 흐르게 되고 electrolyte 에 존재하는 Li^+는 전기 변색 물질이 있는 쪽으로 이동하여 색의 가역적인 변화를 일으킨다.

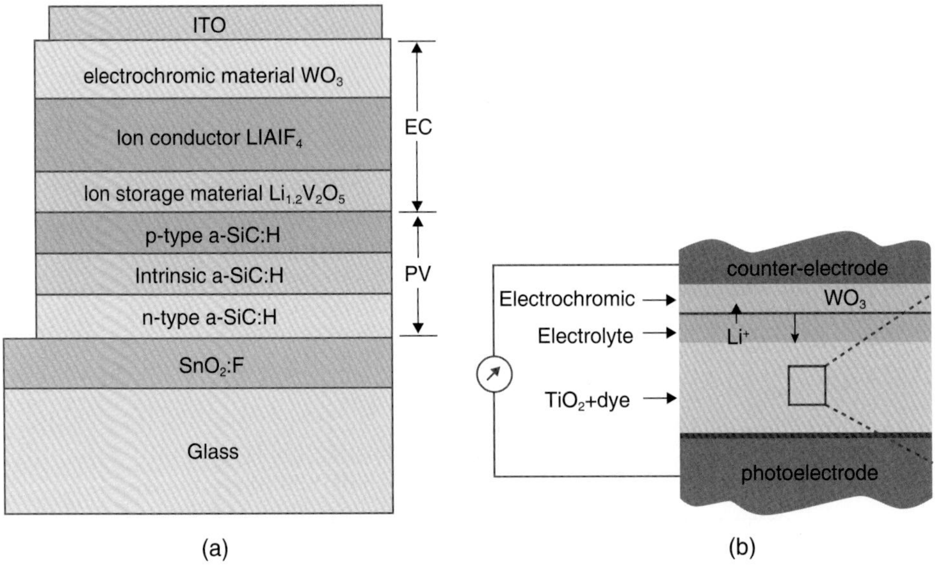

그림 6-21 (a) Photovoltaic powered EC 소자의 구조
(b) DSSC를 이용한 광 전기 변색 소자의 구조

이러한 NTEL과는 달리 새로운 형태의 광 전기변색 소자도 디자인이 가능한데 다음 **그림** 6-22와 같이 디자인할 수 있다. 이 경우 소자

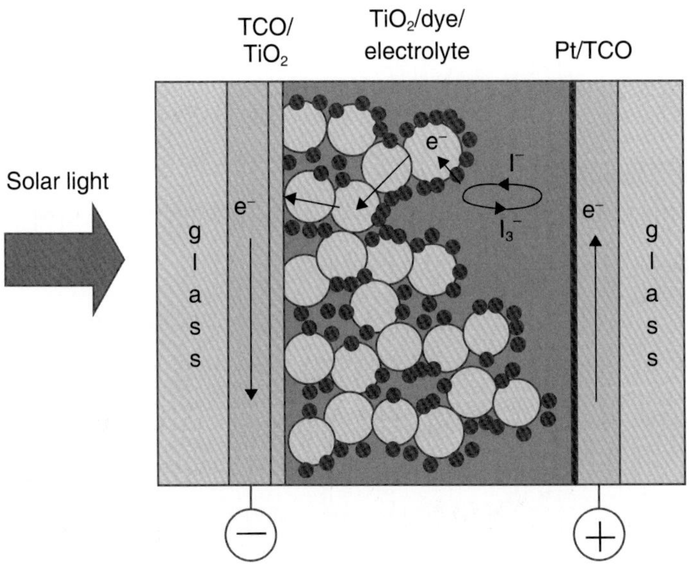

그림 6-22 새로운 구조의 광 전기 변색 소자의 구조

가 빛에 노출되면 TiO_2 부분에서 생성된 전자는 WO_3로 바로 전달되므로 빠른 Coloring이 가능하여 변색의 효율을 높일 수 있으며 반응시간을 단축할 수 있을 것이라 예상된다.

참고 문헌 및 참고 자료

대한기계학회, 발전용 연료전지 기술, 2003, pp.51-60.

서선희 외, 광전기화학형 염료감응형 태양전지기술, 물리학과 첨단기술, July/August, 2007, pp.16-19.

심규성 외, 열화학법에 의한 수소제조기술, 수소에너지, Vol.1, No.1, 1989, pp.55-57.

연료전지 기술 동향, 대한전기학회지, 2006, pp.22-25.

연료전지 자동차의 기술동향, 한국전기전자재료학회, 2005, p22-29.

연료전지의 개요와 국내외 개발동향, 한국전기전자재료학회지, 2005, pp.3-12.

이용건 외, 고분자 전해질을 이용한 염료감응 태양전지, Polymer Science and Technology Vol. 17, No. 4, Aug., 2006, pp.456-464.

이재영 외, 수소자동차용 수소연료 저장시스템 개발에 관한 연구, 1H301-331AG1(동자부), 1993.

이차전지 개발에 관한 기술 및 제품개발, 2008. 9.

MEMS 기술을 응용한 마이크로 연료전지의 기술 동향 및 전망, 한국전기전자재료학회지, 2005, pp.13-21.

SOFC 음극용 Ni-YSZ 복합체의 미세구조와 전기적 물성간의 상관관계: 한국세라믹학회지, 37(5), 2000, pp.479-490.

KISTI, 세라믹 나노분말의 합성 및 응용, 2005.

KISTI, 초다공성 에어로젤의 제조 및 응용, 2005.

KATS 기술보고서, 리튬이차전지, 2, 5호, 2009.

J. Kruger, R. Plass, L. Cevey, M. Peccirelli, M. Grätzel and U. Bach, Appl. Phys. Lett., 79, 2085, 2001.

Nikkei Electronics Asia, February, 2010.

Satyapal, S., et al., Catal. Today, 120, 246, 2007.

The FreedomCAR and Fuel Partnership Plan, DOE, 2006.

Vajo, J. J. and Skeith, S. L., J. Phy. Chem. B, 109, 3719, 2005.

Yang, J., et al., Chem. Soc. Rev., 39, 656, 2010.

나노 기반 에너지 재료

2015년 7월 20일 초판 인쇄
2015년 7월 25일 초판 발행

지은이 _ 이동주 · 문태호 · 윤종원
펴낸이 _ 장호성
기　획 _ 이재석
제　작 _ 김남필
편　집 _ 성두현 · 박보혜
펴낸곳 _ 단국대학교출판부
등　록 _ 1968.2.27 : No. 제03-00095호
주　소 _ 경기도 용인시 수지구 죽전로 152
전　화 _ 031-8005-2405
팩　스 _ 031-8021-7154

값 10,000원

ISBN 978-89-7092-545-5 03570

"본 교재는 2015년도 단국대학교 에너지인력양성사업의 지원으로 출판되었습니다."